KÜBELPFLANZEN
DER TRAUM VOM SÜDEN

Christoph und Maria Köchel

Kübelpflanzen

Der Traum vom Süden

Die schönsten Arten im Porträt
Standort und Pflege

blv

Die Autoren Maria und Christoph Köchel haben ihr Handwerk von der Pike auf gelernt: Durch Lehre und Gartenbau-Studium, Tätigkeit als Entwicklungshelfer, regelmäßige Reisen in südliche Länder sowie durch die enge Zusammenarbeit mit der Technischen Universität München/Weihenstephan (an der Fachhochschule Weihenstephan hat Frau Köchel einen Lehrauftrag zum Thema »Wintergarten- und Innenraumbegrünung) und anderen Forschungseinrichtungen haben sie sich umfangreiches Wissen und praktische Erfahrung erworben. In der Anfangszeit lag der Schwerpunkt ihrer Versandgärtnerei »Flora Mediterranea« vor allem im Bereich der Kübelpflanzen; dem Interesse der Kunden entsprechend, erweiterte sich das Angebot außerdem auf die Bepflanzung von Wintergärten. Dieses Buch entstand also aus der täglichen Praxis einer großen Kübelpflanzen-Gärtnerei.

Nachdem die Gärtnerei nach 10 Jahren aus allen Nähten platzte – das Pflanzen-Sortiment wird von Jahr zu Jahr umfangreicher –, erfolgte im Jahr 1991 der große Sprung nach vorn. Knappe 10 Kilometer vom Stammbetrieb wurde »Flora Mediterranea II« auf einem idyllischen Flecken Erde, eingerahmt von Hopfengärten, Buschgruppen und Wildgehegen, errichtet. Die inzwischen durch drei Söhne verstärkte Stamm-Mannschaft kann ihren Kunden dort ein noch besseres Angebot und umfangreichere Beratung bieten. Adresse: 84072 Au, Königsgütler 5 (Sortimentsliste bzw. Katalog für Versand und Selbstabholung auf Anfrage).

EINIGE WORTE VORWEG

Dieses Buch ist kein »Kochbuch«. Es kann keine Patentrezepte bieten, wie man diese oder jene Pflanzen optimal pflegt. Dafür sind die Bedingungen auf Terrassen und in Wintergärten viel zu unterschiedlich. Vielmehr soll es Verständnis wecken für die Ansprüche ganzer Pflanzengruppen. Kennt der Leser nämlich die Ansprüche der Gruppe, kann er auch schwierigere Pflanzen pflegen. Die Antwort auf die Frage, welche Pflanzen man kombinieren kann, fällt dann ebenfalls leichter.

Das Klima von Terrassen – dort werden Kübelpflanzen ja meist aufgestellt – weist erhebliche Temperaturschwankungen und Extreme auf. Den Winter außer acht gelassen, gibt es doch in jedem Frühjahr und im Herbst Fröste. Im Sommer kann es extrem heiß werden, bei gleichzeitig niedriger Luftfeuchte und reflektierender Strahlung. Daß Tropenpflanzen, die ganzjährig ein ausgeglichenes Klima mit hoher Luftfeuchte brauchen, hier nicht gut gedeihen, versteht sich von selbst.

Ganz anders sieht es aus **bei Pflanzen aus warm temperierten und subtropischen Gebieten.** Dort gibt es ausgeprägte Jahreszeiten. Es kann extrem heiß werden; es können aber auch über weite Gebiete Fröste vorkommen. Die Temperaturschwankungen während des Tages- und Jahresverlaufes sind immens. Mindestens ebenso wichtig wie für Terrassen sind diese Pflanzen für Wintergärten, in denen nicht ganzjährig Zimmertemperatur herrscht.

Alle Anbauanleitungen und praktischen Ratschläge sind aus der täglichen Praxis einer auf Kübel- und Wintergartenpflanzen spezialisierten Gärtnerei entstanden. Das Buch ist also nicht einfach aus mehreren Fachbüchern zusammengeschrieben, es wurden aber weit über tausend Fachartikel, meist in englischer Sprache, ausgewertet. Da dieses Buch kein wissenschaftliches Werk sein soll, wird auf die Angabe der Quellen verzichtet. Falls der eine oder andere Leser zu bestimmten Punkten mehr Informationen haben möchte, weisen wir gerne die passenden Fachartikel nach.

Gerade über die Bepflanzung von Solarhäusern, kalten, kühlen oder mäßig warmen Wintergärten gibt es nur wenig geeignete deutschsprachige Literatur. Berücksichtigt wird häufig nicht, ob die vorgestellten Pflanzen überhaupt in Europa in ausreichendem Maße angebaut und angeboten werden. Die beste Fotografie und genaueste Kulturanweisung nützt nichts, wenn man die beschriebene Art nicht kaufen kann. Ganz gefährlich, speziell für Kübelpflanzenfreunde, sind originale, schlecht übersetzte oder nicht überarbeitete englische oder amerikanische Werke. Da sich die dort aufgeführten Begriffe wie »winterhart« auf England und Kalifornien beziehen können, darf man diese Angaben nicht ungeprüft übernehmen. Der aus Kulturfehlern herrührende Ärger bleibt meistens beim Pflanzenlieferanten hängen, ihn macht man für Mißerfolge haftbar.

Um keine Unklarheiten aufkommen zu lassen: Die Pflanzen, die in diesem Buch beschrieben werden, sind in Mitteleuropa nicht winterhart. Gleichwohl gedeihen sie im Sommerhalbjahr im Freien ausgezeichnet. Meist handelt es sich um ziemlich mächtig werdende Ziergehölze, für die man sehr große Töpfe – oder Kübel – braucht. Daher der Name »Kübelpflanzen«.

Eine typische Szenerie aus der Gärtnerei der Autoren: Mächtige Engelstrompeten und Stämmchen von *Tecomaria*, dem südafrikanischen Geißblatt – Glanzpunkte des Spätsommers.

SEITE 9

RUND UM DIE WELT

Eine geobotanische Reise

SEITE 33

UMWELT

Wie passen sich Pflanzen daran an?

SEITE 43

WINTER

Überwinterung von Kübelpflanzen

PFLEGE

Praktische Pflege von Kübelpflanzen

BEGRÜNUNG VON WINTERGÄRTEN

PFLANZEN VON A-Z

RUND UM DIE WELT

EINE GEOBOTANISCHE REISE

Wer den Heimatstandort der Pflanzen kennt, weiß auch um ihre Ansprüche.

HEIMAT DER PFLANZEN
– Schlüssel für den Kultur-Erfolg

Die Tropen

Die Tropen zeichnen sich durch eine Jahresdurchschnittstemperatur von ca. 25 °C aus. Temperaturen unter 13 °C sind selten. Die Niederschläge liegen zwischen 2000 und 5000 mm, im Mittel also 1 cm Wasser pro Tag. Fleißig gießende Blumenliebhaber schaffen das leicht. Ist die Luftfeuchte bei üblicherweise reichlicher Düngung zu gering – braune Blattränder sind typische Symptome – wird gesprüht. Durch Heizung und das ganz normale Lampenlicht wird im Zimmer zwangsläufig ganzjährig Tropenklima nachgeahmt, die Jahreszeiten werden ausgeschaltet.

Nicht mit dem Zimmerklima verglichen werden kann die Situation in **tropischen Gebirgen**. Hier herrscht Tageszeitenklima; die Tage sind heiß, die Nächte sehr kalt. Darüber aber später.

Die Tropen reichen vom nördlichen bis zum südlichen Wendekreis, zumindest einmal im Jahr steht die Sonne senkrecht. Die nördliche Grenze zieht sich durch das südliche Mexiko, die Sahara, Nordindien und Südchina. Auf der Südhalbkugel wird das südliche Brasilien durchschnitten, Südafrika und Australien.

Subtropen – Zone der Dattelpalmen

Die Subtropen beginnen nördlich bzw. südlich des jeweiligen Wendekreises, sie gehen in die warm temperierten Gebiete über. Die Grenzen zwischen den Subtropen und den warm temperierten Gebieten sind fließend. Zahlreiche Wissenschaftler sind sich jedoch einig, daß die Subtropen dort aufhören, wo ein ertragreicher Dattelpalmen-Anbau nicht mehr möglich ist. Die Jahresdurchschnittstemperatur beträgt in den Subtropen 18 °C. Leider sagt sie in den Subtropen nicht viel über die tatsächlichen Temperaturverhältnisse aus.

Im Jahresdurchschnitt wird es zwar immer heißer, je mehr man sich dem Äquator nähert, aber ebenso wenig, wie es am Nordpol oder am Südpol am kältesten ist, ist es am Äquator am heißesten. Während in den Tropen Temperaturen über 36 °C nur in Ausnahmefällen vorkommen, sind Temperaturen über 50 °C in den Subtropen nicht selten. Das berühmte Death Valley, das Tal des Todes liegt ebenso in den Subtropen wie Oberägypten, von dem die Einheimischen behaupten, es könne auch in der Hölle nicht heißer sein (deshalb sind die Sommerreisen nach Oberägypten so ausgesprochen preiswert). Bereits im April steigen dort die Temperaturen jeden Tag über 40 °C. Iran, Nordindien, Südafrika und weite Teile Australiens liegen gleichfalls in dieser Zone. Andererseits kommen in weiten Teilen der Subtropen alljährlich Fröste vor.

In diesem Sinne subtropisch sind auch die Höhenlagen der tropischen Gebirge mit ihrem Tageszeitenklima. Jede Nacht wird es Winter, jeden Tag Sommer. Als für Zierpflanzen wichtigste Gebiete seien hier nur die Anden, die Vorgebirge des Himalaya und das ostafrikanische Massiv mit dem Kilimandscharo genannt. Leichte Fröste sind an 365 Tagen im Jahr möglich.

Der Gürtel des Olivenanbaues

An die Subtropen schließen sich die **warm temperierten Gebiete** an. Auch hier hat man eine Kulturpflanze zur Abgrenzung gegen die kühl temperierten Gebiete benützt, die **Olive**. Dies gilt zumindest für den Mittelmeerraum, die Grenze des warm temperierten Gebietes liegt damit am Gardasee.

Weltweit ist die Grenze der warm temperierten Zone nur sehr schwer zu definieren. Zu groß ist der Einfluß des Meeres oder der Kontinentalmassen. Oft hört man von eiskalten Wintern in New York, obwohl doch diese Stadt auf demselben Breitengrad liegt wie Portugal, Spanien, Süditalien und Griechenland.

Um das noch mehr zu verdeutlichen: In Irland wachsen Palmen ohne Probleme im Freien, der Weizen wird dort jedoch nicht reif. In Südrußland gedeihen Baumwolle und Melonen vorzüglich, der Efeu erfriert. Klimazonen lassen sich nicht durch einen Federstrich trennen.

Wechselndes Klima in Mitteleuropa

Ganz egal, ob maritim oder kontinental, in allen angesprochenen Gegenden ist das Klima der Jahreszeiten ziemlich kalkulierbar. Wird es Winter, bleibt es Winter, bis der Winter aufhört. Dann wird es Sommer, bleibt Sommer...

Nur in Mitteleuropa leider nicht, wir »sitzen zwischen allen Stühlen«. Schlechtwetterperioden im Sommer und Zeiten mit mildem Wetter im Winter sind normal; auf drei Extremwinter folgen zwei Winter, die diese Bezeichnung nicht verdienen usw. Wäre das nicht so, könnten wir viele Pflanzen der warm temperierten Gebiete bei uns in den Garten pflanzen.

Wozu dieses Ausschweifen in die verschiedenen Klimate der Erde? Nun, durch nichts besser als durch das Klima läßt sich die Vielgestaltigkeit der Pflanzen erklären. Aus dem Habitus einer Pflanze lassen sich ihre Ansprüche ablesen. Wer das bewußt oder unbewußt verinnerlicht hat, und danach handelt, besitzt den sprichwörtlichen »Grünen Daumen«.

Damit dies nicht so theoretisch in der Luft steht: Jeder Gärtner lernt in den ersten Berufsschulstunden, daß Pflanzen Licht, Luft, Wasser, Wärme und Nährstoffe brauchen. Dies sind die sogenannten Wachstumsfaktoren. Je nach Pflanzenart werden die Wachstumsfaktoren in unterschiedlichem Maß in Anspruch genommen, können ab einer pflanzenspezifischen Grenze nicht mehr genutzt werden (Maximum) und sind ab einer pflanzenspezifischen Grenze sogar schädlich. Dem Menschen geht's nicht anders, zwei Bier am Abend sind etwas Feines (Optimum), fünf Bier sind schon ganz schön viel (Maximum) und zehn Bier sind dann ein Vollrausch, was zumindest auf Dauer nicht sonderlich gesund ist.

Auch nach unten gibt es Grenzen. So wie der Mensch ein Minimum an Nahrung und Flüssigkeit zu sich nehmen muß, brauchen Pflanzen ein Minimum an Licht, Luft, Wasser, Wärme und Nährstoffen. Pflanzen, die so behandelt werden, daß diese Grenzen ständig unterschritten werden, gehen ein.

Wo aber liegen nun die Maxima und die Minima? Die Antwort gibt uns das Klima ihrer Heimatstandorte. Ein Beispiel: Die Zimmeraralie *(Fatsia japonica)* und der Kerzenstrauch *(Cassia didymobotrya)* sind beide ausgezeichnete Pflanzen für Kübel und Wintergarten. Stellt man nun eine *Fatsia* auf eine heiße Südterrasse vor eine reflektierende Wand, werden die neuen Blätter klein, gelb, sterben bald ab. Steht dieselbe Pflanze auf der Nordseite in einem nicht unbedingt frostfreien Windfang, gedeiht sie prächtig. Im selben Windfang wird ein Kerzenstrauch lange, dünne Triebe bilden und nie blühen, beim ersten Frosthauch ist er tot. Steht der Kerzenstrauch jedoch auf der heißen Terrasse in reflektierender Hitze, gedeiht er vorzüglich und blüht ununterbrochen.

Der Hauptfehler, den viele Pflanzenkäufer machen, ist wohl ausreichend umschrieben. Konkret: Es ist auf jeden Fall ein Kardinalfehler, von einer schönen Pflanze zu erwarten, daß sie sich gegebenen, nicht zu verändernden Bedingungen anpaßt. Pflanzenliebhaber analysieren deshalb zuerst die Bedingungen, die sie den Pflanzen bieten können, und erst dann kaufen sie die dafür geeigneten Arten.

Der letzte Satz – man kann ihn nicht oft genug wiederholen – gilt speziell auch für die Überwinterung (siehe Seite 43ff).

Der beste Schutz vor Kardinalfehlern hinsichtlich Standort, Überwinterung oder Pflege ist das Wissen darüber, wo eine Pflanze herkommt und welchen Bedingungen sie dort ausgesetzt ist. Wo kommen nun die für Kübel und Wintergarten geeigneten Pflanzen her, und unter welchen Bedingungen gedeihen sie dort?

Wenn man es nicht zu sehr vereinfachen will, sind es eigentlich 14 Gebiete, aus denen die wichtigsten der hier besprochenen Arten stammen. Da es aber über die Kontinente hinweg zahlreiche Gemeinsamkeiten in der Pflanzenwelt gibt, lassen sich diese 14 Gebiete doch drei Hauptgruppen zuordnen:

- **Humide Gebiete**
  In jedem Monat des Jahres ist der Niederschlag höher als die Verdunstung.
- **Aride und semiaride Gebiete**
  In allen oder in manchen Monaten ist die Verdunstung höher als der Niederschlag.
- **Tropische Höhenlagen**
  Hier herrscht Tageszeitenklima – tagsüber ist Sommer, jede Nacht wird es kalt.

HUMIDE GEBIETE

Pflanzen aus humiden Gebieten steht ganzjährig ausreichend Wasser zur Verfügung. Stammen sie aus frostfreien Regionen, dann verfügen sie kaum über Mechanismen, mit denen sie die Verdunstung herabsetzen können (siehe auch Tropische Hochlagen). Pflanzen aus Gebieten mit länger anhaltenden Frösten besitzen solche Mechanismen, ansonsten würden sie – wenn sie immergrün sind – bei Bodenfrost vertrocknen.

Humide Gebiete findet man vor allem in Verbindung mit großen Wasserflächen und auf der Windseite der Gebirge. Die meisten unserer Gartenpflanzen stammen aus humiden Gebieten, wobei man für Laubgehölze grob vereinfachend sagen kann: Immergrüne Laubgehölze stammen aus wintermilden, laubabwerfende aus winterkalten Gebieten. Die Böden in ausgeprägt humiden Gebieten sind in aller Regel sauer.

Kanarische Inseln und Madeira

Die Kanarischen Inseln, speziell Teneriffa, aber auch Madeira sind für den mitteleuropäischen Pflanzenliebhaber ein Paradies. Gerade weil es sich um gut bekannte und doch vergleichsweise sehr kleine Gebiete handelt, läßt sich an diesen Beispielen leicht verdeutlichen, wie komplex das Klima die Pflanzenwelt beeinflußt.

Auf den Kanarischen Inseln wechselt das Klima von Kilometer zu Kilometer und damit auch die Vegetation. Aufgrund der Hauptwindrichtung treffen auf Teneriffa aus Nordost und Nordwest ständig feuchte Luftmassen auf die Gebirge, dieser Teil ist humid. Hier gibt es Lorbeerwälder, auch die immergrüne west-mediterrane Lorbeerkirsche *(Prunus lusitanica)* kommt vor. Die im ganzen Mittelmeergebiet verbreitete Baum-Erika *(Erica arborea)* wird bis 10 m hoch. Eigenartigerweise regnet es hier wenig, die Feuchtigkeit entsteht dadurch, daß sich Tau an Felsen und Pflanzen niederschlägt und zusammenläuft – ein Phänomen, das uns in Afrika und Chile wieder begegnen wird. Der Fachbegriff für diese Art üppiger Vegetation heißt **Nebelwald.**

Die Windschattenseite der Gebirge ist dagegen absolut arid (= trocken), die Vegetation eine völlig andere. Hier findet man zahlreiche Sukkulenten, besonders aus der Familie der Wolfsmilchgewächse.

Allerdings haben nur wenige wichtige Kübel- und Wintergartenpflanzen ihre Heimat auf den Kanaren. Aus den humiden Gebieten stammen die bei uns häufig als Ampelpflanzen angebotenen Hornklee-Arten *Lotus berthelotii* und *L. maculatus*, deren feingefiedertes Laub zum Taufangen optimal geschaffen ist. Aus den eher ariden Gebieten kommt die bekannte Strauchmargerite *(Argyranthemum frutescens)*, die Kanarische Dattelpalme *(Phoenix canariensis)* und vor allem das Wahrzeichen der Kanarischen Inseln, der Drachenbaum *(Dracaena draco)*.

Typische »degenerierte« Landschaft am südlichen Mittelmeer oder auf den Kanaren: Durch Stürme, Schaf- und Ziegenbeweidung geformte Hartlaubbüsche, durchsetzt mit den sich überall zum Unkraut entwickelnden, aus Mittelamerika stammenden Opuntien (Feigenkakteen). Auch Agaven würden hier bestens wachsen. Heimisch ist nur *Aeonium arborescens* (links unten) und der alles umgebende Dornbusch *Sarcopoterium spinosum*.

Ostasien

Aus Mittel- und Ostasien stammen zahlreiche der wichtigsten Kübel- und Wintergartenpflanzen. Das Gebiet ist riesig, erstreckt es sich doch vom nördlichen Pakistan bis nach Japan. Am leichtesten läßt es sich wohl mit dem Begriff »Teegürtel« umschreiben. Der größte Teil des »Teegürtels« ist ganzjährig sehr feucht, einige Teile zeichnen sich durch einen relativ trockenen Winter aus. Entsprechend den hohen Niederschlägen sind die Böden selbst auf kalkreichem Untergrund sauer und ziemlich nährstoffarm, jedoch reich an organischer Substanz (Rohhumus). Die Winter sind ausgeprägt, aber ziemlich mild, die Sommer vergleichsweise kühl.

Aufgrund des hohen Bewölkungsgrades und entsprechend hoher Luftfeuchte kommen viele Pflanzen aus diesem Bereich mit relativ wenig Licht aus. Bei uns gedeihen sie oft auch noch im **Schatten oder Halbschatten** ausgezeichnet.

Gerade in Ostasien sind die Übergänge zwischen bei uns winterharten und nicht winterharten Pflanzen fließend, denken wir nur an die Rhododendren. Zusammen mit gängigen winterharten Gartengehölzen wie Berberitzen, Hortensien, Schmetterlingsflieder, Aralien, Skimmien, Spireen, Deutzien und *Enkianthus* kommen *Symplocos* und Kamelien vor, die letzten beiden gelten hier als empfindlich.

Neben den für kühle Wintergärten unverzichtbaren Kamelien und Azaleen wachsen hier nicht nur zahlreiche Bambus-, sondern auch verschiedene Jasminarten, außerdem Sternjasmin, Hanfpalme, Klebsame, Aukube, Zimmeraralie, der »Heilige Bambus« und sogar die Lotosblume. Alle gedeihen in Mitteleuropa im Sommer draußen vorzüglich, ziehen aber oft – besonders, wenn man nicht regelmäßig wässert – einen halbschattigen Standort vor. Starke Temperaturschwankungen lieben sie nicht.

Neben diesen Zierpflanzen stammen auch zahlreiche Obstgehölze aus Ostasien. So ist der eher südliche Teil die Heimat der Citrusgewächse (Orangen, Zitronen, Mandarinen) und der Bananen, aus dem nördlichen Teil kommen Aprikose, Kakipflaume, Wollmispel *(Eriobotrya japonica)* und die weiße Maulbeere.

Zahlreiche der oben genannten Pflanzen zeigen bei uns eine Eigenart, die man sonst nur von Pflanzen kennt, die jährlich mehreren kurzen, aber aus-

geprägten Regenzeiten (Monsun) ausgesetzt sind. Auch wenn sie das ganze Jahr über ausreichend Wasser bekommen, findet das Hauptwachstum im Frühjahr und Herbst statt. Im Sommer und Winter rührt sich wenig. Es läßt sich nur vermuten, daß diesen Pflanzen unsere Sommer schon zu heiß sind, im kühlen maritimen Klima wachsen sie nämlich ganzjährig.

Südostaustralien, Neuseeland und Tasmanien

Das Klima in Südostaustralien, Neuseeland und Tasmanien ist ausgesprochen maritim. Es wird nie sehr heiß oder sehr kalt, mäßige Fröste kommen aber jedes Jahr vor, in Hochlagen auch bis unter −10 °C.

Am extremsten ist das Klima **Tasmaniens**. Hier herrscht fast ständig Westwind, der – von Südamerika aus gesehen – durch keinerlei Landmasse gebremst wird. Welche Rolle hier der Wind spielt, geht aus der Bezeichnung »Roaring Fourties«, den »Brüllenden Vierzigern« der alten Seefahrer hervor – haushohe Wellen, wie nirgendwo sonst auf der Welt, sind die Regel. Die Niederschläge sind auf dieser gebirgigen Insel sehr hoch und können zu jeder Jahreszeit als Schnee fallen.

Tasmanien birgt eine Vielzahl von Pflanzenschätzen. Entsprechend der Nähe zu Australien ist die Flora ziemlich »australisch« geprägt. So finden sich neben zahlreichen robusten Eukalyptusarten auch Känguruhbäume *(Casuarina)*, Banksien, Zylinderputzer *(Callistemon)*, die – Südamerika läßt grüßen – Tasmanische Winterrinde *(Drimys lanceolata)*, *Leptospermum*, die vorzüglich duftende *Boronia*, *Hakea* und *Correa* und nicht zuletzt der gewaltige Baumfarn *Dicksonia antarctica*.

Nur am Rande erwähnt werden sollen Arten von *Senecio* und *Olearia*. Sie wachsen vor allem dort, wo der Wind mit aller Gewalt aufs Land trifft und oft Gischt mit sich bringt. Im Küstenbereich Südenglands findet man diese phantastisch blühenden Immergrünen so häufig wie bei uns Forsythien. In Mitteleuropa gedeihen diese Pflanzen zwar auch, blühen aber angeblich schlecht. Erfahrungen gibt es so gut wie keine. Es ist aber durchaus möglich, daß diesen Pflanzen die mitteleuropäischen Sommer zu warm und trocken sind. Auf weitere Versuche käme es an.

Im Gebirge Tasmaniens wird die Baumgrenze durch einen der sogenannten »Snow Gums«, durch *Eucalyptus coccifera* gebildet. Er ist dort strauchförmig und besonders schneefest aufgebaut, eine mehrtägige Eisbedeckung schadet ihm nicht.

Ähnlich schneefeste Pflanzen findet man in den **australischen Alpen**. Wenn auch der Wind nicht so extrem bläst, so ist Klima und Pflanzenwelt ähnlich wie in Tasmanien. Die Baumgrenze wird hier durch *Eucalyptus niphophila* gebildet, der als frosthärtester Eucalyptus gilt. Es gibt und gab zahlreiche Versuche, ihn in Mitteleuropa draußen zu ziehen, bisher vergeblich. Die Frostresistenz wird mit etwa −17 °C angegeben.

Es sei hier ein kurzer Ausflug in die Denkweise eines engagierten Liebhabergärtners erlaubt: Im

Vor Schilfmatten oder Bambuswänden kommen »Ostasiaten« am besten zur Geltung: weißblühender Sternjasmin *(Trachelospermum)*, die buntblättrige *Aucuba japonica* 'Crotonifolia', der grazile Heilige Bambus *(Nandina domestica)*, großblättrige Mahonien – und vor allem natürlich Bambus.

Die Westseiten Tasmaniens und der neuseeländischen Südinsel sind extremen Winden ausgesetzt. Pflanzen dieser Regionen bringt außer trockener Stadtluft so schnell nichts um.

Die Flora weiter Teile Neuseelands entspricht ursprünglich einem undurchdringlichen Dickicht. Prägend sind Baumfarne. Typisch für humide Gebiete: Kein Fleckchen freier Boden.

Weinbauklima gibt es Spezialisten, die im Garten nicht ganz winterharte Pflanzen ziehen. Die meisten möchten natürlich auch einen Eucalyptus. Dieser Baum hat den Nachteil, daß er ziemlich rasch groß wird, ein Winterschutz kaum mehr möglich ist. Selbst wenn die Temperaturen nicht extrem tief sind, wird ein ungeschützter Eucalyptus bei Dauerfrost vertrocknen.

Am Heimatstandort dagegen liegt *Eucalyptus niphophila* bis zu sechs Monate unter Schnee (ähnlich einer Latsche im Gebirge), in manchen Gegenden liegt die Durchschnittstemperatur bis zu sechs Monate unter dem Gefrierpunkt. Ob man nicht in schneesicheren Lagen mitteleuropäischer Mittelgebirge mit Eucalyptus mehr Erfolg hat als im Weinbauklima?! Das gleiche Überwinterungsproblem finden wir auch bei anderen Pflanzen der australischen Alpen, noch oberhalb der Baumgrenze gibt es ausgesprochen reichblühende Ziersträucher, vor allem Myrtengewächse. Genannt sein sollen nur Zylinderputzer, aber auch *Kunzea* und *Leptospermum*.

Ganz einfach zu kultivieren sind die Pflanzen der australischen Alpen auch sonst nicht. Das liegt am Boden. Er ist ausgesprochen sauer, hat aber nur wenig organische Substanz und ist entsprechend nährstoffarm. Dies gilt für weite Teile **Australiens**, nicht nur für die australischen Alpen. Unter Profis verbreitet ist das geflügelte Wort, daß man viele australische (und auch südafrikanische) Pflanzen (speziell Proteaceen, z.B. *Banksia, Hakea)* mit sparsamer Düngung langsam umbringt, mit reichlicher Düngung schnell. Gerade Phosphor ist für viele australische Pflanzen Gift. Am Fuß der australischen Gebirge ist das Klima sehr viel milder, aber immer noch humid. Wo die Niederschläge über 1200 mm liegen – das ist für die warm temperierte Zone viel – wachsen neben diversen Eucalyptus auch *Hardenbergia* und *Hakea*, verschiedene Akazien und Känguruhbäume. Besonders im Unterholz höherer Lagen ist der Baumfarn *Dicksonia antarctica* weit verbreitet. Er kann sich gegenüber den anderen Pflanzen deshalb so gut durchsetzen, weil ihm bereits 1 % des auf eine Fläche fallenden Lichts zum Gedeihen ausreicht.

In manchen Gegenden des südöstlichen Australien ist das Klima eher mediterran. Die Niederschläge liegen zwischen 600 und 1200 mm/Jahr, es gibt eine mehr oder weniger stark ausgeprägte Sommerdürre. Die Vegetation wird bestimmt durch die Grasbäume, verschiedene *Banksia*-Arten und hartlaubige Palmfarne wie *Macrozamia*.

Eine ganz andere Vegetation findet man auf **Neuseeland**. Auf den ersten Blick erinnert die Pflanzenwelt an die Wälder des südlichen Südamerika. Hier wie dort sind weite Gebiete durch Araukarien und Südbuchen *(Nothofagus)* geprägt. Hier wie dort ist die Vegetation ausgesprochen üppig. Trotzdem, die für uns wichtigen, aus Neuseeland stammenden Kübel- und Wintergartenpflanzen haben keine entsprechenden Verwandten in Südamerika.

Somit ergeben sich, stellt man die Kübelpflanzen Südamerikas und die Neuseelands zusammen, völlig unterschiedliche Bilder.

Wohl die bekannteste, aus Neuseeland stammende Kübel- und Wintergartenpflanze ist die Keulenlilie. Wir haben es hauptsächlich mit zwei Arten zu tun, der robusteren, breitblättrigen, etwas steifen *Cordyline australis* und der schmalblättrigeren, eleganten *Cordyline indivisa*. Da es der Pflanzenhandel nicht so genau nimmt, werden beide Arten meist als *Dracaena indivisa* bezeichnet. *Cordyline indivisa* ähnelt tatsächlich einer *Dracaena*, *Cordyline australis* dagegen mehr der sogenannten »Yuccapalme« *(Yucca elephantipes)*, nur sind die Blätter nicht sukkulent.

Sehr bekannt ist auch der Neuseeländer Flachs. Auch von ihm sind zwei Arten von Bedeutung, der oft übermannshohe *(Phormium tenax)* und der zierliche *Phormium cookianum*. Von beiden Arten – sie bilden schwertlilienartige Horste und kommen vor allem an wechselfeuchten Orten im Sumpfwald vor – gibt es zahlreiche Sorten. Die Blätter können rot, grün oder gelb sein, sehr häufig sind mehrfarbig längsgestreifte Typen. *P. tenax* war früher eine wichtige Nutzpflanze, sie liefert die stärksten bekannten Pflanzenfasern.

Auch einige exquisite Blütengehölze mit äußerst dekorativem Laub stammen aus Neuseeland. Genannt sei der »Yellow Kowhai«, *Sophora tetraptera*. Dieser kleine, langsam wachsende Baum ist im frühen Frühjahr über und über mit gelben Blüten bedeckt. Wegen der frühen Blütezeit und der hohen Lichtansprüche ist er vor allem für Wintergärten geeignet, obwohl er allein schon durch sein filigranes Laub manche Kübelpflanze ausstechen könnte.

Ganz anders der »Neuseeländer Weihnachtsbaum«, *Metrosideros excelsa*. Er blüht in Neuseeland an Weihnachten, dann ist es dort Sommer. Im Sommer blüht er auch bei uns, allerdings erst als ältere Pflanze. Es sei denn, er ist aus Stecklingen gezogen. Den Unterschied sieht man sofort, die Blätter von Sämlingen sind grün, die von Stecklingen aus blühfähigen Mutterpflanzen silbrig-filzig.

Südliches und südwestliches Südamerika

Das Klima des subtropischen und warm temperierten Südamerikas ist überaus vielfältig. Hauptursache ist die Wetterscheide der Anden. Botaniker sprechen von fünf unabhängigen Gebieten. Diese decken sich weitgehend mit den Staatsgrenzen von Paraguay, Argentinien, Chile und den Falkland-Inseln. Als humide Gebiete gelten eigentlich nur die Regionen auf der West-(Pazifik-)Seite der Anden, Feuerland und die Falklands, wobei die letzten beiden hier vernachlässigt werden können. Die Westseite der Anden deckt sich weitgehend mit den Grenzen von Chile. Es handelt sich hier um einen mehrere tausend Kilometer langen schmalen, fast genau Nord-Süd ausgerichteten Streifen. Entsprechend den zahlreichen durchschnittenen Breitengraden ist das Klima dieses Streifens sehr unterschiedlich, gleichwohl überall durch die vom Pazifik kommenden feuchten Winde geprägt.

Ganz im Norden Chiles, fast noch in den Tropen, ist die Vanilleblume zu Hause, von hier kommen auch Verbenen und Lobelien, verschiedene *Cassia*- und *Solanum*-Arten und die Papaya *(Carica papaya)*.

Wird es nach Süden zu etwas kühler und trockener, trifft man auf die ersten Vorboten der südamerikanischen Myrten, auch einige Schönmalvenarten kommen hier vor. Im Bereich der Hartlaubwälder findet man *Azara* sowie den Pfefferbaum *(Schinus)*, auch der Hammerstrauch *Cestrum parqui* und einige Fuchsien sind hier zu Hause. An trockenen Nordhängen (also auf der Sonnenseite!) wächst die Ankerpflanze *(Colletia cruciata)*, begleitet von zahlreichen Sukkulenten. Auch die Inkalilien *(Alstroemeria)* und die Amaryllis gedeihen hier.

Lapageria rosea – Chiles Nationalblume. Ein Edelstein jedes Botanischen Gartens. Wie für viele andere »Südamerikaner« auch, braucht man als Liebhaber schon einen »Grünen Daumen«, um solche Spezialitäten am Leben zu erhalten.

Während dieser Teil Chiles ziemlich trocken ist und ein typisches Mittelmeerklima aufweist – die Masse der Niederschläge fällt im Winter –, wird es weiter nach Süden zu immer ausgeglichener, es ist ganzjährig feucht. Das Klima hier wird oft mit dem des südlichen Großbritannien verglichen. Die Küste Südenglands, von Cornwall und den Islands of Scilly bis zur Isle of Wight strotzt nur so von »Südamerikanern«, dementsprechend ist auch der Gesundheitszustand und die Größe der Pflanzen genauso wie am Naturstandort. Selbst ein flüchtiger Besucher Südenglands kann die übermannshohen Fuchsienhecken und die gewaltigen Araukarien kaum übersehen.

Entsprechend der hohen Niederschläge in Südchile sind die Böden sauer. Wie die Pflanzen aus anderen humiden, wolkenreichen Gegenden kommen auch die meisten Pflanzen Südchiles mit wenig Licht aus und reagieren oft empfindlich auf sommerliche Spitzentemperaturen. Vor allem deshalb gelten viele Arten bei uns als heikel, weitgehend zu Unrecht. Kein verständiger Pflanzenliebhaber wird auf die Idee kommen, eine Fuchsie auf einer heißen Terrasse in die pralle Sonne zu stellen. Ebenso wie Fuchsien gedeihen die meisten chilenischen Pflanzen besser in kühlen, absonnigen, windgeschützten Lagen, es sei denn, es handelt sich um Arten aus dem eher mediterran geprägten Klima Nordchiles.

Noch weiter südlich geht die warm temperierte Zone Richtung Feuerland nahtlos in die kühl temperierte Region über. Obwohl wir hier in Mitteleuropa gleichfalls in der kühl temperierten Zone sind, können wir das Klima nicht vergleichen, die Westseite der Anden kennt keine Temperaturen unter –10 °C. In diesem Teil Chiles ist das Relief sehr unterschiedlich, tief eingeschnittene Täler fast auf Meereshöhe und alpine Gebirgsformationen sind oft nur durch wenige Kilometer Luftlinie getrennt. Entsprechend wechselt die Vegetation, verursacht durch Höhenlage und Exposition beziehungsweise den damit zusammenhängenden Feuchtigkeitsverhältnissen.

Interessant ist – dies ist uns bereits in Nord-Teneriffa begegnet –, daß es Gebiete fast ohne Regen gibt, die Niederschläge in Form von Tau aber extrem hoch sind. Dies sind die berühmten (oder nach Ansicht der sie untersuchenden Botaniker eher berüchtigten) Nebelwälder. Ein Spaziergang ohne triefend naß zu werden ist nicht möglich, hängen doch an allen Büschen und Bäumen meterlange Bromeliaceenbärte, vor allem tritt das aus Florida bekannte Louisianamoos auf. Wo es – auf den Regenschattenseiten – trocken wird, findet man große Bestände der Schlangentanne *(Araucaria araucana)*, meist auf sandigen, nährstoffarmen Böden in Hochlagen, wo der Schnee oft monatelang liegen bleibt.

Für Pflanzenliebhaber, besser für Pflanzensammler, ist das südliche Chile ein Paradies. Neben exotisch wirkenden Blütenwundern wie dem chilenischen Feuerbusch *(Embothrium coccineum)*, *Crinodendron, Eucryphia* und verschiedenen südamerikanischen Myrten findet der Liebhaber zahlreiche »Delikatessen«: die südamerikanische Winterrinde *(Drimys winteri)*, *Desfontainea, Lomatia* und andere. An lichten Stellen trifft man oft auf einen sehr auffälligen, im Zickzack wachsenden Bambus *(Chusquea couleou)*, andere Freiflächen sind von dem heideartig wirkenden Nachtschattengewächs *(Fabiana imbricata)* überwuchert. Farne, vor allem *Blechnum*-Arten, sind häufig.

Aus den südlichen Gebieten Chiles stammen einige Pflanzen, die bei uns winterhart sind, vor allem Berberitzen, außerdem die Torfmyrte *(Pernettya mucronata)* und die Südbuche *(Nothofagus)*.

Die südchilenischen Wälder sind reich an Lianen. Als Zierpflanzen haben diese jedoch nur für Spezialisten Bedeutung. Gerade die schönste, die chilenische Nationalblume *Lapageria rosea*, gilt als ausgesprochen heikel und ist der Stolz jedes Botanischen Gartens.

Südwestliche USA

Auch in einigen warm temperierten und subtropischen Gebieten Nordamerikas finden wir humides Klima.

Dieses Gebiet braucht nur am Rande erwähnt zu werden. Der Streifen an der Westküste der USA hat zwar im Norden ein humides Klima, im Süden ist es jedoch semiarid, es herrscht Mittelmeerklima. Bekannteste Pflanze aus dem humiden Bereich ist der Mammutbaum *(Sequoia sempervirens)*, der in geschützten Lagen auch in Mitteleuropa winterhart ist.

Die Jahreschwankungen der Temperaturen sind sehr gering, einem Januarmittel von 8–9 °C steht ein Jahresmittel von 10–14 °C gegenüber. Die Böden sind gewöhnlich tiefgründig und sandig-lehmig, haben aber oft nur eine geringe Humusdecke. Hier gedeihen vor allem der Kalifornische Lorbeer *(Umbellularia californica)* und der westamerikanische Erdbeerbaum *Arbutus menziesii.* Nach Süden zu – von dort stammen die Säckelblume *(Ceanothus), Carpenteria* und *Fremontodendron* – nehmen die Niederschläge schnell auf 200–700 mm ab. Darüber mehr im Kapitel über Pflanzen arider und semiarider Gegenden (siehe Seite 18ff.).

Südöstliche USA

Hier handelt es sich vor allem um Florida und die küstennahen Gebiete von Georgia und Carolina. Obwohl es keine Klimascheide gibt, treten doch gewaltige Temperaturunterschiede auf. Das vom Atlantik bestimmte maritime Klima kämpft gegen das des nordamerikanischen Festlands. Es gibt wiederholt katastrophale Kälteeinbrüche, die nicht selten den Citrusanbau in Florida fast auszuradieren drohen. Temperaturen unter –9 °C sind dennoch auf der vom Atlantik beeinflußten Seite noch nie vorgekommen, aber bereits auf der Westseite von Florida kann es schon wesentlich kälter werden. Fröste können hier von Anfang Oktober bis Ende April vorkommen.

Der Boden der meisten Gebiete ist alkalisch und sehr sandig, trocknet deshalb rasch aus. Die Niederschläge, etwa 1200.1500 mm, fallen hauptsächlich im Sommer, gleichzeitig herrscht eine Durchschnittstemperatur von 25–28 °C.

Auf eher trockenen Böden gedeihen zahlreiche Buschpalmen wie *Sabal*, auch Palmfarne wie *Zamia*, einige Tillandsien und als auffallendstes Blütengehölz die bis 2 m hohe halbstrauchige *Erythrina arborea*, die sich mit tief purpurnen, bis 30 cm langen Trauben schmückt. Häufig findet man das Wandelröschen *(Lantana camara)*, das hier offensichtlich viel widerstandsfähiger und wüchsiger ist als beispielsweise in Israel.

Auf frischen, kalk- und nährstoffreichen, fruchtbaren Lehmböden, meist in Flußtälern im Auenbereich, wächst die Immergrüne Magnolie *(Magnolia grandiflora)*, auch *Bignonia capreolata* und die bei uns weitgehend winterharte Trompetenwinde *(Campsis)*.

Für botanische Exkursionen ist dieses Gebiet allerdings nicht sonderlich geeignet. Neben den hier genannten Pflanzen gedeihen nämlich vor allem zahllose Klapperschlangen.

TROPISCHE HOCHLAGEN

Wer besonderen Wert auf zuverlässig dauerblühende Pflanzen legt – und wer tut das nicht? – kommt um die Pflanzen tropischer Hochlagen nicht herum. Höchstens in zumeist kurzen Trockenzeiten werden keine Blüten ausgebildet. Das Auftreten – oder das Fehlen – einer Trockenzeit ist aber auch schon die einzige Möglichkeit, die Pflanzen in Gruppen einzuteilen. Pflanzen, die eine Trockenzeit zu überwinden haben, schützen sich durch Hartlaub oder Sukkulenz, sie können aber auch das Laub abwerfen. Letzteres ist aber kein »Muß«. Wie zahlreiche Erfahrungen in warmen Wintergärten gezeigt haben, behalten viele in der Natur laubabwerfende Pflanzen bei ausreichender Temperatur und Bewässerung ihr Laub, sie wachsen ganzjährig.

Maßgebliches Kriterium, ob eine Pflanze im Kübel oder im Wintergarten gedeihen kann, ist die Bodentemperatur. In den Tieflagen der Tropen bei etwa 26 °C fällt sie mit zunehmender Höhe über dem Meeresspiegel recht rasch. Die Bodentemperatur spiegelt die Durchschnittstemperatur eines Standorts wider. Während im Tiefland die Tagesabweichungen von der Durchschnittstemperatur fast vernachlässigbar gering sind, ist das im Hochgebirge anders. Selbst in Gegenden, wo die Nachttemperatur jede Nacht knapp unter den Gefrierpunkt fällt und am Tag knapp über 30 °C steigt, liegt die Bodentemperatur doch um 15 °C! Viele Hochgebirgspflanzen halten erhebliche Fröste aus, überleben ein 5 °C Winterquartier aber nicht (vgl. Kapitel Überwinterung, Seite 43 ff).

Bei den Hochlagen Mittel- und Südamerikas handelt es sich um ein riesiges Gebiet, das sich nicht nur der Länge nach über den gesamten südamerikanischen Kontinent zieht, parallel zum Pazifik, sondern dessen Ausläufer in Südbrasilien auch fast bis zum Atlantik reichen. Eine Abgrenzung zu den tieferen Lagen ist nicht möglich, die Übergänge sind fließend. So findet man zahlreiche Arten im südlichen Teil der Anden höchstens bis 500 m über dem Meeresspiegel, während dieselbe Art im Norden noch bei 2000 m anzutreffen ist, beispielsweise die Winterrinde *(Drimys winteri)*, den Pfefferbaum *(Schinus molle)* oder die Bambusart *Chusquea*.

Ansonsten prägen aber vor allem Nachtschattengewächse die Pflanzenwelt des Hochlandes. Dies beginnt in Mexiko mit verschiedenen *Cestrum*- und

In unseren Breiten läßt sich eine Tropenstimmung am schnellsten mit Pflanzen tropischer Hochlagen erzielen, mit *Bougainvillea* und raschwachsenden Nachtschattengewächsen wie *Solanum* und *Datura* (Engelstrompete). Auch *Hibiscus* hat ähnliche Ansprüche.

Solanum-Arten, setzt sich fort über Veilchensträucher *(Iochroma)* und Engelstrompeten und endet im Süden mit der heideartigen *Fabiana*. Als Kletterpflanzen muß man Passionsblumen und verschiedene Bignoniengewächse, ebenso *Bougainvillea* erwähnen. Hervorzuheben ist noch der mit dem Oleander verwandte, vorzüglich duftende Chilenische Jasmin *(Mandevilla laxa)* und der Goldkelchwein *(Solandra)*.

An Palmen sind besonders die als Zimmerpflanze bekannte *Chamaedorea* bekannt, aber auch die aus dem südlichen Brasilien stammende *Arecastrum romanzoffianum*.

Mit Ausnahme von *Bougainvillea* und einigen als Kübelpflanzen weniger wichtigen Arten verträgt alles, was aus den Höhenlagen der südamerikanischen Gebirge kommt, sehr niedrige Bodentemperaturen, selbst über einen längeren Zeitraum. Musterbeispiele dafür sind Engelstrompeten, die Hammersträucher *(Cestrum)*, *Iochroma* und *Solanum*, auch *Fabiana* – alles Nachtschattengewächse. Auch die meisten Passionsblumen kommen mit einem gerade frostfreien Boden über die Runden, verlieren dann das gesamte Laub, was aber weiter nicht schadet. Ähnliches gilt für die Schönmalven. Alle diese Pflanzen zeigen ein Verhalten, das sie als typische Hochgebirgskinder ausweist – sie können aus dem Stock wieder austreiben. Dies ist überlebenswichtig für Pflanzen, deren oberirdische Teile gelegentlich von Frösten vernichtet werden.

Mit den im Vordergrund sichtbaren Salzablagerungen an der Bodenoberfläche arider Klimagebiete kann die Echte Dattelpalme leben. Ihre extrem tiefreichenden Wurzeln holen sich salzarmes Wasser aus dem Untergrund.

Aus denselben Gebieten kommen auch zahlreiche Pflanzen, die niedrige Bodentemperaturen nicht vertragen. Diese Arten gedeihen bei uns nur im Wintergarten zufriedenstellend.

Nicht vergessen sollte man – auch gerade das macht die Pflanzen so arbeitsintensiv – daß alle Arten tropischer Höhenlagen gewaltige Niederschläge, ab 2000 mm aufwärts, gewöhnt sind. Wasser und Nährstoffe können sie am Naturstandort optimal umsetzen, da die Tage ausreichend Licht und Wärme bieten, die kühlen Nächte den Abbau körpereigener Substanzen (Veratmung) jedoch verzögern. Bei uns ist das allerdings etwas anderes. Ein paar Nächte mit Biergartentemperatur, und die Engelstrompeten haben fast keine Blätter mehr, zumindest ist der größte Teil des alten Laubes vergilbt. Dagegen läßt sich nichts unternehmen.

Entsprechendes gilt nicht nur für alle anderen Pflanzen aus tropischen Höhenlagen, sondern auch für die Kübelpflanze Nummer 1, den Oleander. Man glaubt es kaum, aber auch er ist ein typisches Gebirgskind und überall dort, wo es warm und hell genug ist, ein absoluter Dauerblüher. Da es in seiner Heimat im Mittelmeer-Raum nicht so viel regnet wie in den tropischen Gebirgen, steht er dort vor allem an Flußbetten, wo seine Wurzeln bis ins Grundwasser reichen.

Im Vergleich zur Anden-Kordillerenkette ist es in den Hochlagen Südbrasiliens erheblich trockener. Der Pazifik übt hier keinen Einfluß mehr auf das Klima aus, der Atlantik noch wenig. Aus dieser Gegend stammen einige Melastomataceen – *Tibouchina* ist wohl die bekannteste – aber auch faszinierende Zierbäume wie *Tabebuia*. Hier beginnt jedoch schon die subtropische semiaride Zone.

ARIDE UND SEMIARIDE GEBIETE

Der größte Teil der Subtropen und warm gemäßigten Gebiete ist arid oder semiarid, es gibt hier also **Trockenzeiten**. Daß dort oft fast nichts wächst, hat nicht die Natur zu verantworten, sondern der Mensch. Wer die Zusammenhänge nicht kennt, wird an eine Fata Morgana glauben, wenn sich in der Nähe der tief in der ägyptischen Wüste liegenden Oase Kargha plötzlich die Mauern eines römischen Kastells abzeichnen. Spätestens, wenn man das Burgtor durchschreitet, wird das Trugbild zur Wirklichkeit – hier war früher der Sitz des Aufsehers über die Kornkammer (!) des römischen Imperiums.

Es gilt als sicher, daß noch vor ca. 3000 Jahren der gesamte Mittelmeerraum dicht bewaldet war. Mit dem Entstehen der Staaten, besonders der Stadtstaaten (Athen usw.) wurden die Wälder geplündert, man brauchte Unmengen von Holz, zum Haus- und Schiffsbau, zum Kochen und Heizen, Holzkohle für die Metall- und Glasproduktion, viel mehr als natürlich nachwachsen konnte. Forstwirtschaft war damals noch unbekannt. Reste dieser Wälder findet man noch an fast unzugänglichen Stellen im Apennin, im türkischen Taurusgebirge, im Libanon und im marokkanischen Atlas.

Um ein Verständnis für die Pflanzen der heißen und trockenen Gebiete zu entwickeln, sollen die Begriffe Aridität und Semiaridität etwas näher erläutert werden.

Es fällt schwer, sich hier kurzzufassen. In einem Satz: In **semiariden** Gebieten ist in **manchen** Monaten des Jahres die Verdunstung über einer offenen Wasserfläche höher als der Niederschlag, in **ariden** Gebieten ist in **jedem** Monat des Jahres die Verdunstung über einer offenen Wasserfläche höher als der Niederschlag. Der Schwerpunkt dieses Satzes liegt auf dem Begriff »offene Wasserfläche«.

Wenn man daran denkt, daß die Oberfläche der Pflanzen (pro Quadratmeter Bodenoberfläche) sehr viel höher ist als ein Quadratmeter, ist es ein Rätsel, warum Pflanzen hier gedeihen können. Es gibt aber über weite Bereiche eine üppige Vegetation. In semiariden und ariden Gebieten speichert entweder die Pflanze Wasser oder der Boden speichert Wasser. Oder aber die Pflanze kann die Verdunstung herabsetzen bzw. an normalerweise nicht zur Verfügung stehende Wasservorräte gelangen (mit hartem Laub, silbriger Behaarung, Laubabwurf, extrem tiefreichenden oder weit ausgebreiteten Wurzeln etc.).

Ein Ausflug ins Wüstenklima

Nur am Rande erwähnt werden soll hier ein Sonderfall. In vielen Wüsten und Halbwüsten kann es durchaus plötzliche, sehr kräftige Niederschläge geben. Da der Boden sie nicht speichern kann, laufen sie, meist **oberflächlich**, ab. Hier liegt die Betonung auf dem Wort oberflächlich. Schon vor Jahrtausenden gab es in der israelischen Negev-Wüste (Sinai-Halbinsel) blühende Städte, deren Lebensgrundlage dieser oberflächliche Abfluß plötzlicher starker Regenmengen war: »Run-off-Farming«. Zahlreiche Bibelforscher sind der Ansicht, daß das Mose beim Auszug aus Ägypten folgende Heer nicht durch das Zusammenfallen der Wasserwände des Roten Meeres umgekommen ist, sondern in einem Wadi, einer Trockenschlucht, auf Grund eines im Einzugsbereich fallenden heftigen Regens. Wer sich die Wüste als eine Aneinanderreihung von Sanddünen vorstellt, wird das schwer verstehen – der Regen müßte ja sofort versickern. Nur, diese Vorstellung von »Wüste« ist falsch, meist findet man Felsen, Stein und Ton. Das ständig aus dem Untergrund steigende und an der Oberfläche verdunstende Wasser bringt Salze mit sich, vor allem Kochsalz und Natriumkarbonat (Soda), auf deutsch heißt letzteres Backpulver. Dieses Backpulver sorgt dafür, daß die Bodenoberfläche fast wasserundurchlässig wird. Deshalb läuft das Wasser nur oberflächlich ab. Das abfließende Wasser sammelt sich – soweit es nicht in irgendeinen Fluß und dann ins Meer fließt, in abflußlosen Senken und bildet dort Salzseen. Bekanntestes Beispiel ist das mehrere hundert Meter unter dem Meeresspiegel liegende Tote Meer, in das der Jordan mündet, aber auch der Große Salzsee der USA (bekannt durch die Mormonenhauptstadt Salt Lake City), in der Türkei, in Zentralanatolien, der Tuz Gölü (Salzsee). Für Aral- und Baikalsee in Südrußland gilt dasselbe.

Trotz minimaler Bodendeckung sind auch Wüstengebiete nicht ohne auffallende Farben. In den südlichen USA und Nordmexiko sorgen vor allem *Idria* und auch *Fouquieria* für Rot (vgl. Abbildung Seite 23).

Eine kleine Rechnung: Fallen in diesen wüstenartigen Gebieten jährlich 200 mm Niederschlag und laufen davon 80 % oberflächlich ab, haben wir auf den vielleicht 5–10 % der Fläche, die die Talsohle ausmachen, doch immerhin 1500–3000 mm Wasser. Da gedeiht dann schon manches.

Wozu dieser Ausflug ins Wüstenklima? Jeder geht davon aus, daß es in der Wüste wenig regnet. Das ist im Prinzip richtig. Daraus zieht natürlich fast jeder den Schluß, daß alle Wüstenpflanzen wenig Wasser brauchen. Das stimmt nun allerdings nicht, im Gegenteil, die meisten Wüstenpflanzen brauchen ziemlich viel Wasser. Nur, und das ist der wichtige Punkt, eine **regelmäßige** Bewässerung brauchen sie nicht.

Welche Mechanismen es den Pflanzen ermöglichen, längere, oft jahrelange Trockenperioden zu überleben, wird in einem der folgenden Kapitel beschrieben.

Nur der Vollständigkeit wegen seien hier auch die Gebiete mit »relativer Aridität« erwähnt. Besonders in Gebirgen gibt es Gegenden, in denen die Niederschläge höher sind als die Verdunstung. Da Stein und Sand das Wasser aber nicht speichern können, sind diese Gebiete gleichwohl arid. Erinnern wir uns an das Gegenteil, es gibt regenlose Gebiete, die aufgrund des sich jede Nacht bildenden Taus humid sind.

Zusammengefaßt: Welche Dinge sind es nun, die die Vegetation einer warmtemperierten oder subtropischen Wüste prägen?

- Niederer und unregelmäßiger Niederschlag
- hohe Sonneneinstrahlung
- niedere Luftfeuchte
- hohe Temperatur
- starke Tagesschwankungen der Temperatur
- sehr hohe Temperatur der Bodenoberfläche
- hohe Erosion durch Wasser und Wind
- hoher Salzgehalt des Bodens

Wenn ein Pflanzenfreund diese Aufreihung liest, wird er denken: Äußerst ungastlich. Nun gibt es aber auch bei uns zahlreiche Situationen, wo nur Pflanzen aus diesen unwirtlichen Gegenden gedeihen, beziehungsweise überleben können:

Fall 1: Sie wollen 3 Wochen in Urlaub fahren und haben niemanden, der ihren Wintergarten gießt.

Fall 2: Sie machen Ende April einen Tagesausflug. Morgens ist es ziemlich trüb und kalt, mittags bricht die Sonne durch, eine automatische Lüftung ist nicht vorhanden.

Fall 3: Im tiefsten Winter fällt für einige Stunden die Heizung aus (Stromausfall).

Fall 4: Sie haben sich bei der Düngerkonzentration verrechnet und 10mal so viel wie nötig genommen.

Es gibt noch zahlreiche andere, weniger wahrscheinliche Fälle. Wenn aber nur einer der genannten Fälle in einem konventionellen Wintergarten passiert – für Kübelpflanzen gilt entsprechendes – kann man die Pflanzen in aller Regel abschreiben, zumindest muß man mit schwersten Schäden rechnen. Bei Pflanzen aus ariden und semiariden Gebieten kann es passieren, daß man von diesen verhängnisvollen Dingen überhaupt nichts mitbekommt, die Pflanzen stecken es einfach weg und gedeihen wie eh und je.

Der Grad der Bodenbedeckung

Die Lebensarten in der Wüste sind sehr vielfältig. So gibt es immergrüne Pflanzen, solche mit nadelartigem Laub, aber auch laubabwerfende Gehölze. Die Ausprägung dieser Merkmale ist weitgehend unabhängig von Verwandtschaftsverhältnissen. Gerade die australische Wüsten- und Halbwüstenvegetation ist dafür bekannt, daß Pflanzen völlig unterschiedlicher Familien genau die gleichen Merkmale ausgebildet haben und von Nichtbotanikern eigentlich nur während der Blütezeit identifiziert werden können. Ursache dafür ist, daß sie sich der hohen Sonneneinstrahlung und den geringen Niederschlägen anpassen müssen, was bei verschiedenen Familien zur Entwicklung gleicher äußerer Merkmale führen kann. Während ja in humiden Gebieten die Pflanzen in mehreren Schichten übereinander wachsen und deshalb die der unteren Schichten entsprechende Blattorgane ausbilden müssen, um das Restlicht einfangen zu können, ist diese Art von Konkurrenz in ariden und semiariden Gebieten ohne Bedeutung. Hier findet die Konkurrenz vielmehr unterirdisch, zwischen den Wurzeln statt. Die Wurzelkonkurrenz, in Verbindung mit den geringen Niederschlägen, bestimmt den Bedeckungsgrad des Bodens. In den Wüsten Nordamerikas, über die sehr genaue Untersuchungen vorliegen, wurde festgestellt, daß an sehr trockenen Standorten nur 8–15% des Bodens bedeckt sind und nur zwei oder drei Arten 90–95% des Bewuchses ausmachen. Es gibt hier kaum höherwachsende Pflanzen. Diese, vor allem Sukkulenten und Halbsukulenten wie Kakteen, *Yucca* und *Dasylirion,* tauchen erst bei günstigeren Feuchtigkeitsverhältnissen auf, die Bodenbedeckung beträgt dann bis zu 30%. Das Profil der Pflanzengesellschaft wird hier auch sehr uneben. Neben den am Boden liegenden Arten gibt es kleinblättrige und laubabwerfende Sträucher, dazwischen Bäume, die zwei- bis dreimal so hoch sind wie die höchsten Sträucher, durchsetzt von oft über baumhohen Sukkulenten. In den bisher genannten Gebieten wird der Boden durch die Pflanzen nicht verändert bzw. verbessert, so daß sich neue Arten nicht ansiedeln können.

Jede organische Substanz wird sofort verweht oder weggewaschen.

Wesentlich artenreicher ist die Vegetation bei besseren Wasserverhältnissen, besonders am Fuß von Gebirgen. Hier können 40–70% des Bodens von Pflanzen bedeckt sein, meist findet man zwischen 15 und 25 Hauptarten. Die dichte Vegetation bietet einen Wind- und Erosionsschutz, so daß sich auch neue Arten ansiedeln können. Gleichwohl, meist bestimmt nur eine einzige großwüchsige Art pro Lebensraum das Vegetationsbild.

Was bedeutet das nun für die Wintergartenpraxis? Während Wintergärten mit Arten humider Gegenden meistens so vollgepflanzt werden, daß nach kurzer Zeit kein Quadratzentimeter Boden mehr offen bleibt, kommt dieses Vorgehen bei einer Halbwüsten- oder Wüstenpflanzung einem Kunstfehler gleich. Wer sich nur annähernd am natürlichen Vorbild orientiert, sollte darauf achten, daß selbst mittelfristig nicht viel mehr als 50 % des Bodens bedeckt sind. Ist man nicht gerade Sukkulentensammler, möge man sich auf wenige Arten beschränken, wobei man von diesen wenigen Arten durchaus größere Stückzahlen setzen kann.

Aus welchen Gegenden kommen nun die für aride und semiaride Pflanzungen geeigneten Arten?

Mittelmeergebiet

Das Mittelmeergebiet ist botanisch bestens erforscht. Aufgrund des ausgeprägten Reliefs und der langen Meeresküsten ist die Pflanzenwelt sehr vielgestaltig. Wo das Mittelmeergebiet anfängt und wo es aufhört, war im ersten Drittel dieses Jahrhunderts eine Frage von höchstem wissenschaftlichem Rang, es wurde um jede Bergkuppe gestritten. Pragmatisch sagt man heute, es deckt sich mit dem Olivenanbaugebiet.

Wie schon erwähnt, ist weltweit keine andere Vegetationszone durch den Menschen derart nachhaltig zerstört wie das Mittelmeergebiet. Diese Zerstörung setzt sich noch heute fort. Neben der Holznutzung ist es vor allem die Beweidung durch Ziegen, die dem Jungwuchs zu schaffen macht. Auch der größte Teil der jährlich wiederkehrenden Buschbrände geht – fahrlässig oder vorsätzlich – auf das Konto des Menschen.

In Anbetracht dessen, daß keine ursprüngliche Mittelmeervegetation mehr existiert, unterscheidet man zwischen drei Hauptarten **degradierter Mittelmeervegetation:**

Macchie

Diesen Typ findet man vor allem auf feuchten, tiefgründigen Böden. Der Bestand ist meist 3–4 m hoch und überwiegend dicht. Wichtigste Pflanzen der Macchie sind vor allem immergrüne Eichen wie *Quercus ilex* und *Quercus coccifera*, der Erdbeerbaum *(Arbutus unedo* im Westen, *Arbutus andrachne* im Osten), die Baumheide, der Mittelmeerschneeball, der Mastixstrauch, verschiedene Zistrosen, an Bachufern der Oleander und der Keuschbaum *(Vitex agnus-castis)*.

Eine ähnliche, jedoch höhere Macchie – man kann schon von immergrünen Laubwäldern reden – findet sich im westmediterranen Nordafrika, in Südwestspanien, in Portugal, Frankreich und Sardinien. Zur beherrschenden Korkeiche *(Quercus suber)* gesellen sich der Erdbeerbaum, die Baumheide und vor allem der Lorbeer hinzu.

Wo es kühler ist und der Hartlaubbewuchs einer Winterruhe unterliegt, in Teilen Portugals und Spaniens, vor allem aber auf der Balkanhalbinsel und in der Kolchis (Schwarzes Meer), redet man von **Pseudomacchie.** Neben diversen Eichen und Lorbeer wachsen hier vor allem Buchsbaum und als Unterholz die Lorbeerkirsche. In den bisher genannten Gebieten sind die Sommer sehr warm und trocken, die Trockenzeit dauert zwei bis drei Monate. Die Winter sind mild und bringen viel Regen, wobei die Hauptniederschläge schon im Oktober und November fallen können.

Garigue

Hier handelt es sich um einen mehr oder weniger offenen Vegetationstyp auf flachgründigen, trockenen Böden. Der Untergrund besteht meist aus Kalkstein. Die Pflanzen werden selten meterhoch.

Die Pflanzenwelt ist nicht sehr viel anders als die der Macchie, aber bedeutend niedriger. Zu den genannten Arten gesellen sich die Steinlinde *(Phillyrea angustifolia)*, die Terpentinpistazie *(Pistacia terebinthus)*, der Efeu und im Schatten vor allem der Mäusedorn *(Ruscus)*. Auf überwiegend alkalischen Böden (pH-Wert 7,2–8,2) ist auch der Rosmarin häufig. Auf eher sauren Böden auf Urgestein (Silikat) findet man dagegen Stechginster, verschiedene Ginster-Arten und zahlreiche Erikagewächse.

Besonders dort, wo Buschbrände häufig sind, tauchen verschiedene Zistrosen auf. Wenn sie wenig Konkurrenz haben, wachsen nach Bränden Zistro-

Blühende Macchie auf Korsika. Neben den weitverbreiteten Zistrosen und verschiedenen Wolfsmilch-Arten sorgen auch Stauden, vor allem Korbblütler und Doldenblütler, für Farbe. Gelegentlich durchbrechen immergrüne Eichen den ziemlich flachen Bewuchs.

sen recht rasch heran und bestimmen das Bild weiter Flächen. Begleitet werden sie oft vom Erdbeerbaum, der durch sein starkes Ausschlagsvermögen ziemlich feuerresistent ist.

Die Wachstumszeit in der Garigue wird gewöhnlich zweimal unterbrochen, im Sommer durch Trockenheit, im Winter durch Kälte. Demzufolge zeigen die meisten Pflanzen zwei Wachstumsperioden, im Frühjahr und im Herbst. Die Niederschläge betragen gewöhnlich zwischen 300 und 500 mm.

Ruscus aculeatus – ein gerade kniehoher Mäusedorn – eignet sich ausgezeichnet als Bodendecker auch für schattige Lagen in Wintergärten. Niedriger als dieses pflegeleichte Gewächs bleiben die nahen Verwandten *Ruscus hypoglossum* und *Danaë racemosa*. Sie vertragen extreme Hitze und Kälte, Sonne und Schatten, Dürre und Nässe. Alle sind vollständig immergrün; selbst in Trockengestecken fällt das Laub nicht ab.

Offene Felsfluren

Diese Formation soll nur am Rande erwähnt werden. An scheinbar trockenen, nur nach der Schneeschmelze oder nach Wolkenbrüchen Wasser führenden Bach- und Flußläufen wachsen Oleander, Zistrosen und Wolfsmilchgewächse. Diese Pflanzen fallen deshalb so auf, weil sie vom Vieh nicht gefressen werden und sich demzufolge ungestört ausbreiten können.

Schibljak

Vor allem in Jugoslawien ist dieser Vegetationstyp anzutreffen. Er gilt nicht mehr als mediterran, der Fachbegriff heißt submediterran. Hier wird der Einfluß kalter Winter spürbar. Obwohl auch hier noch zahlreiche mediterrane Pflanzen vorkommen, sogar der Oleander, ist die Masse der Gehölze doch laubabwerfend. Viele Arten des Schibljak sind auch in Mitteleuropa winterhart, genannt seien der Perückenstrauch, der Feuerdorn und der Judasbaum. Auch der bei uns nicht winterharte Granatapfel kommt vor.

Während die Pflanzenwelt bisher genannter Gebiete sehr wohl einen Winter kennt, fallen im südlichen Teil des Mittelmeeres die Temperaturen kaum unter den Gefrierpunkt. Bestes Zeichen dafür ist, daß in der Südtürkei schon Eßbananen wachsen, auf Sizilien kommt Papyrus wild vor, zur Zierde gepflanzte Dattelpalmen sind häufig. Hier tauchen zwei Gehölze auf, die unbedingt erwähnt werden müssen, aufgrund ihrer geringen Frostresistenz von gerade –5 °C weiter nördlich jedoch nicht gedeihen können: die Myrte und der Johannisbrotbaum. Während man den Johannisbrotbaum meist in Plantagen oder weiträumig extensiv angebaut findet, bildet die Myrte mit dem Mastixstrauch und der oft noch wilden, strauchartigen Olive ein typisches Vegetationsbild, das man vom Libanon über Zypern, die Südtürkei, die Inseln der Ägäis, Sizilien bis Südspanien und in Nordafrika antrifft.

Nicht unterschlagen werden soll die neben der nur für Botaniker bedeutsamen *Phoenix theophrasti* einzige europäische Palme, die Zwergpalme *(Chamaerops humilis)*. Sie wurde bisher nicht erwähnt, da sie in den typischen mediterranen Pflanzengesellschaften nicht vorkommt. Man findet sie vor allem dort, wo sonst so gut wie nichts mehr gedeiht. Ihre Verbreitung reicht von Nordafrika über Südspanien bis nach Sizilien, auch auf Sardinien gibt es ausgedehnte Bestände. Die Zwergpalme ist mit die robusteste Palme die wir kennen, sie kann ausgepflanzt als Tiefwurzler den ganzen Sommer ohne Wasser auskommen und erträgt kurze Fröste bis –15 °C. Auch in großen Kübeln reicht ihr der natürliche Niederschlag.

Natürlich ist das Bild der Mittelmeerländer nicht nur von wild wachsenden Pflanzen geprägt. Wo das Land bebaut ist, fügen sich von Menschenhand gepflanzt Säulenzypressen, Mittelmeerkiefern, feigen und immer wieder Oliven ein.

Sehr häufig auf Plätzen und in Gärten findet man den im mitteleuropäischen Weinbauklima ziemlich winterharten sommerblühenden Schlaf- oder Seidenbaum *(Albizia julibrissin)*. Das wichtigste, einheimische Strauchtriumvirat der Gärten sind Lorbeer, Zwergpalmen und vor allem der Oleander in zahlreichen Sorten.

Natürlich sieht man am Mittelmeer noch sehr viele andere Gehölze. In fast jedem Garten findet man die Kakipflaume, die Lagerstroemie, den Klebsamen und die Aukuben. Obwohl sie sich hier gut einfügen und vorzüglich gedeihen – zu Hause sind sie am Mittelmeer nicht.

Wüchsen da nicht *Dasylirion* oder *Yucca*, könnte man sich auf den Mond versetzt fühlen. Der Grad der Bodenbedeckung geht gegen Null (siehe Abbildung Seite 19).

Wüsten und Halbwüsten des südlichen Nordamerikas

Ähnlich gut erforscht wie die Vegetation der Mittelmeerländer ist die des südlichen Nordamerika. Die nordamerikanische Wüste beginnt am Golf von Mexiko und zieht sich quer über den gesamten Kontinent. Im Norden geht sie in die Prärie über, heute der Weizengürtel der USA, im Süden – wo dann Sommerregen vorherrscht – in die humiden tropischen Gebiete des südlichen Mexiko (Yucatán) und Mittelamerikas. Weite Teile dieser Wüsten und Halbwüsten haben ein ausgesprochen kontinentales Klima. Im Sommer wird es mörderisch heiß und im Winter nicht selten eiskalt, Schneefälle sind häufig. In den Hochlagen Neumexikos und Utahs wurden Temperaturen bis –36 °C gemessen, trotzdem kommen hier Yucca und Kakteen vor, vor allem Opuntien und *Echinocereus*.

Fröste sind in Hochlagen in jedem Monat möglich. Die Niederschläge liegen hier zwischen 50 und 500 mm. In den USA und Nordamerika fallen sie vor allem im Winter, weiter südlich beginnt das Sommerregengebiet. Die durchschnittliche Niederschlagsmenge sagt allerdings wenig aus, es gab schon Perioden, in denen über drei Jahre lang kein Tropfen gefallen ist!

Und dennoch, eine richtige Wüste wie die Sahara ist die nordamerikanische »desert« nicht, an vielen Stellen erscheint der Pflanzenwuchs recht üppig.

Nimmt man einmal die weiten Gebiete mit *Artemisia*-(Wermut)Steppen aus – hier gibt es keine für uns interessanten Pflanzen –, ist grob gesprochen der Bewuchs im gesamten Gebiet ziemlich gleichförmig. Speziell in kühleren Gegenden verändern sich nur die Arten, kaum die Gattungen. Soll heißen: Die Gattung *Yucca* kommt im kompletten Gürtel vor, allerdings am nördlichen Golf von Mexiko als *Y. filamentosa, Y. gloriosa, Y. aloifolia* und *Y. flaccida*, im Zentrum als *Y. whipplei* oder *Y. mohavensis*, im Westen als *Y. brevifolia* oder *Y. valida* und ganz im Süden als *Y. elephantipes* – die bekannte »Yuccapalme«.

Das Bild verändert sich dort, wo es nur noch leichte Fröste gibt, vor allem keinen Dauerfrost. Hier werden weite Landstriche von dem bis zu 10 m hohen Saguaro-Kaktus *(Carnegiea gigantea)* geprägt. Gleichzeitig finden sich Gewächse aus der Familie der Fouquiereaceae, *Fouquieria splendens* und *Idria columnaris*. Sie wirken so fremdländisch, daß man meinen könnte, sie kämen von einem anderen Stern. In Anpassung an die seltenen Regenfälle entwickeln sie nach jedem Niederschlag neue Blätter. Kaum wird der Boden wieder trocken, vergilben die Blätter, die Pflanze entzieht ihnen alle Nährstoffe. Beim nächsten Regen beginnt das Spiel von neuem, es wiederholt sich oft fünf- bis sechsmal im Jahr. *Idria* und *Fouquieria* können mit 8 bzw. 10 m im Lauf von Jahrzehnten ausgesprochen imposante Gestalten werden, auffallend vor allem, wenn sie am Schluß der Winterregenzeit am Triebende ihre leuchtend roten Blütenstände tragen. Im Handel sind sie leider selten, es sei denn in Minitöpfchen in Sukkulentensortimenten.

In diesen wärmeren, obwohl nicht unbedingt frostfreien Gebieten wird das Sortiment der Pflanzen sehr viel reichhaltiger. Es tauchen die ersten Agaven auf, verschiedene Rauhschopfarten *(Dasylirion, Nolina)*, auch Schmetterlingsblüter wie Akazien und Kassien, desgleichen *Jatropha*.

Nicht unterschlagen werden sollen die in diesem Gebiet beheimateten Palmen, so die Priester- oder Petticoat-Palme *(Washingtonia)*. Ähnlich wie die Dattelpalme wächst sie nur an Orten, wo sie die

Wurzeln ins Grundwasser schicken kann. Da sie nur –7 °C Frost erträgt, beschränkt sich ihre Verbreitung auf die küstennahen Gegenden Kaliforniens und des westlichen Mexiko. Hier kommen auch verschiedene *Brahea*-Arten vor, die bei uns selten, da schwachwüchsig und entsprechend teuer sind.

Südamerika im Schatten der Anden

Auch in Südamerika, vor allem im Windschatten der Anden, also auf der Ostseite und den innerandinen Tälern, findet man halbwüstenartige Gebiete.

Das hier näher zu beschreibende Gebiet deckt sich weitgehend mit den Grenzen des Staates Argentinien. Der Süden Argentiniens – Patagonien – liegt vollständig im Windschatten der Anden. Die Winter sind lang und kalt, Temperaturen bis –15 °C sind aber selten. Niederschläge gibt es im Winter eigentlich nie. Dieses Gebiet ist uns als »Pampa« bekannt, von hier stammt das ausgezeichnete argentinische Rindfleisch, aber auch das Pampasgras unserer Gärten.

Demgegenüber ist das Klima des nördlichen Argentinien vor allem durch warme Nordostwinde aus dem südlichen Atlantik geprägt. Diese bringen erhebliche Regenmengen mit sich. Die Niederschläge nehmen aber nach Westen sehr schnell ab. Am Ostfuß der Anden findet man schon wüstenhafte Verhältnisse. Hinsichtlich der Niederschlagsmenge unterscheidet sich also der nördliche, andennahe Teil Argentiniens nicht sehr vom Süden, nur ist aufgrund der geringen Entfernung zum Äquator die Durchschnittstemperatur höher. Fröste sind dennoch möglich.

Frostfreie Lagen findet man erst weiter nördlich, in Uruquay, Paraguay und Südbrasilien, zumindest

Die aus ariden Gebieten Südamerikas stammende *Jacaranda* – fälschlich oft als »Palisander« bezeichnet – ist einer der beliebtesten Straßenbäume der Tropen und Subtropen. Ihre Blüten kommen besonders gut zur Geltung, da sie zur Blütezeit – meist – noch kaum Laub hat.

in den tieferen Bereichen. In den Hochlagen können aber auch dort mäßige Fröste auftreten, sie machen sich dann für uns durch ein Ansteigen des Kaffeepreises bemerkbar.

Im Gebirge des südlichen Argentiniens, wo noch reichlich Regen fällt, findet man zahlreiche Arten, die schon bei der chilenischen, humid geprägten Vegetation erwähnt wurden, so den Feuerbusch *(Embothrium)* sowie *Aristotelia* und *Lomatia*.

Auch dort, wo es dann trocken wird, die Böden flachgründig und arm an Kalk und Nährstoffen werden, trifft man noch auf einige Vertreter der westandischen Flora, vor allem die heideartige Solanacee *Fabiana imbricata*. Gleichzeitig wachsen mehrere *Ephedra*-Arten und die jedem Staudenliebhaber bekannten Bodendecker *Acaena* (Stachelnüßchen) und *Azorella*. Aufgrund der geringen Niederschläge ist der Boden nur noch zu 60–70 % bewachsen.

Gehen wir etwas weiter nördlich, ist das Bild entsprechend. Auch hier können noch Temperaturen bis –10 °C vorkommen. Wo noch ausreichend Niederschläge fallen, dringen Arten der chilenischen Vegetation nach Argentinien vor, so die Winterrinde *(Drimys winteri)* und einige Baumfarne.

Kaum wird es aber trocken, sowohl noch in den Anden als auch in den anschließenden Savannen, ändert sich das Pflanzenbild ganz erheblich. Die mäßigen Fröste, die hier alljährlich vorkommen, dringen kaum in die Wälder ein. Als wichtigste, aus der Savanne stammende Gehölze seien genannt: *Tecoma stans, Tipuana tipu* und mehrere *Tabebuia*-Arten. Aus den Trockenwäldern der Anden stammen der schon in Norditalien winterharte Paradiesvogelbusch *(Caesalpinia gilliesii)*, der Pfefferbaum *(Schinus)* und die in zahlreichen trockenen Ländern als kleinkroniger Straßenbaum beliebte *Parkinsonia*. Alle diese Arten, besonders aber die noch zu erwähnende *Erythrina crista-galli*, können kurzfristig ein paar Grad Frost überstehen.

Wenn wir manchmal Schwierigkeiten haben, die genannten Pflanzen unbeschadet über den Winter zu bringen, liegt das fast ausnahmslos am zu nassen Boden. Da die meisten die Blätter während des Winters abwerfen, sollte man frühzeitig das Gießen einschränken und mit beginnendem Laubfall ganz einstellen. *Parkinsonia, Caesalpinia* und *Erythrina* kommen ohne einen Tropfen Wasser über den Winter, für den immergrünen Pfefferbaum *(Schinus)* reichen bei kalter Überwinterung Schnapsglas-Rationen.

Im nördlichen Argentinien, am unteren Paranà, fallen die Temperaturen nicht unter –4 °C. Von dort – auch hier sind die Winter völlig trocken – stammt die argentinische Nationalblume *Erythrina crista-galli*, der Korallenstrauch. In ihrer Heimat meist als kleinkroniger Straßenbaum gezogen, ist die Art bei uns ziemlich selten, weil Sämlinge erst im Alter blühen. Weit verbreitet ist aber die Sorte 'Compacta', aus Stecklingen vermehrt blüht sie bereits im zweiten Jahr. Mit steigendem Alter bildet sie einen immer dicker werdenden, nur wenige Zentimeter hohen Stamm, die Zahl der Triebe nimmt zu. Die gerade bis 1 m hohen Blütentriebe sterben im Winter ab.

Aus fast derselben Gegend kommt *Sesbania tripetii* bzw. *S. punicea*. Wenn man den amerikanischen Namen vergewaltigt, heißt sie auf deutsch »Scharlachroter Blauregenbaum«. Eigentlich ist es nur ein Bäumchen, meist ein sparriger Strauch. Die Blüten in hängenden Trauben sind orange bis scharlach und erscheinen mit Ausnahme des Spätwinters das ganze Jahr über, die Blütenstände ähneln tatsächlich einem Blauregen, sind aber viel zierlicher. Sie haben eine enorme Leuchtkraft. Das Laub ist fast farnartig gefiedert und fällt im Winter ab.

Ganz in der Nachbarschaft, im Nordwesten Argentiniens und im angrenzenden Bolivien, kommt eine weitere Pflanze mit farnartigem Laub vor, auch sie verliert im Winter die Blätter. Es handelt sich hier um die häufig als Zimmerpflanze angebotene *Jacaranda*, fälschlicherweise oft Palisander genannt. Wenn an diesen mittelgroßen Bäumen im Frühjahr – sie sind dann noch unbelaubt – die zartblauen Blüten in großen, aufrechten Rispen erscheinen, kann man zum Poeten werden. Die Worte zart, leicht, luftig lassen sich durch das Bild der *Jacaranda*-Blüte umschreiben. Leider kommt *Jacaranda* in Mitteleuropa normalerweise nur nach langem, warmem Sommer/Herbst zur Blüte. Aber allein schon das Laub macht diese Pflanze wertvoll.

Australien – Land der Buschbrände

Australien ist das Land der Eukalypten und Akazien, der vielen Proteaceen und Buschbrände. Diese Aufreihung mag irritierend wirken, ist gleichwohl sinnvoll. Zahlreiche australische Pflanzen haben sich an die Buschfeuer angepaßt. Die wichtigsten Arten sind sogar auf Buschfeuer angewiesen, da erst diese ihre harte Samenschale knacken können und Freiraum für neues Leben schaffen. Der Freiraum ist deshalb so wichtig, weil fast alle australischen Pflanzen, speziell Eucalyptus, schon im Keimlingsstadium äußerst lichthungrig sind und keine Beschattung vertragen.

Auch sonst haben sich viele australische Pflanzen an Buschbrände angepaßt. Als Beispiel sollen nur der Flaschenbaum *(Brachychiton)* und zahlreiche *Eucalyptus*-Arten genannt werden. Bei ihnen sind Wurzelhals und Hauptwurzel stark verdickt und bilden sogenannte »Lignotuber«. Als unterirdische Organe werden sie von Feuern nicht geschädigt, so daß aus ihnen ein neuer Austrieb möglich ist. Im Zierpflanzenbau wird dies gelegentlich genutzt, indem man die Pflanzen sehr hoch topft und den meist bizarren Lignotuber freilegt. Häufig werden die Wurzeln um einen Stein drapiert, worauf der Lignotuber dann den Hauptschmuck der meist als Zimmerbonsai angebotenen Pflanzen darstellt.

Ganz nebenbei, Gärtner in der ganzen Welt ahmen Buschfeuer nach; viele Samen keimen nämlich erst, wenn sie angefeilt werden, einige Zeit in Schwefelsäure oder kochendem Wasser liegen oder durch ähnliche Techniken die Samenschale gesprengt bzw. wasserdurchlässig gemacht wird. Ungeachtet der zahlreichen Klimate Australiens (im Norden kann

Buschbrände sind in den australischen Trockengebieten eine häufige und notwendige Erscheinung. Viele Pflanzenarten sind regelrecht auf die Buschfeuer angewiesen: nur nach Bränden können ihre hartschaligen Samen keimen.

Grasbäume *(Xanthorrhoea)* prägen weite Bereiche australischer Steppen. Sie wachsen so langsam, daß man sie Sammlern überlassen sollte. Ähnlich und raschwüchsiger sind die nordamerikanischen *Nolina.*

man sich mit Krokodilen anlegen, im Süden Skifahren) sind die Niederschläge jedoch vergleichsweise hoch, bezogen auf Gegenden mit ähnlicher Pflanzenwelt, beispielsweise Südafrika. Auch im trockenen West- und Zentralaustralien können während des ganzen Jahres Niederschläge fallen, die anderen Gebiete sind sogar humid. Es ist deshalb kein Wunder, daß die meisten australischen Pflanzen viel Wasser brauchen, auch wenn ihr Aussehen an Trockenheit gemahnt. Doch ist dies in Australien eher die Anpassung an die sehr hohe Sonneneinstrahlung, womit sich der Kreis zur hohen Lichtbedürftigkeit der Australpflanzen wieder schließt.

Welche Wassermengen gerade Eukalypten umsetzen können, geht daraus hervor, daß in allen wärmeren Ländern der Welt fast ausschließlich diese Gattung zum Trockenlegen von Sümpfen verwendet wird. Gleichzeitig findet man an Entwässerungsgräben vielfach den Känguruhbaum, *Casuarina.* Er dient nicht nur als Windschutz, sondern verhindert durch den hohen Verbrauch auch brackigen Wassers, daß die benachbarten Böden unter Versalzung leiden. Aus obigem wird klar, daß sich fast alle immergrünen Pflanzen Australiens als Kübelpflanzen nur eignen, wenn man ihnen ein sehr helles Winterquartier anbieten kann, dazu noch möglichst kühl, da mit steigender Temperatur der Lichtbedarf gewaltig ansteigt.

Wo es in Australien den Eukalypten zu trocken ist, wo die Böden zu sandig oder zu flachgründig (0,5–0,75 m) sind, findet man eine Vegetation, die der südafrikanischen sehr nahekommt. So diverse *Banksia*-Arten, *Melaleuca, Dryandra* und Schlinger wie *Kennedia* und *Hardenbergia*, auf Dünen auch die bei uns als Beet- und Balkonpflanze häufige *Calocephalus brownii*, auch *Olearia* und *Templetonia.*

Gerade an den Proteaceen, die sowohl in Südafrika als auch in Australien vorkommen, werden die Unterschiede im Klima speziell hinsichtlich der Wasserversorgung deutlich. Während die australischen Proteaceen meist schmal zerteilte oder nadelförmige Blätter haben, sind die der südafrikanischen Arten sehr häufig großflächig und ganzrandig, haben somit eine wesentlich geringere verdunstungsaktive Blattoberfläche.

Die neben Akazien und Eukalyptus wohl bekannteste Kübel- und Wintergartenpflanze Australiens ist der Zylinderputzer. Trotz seines harten, lederartigen Laubes ist auch er ein ausgesprochener »Schluckspecht«. Von *Callistemon* gibt es zahlreiche Arten, sie sind sich aber ziemlich ähnlich, auf die vom Pflanzenhandel genannten Namen ist keinerlei Verlaß. Wie schon an anderer Stelle angesprochen, haben sehr viele Pflanzen Australiens – so sie unter ähnlichen Umständen wachsen – ein zum verwechseln ähnliches Laub. Es kann deshalb durchaus passieren, daß man einen *Callistemon* kauft, der sich bei der Blüte als *Melaleuca* oder *Leptospermum* entpuppt und umgekehrt. Selbst für viel Geld aus Australien bezogenes Saatgut ist sehr oft falsch deklariert. Bei vielen australischen Pflanzen sollte man deshalb Wert darauf legen, daß die Pflanzen aus Stecklingen blühender Mutterpflanzen gezogen bzw. veredelt sind, auch wenn das teurer ist und die Pflanzen vielleicht nicht so rasch wachsen.

Als Ausnahme unter den gängigen australischen Kübel- und Wintergartenpflanzen soll hier *Grevillea robusta*, die als Zimmerpflanze bekannte Silber- oder Seideneiche erwähnt werden. Eigentlich immergrün, kommt sie im Winter auch mit ziemlich wenig Licht aus, wenn man sie nur kühl hält. Sie verliert dann zwar ihr Laub, was ihr aber weiter nicht schadet.

Unbedingt hell stehen müssen die australischen Kletterpflanzen. Mit zahlreichen blauen Blüten im Winter schmückt sich *Hardenbergia*; nur kann sie als Kübelpflanze leider nicht empfohlen werden. So robust die Pflanze ist, so sind doch die Blütenknospen ausgesprochen empfindlich, eine einmalige kurze Überhitzung des Wintergartens, und sie werden abgestoßen. Ähnliches gilt auch für die gleichfalls frühjahrsblühende, aus Neuseeland stammende Ruhmesblume *(Clianthus puniceus)*.

Im Laub der *Hardenbergia* sehr ähnlich ist *Kennedia coccinea*. Mit einer kleinen Pause im Spätwinter blüht sie fast ganzjährig, ihre Farbe ist ein geradezu klassisches Hellrot von enormer Fernwirkung. Sie ist nicht heikel.

Mit Abstand die wichtigste zierende Kletterpflanze Australiens ist aber *Pandorea jasminoides*. Dieser vollständig immergrüne Schlinger aus der Familie der Bignoniengewächse heißt im Gartenfachhandel nicht umsonst auch *Bignonia semperflorens* (= immerblühend); er blüht tatsächlich das ganze Jahr. Die in Büscheln erscheinenden, trichterförmigen Blüten sind etwa 5 cm breit, rosalila mit tief purpurrotem Schlund. Im Winter sollte *Pandorea* – wenn es kühl ist – nicht allzu naß stehen, die Wurzeln könnten sonst faulen.

Das Verblüffende an australischen Pflanzen ist, daß sie, obwohl viel üppiger als die Pflanzen anderer semiarider Standorte, ähnliche Stärken aufweisen – mit der Ausnahme, daß sie mehr Wasser und Licht brauchen. Sie kommen gerade frostfrei gut über den Winter, vertragen aber trotzdem hochsommerliche Spitzentemperaturen.

Was für die meisten humiden Teile Australiens gilt, gilt auch für die semiariden und ariden. Die Böden sind sehr nährstoffarm, besonders Phosphor und Spurenelemente findet man nur in sehr geringen Mengen. Dies meist in Verbindung mit einem niederen pH-Wert, die Böden sind also sauer. Wer dies und den hohen Wasser- und Lichtbedarf berücksichtigt, wird kaum Schwierigkeiten mit den Australiern haben, zumal die meisten unserer europäischen Schad-Insekten diese Pflanzen meiden.

Cordyline (Keulenlilie)und *Callistemon* (Zylinderputzer), zwei typische Vertreter der Australflora. Nicht zu Unrecht zählen sie zu den beliebtesten Kübel- und Wintergartenpflanzen.

Südafrika

Ungeachtet der zahlreichen phantastischen Pflanzen dieses Gebietes kann man es doch recht kurz abhandeln, da Klima und Boden von Phänomenen geprägt sind, die uns teils in Chile, teils in Australien, teils im trockenen Nordamerika schon begegnet sind. So sind die Böden fast überall sehr nährstoffarm und weitgehend humusfrei. Die Hartlaubpflanzen des Kaplandes kennen – bei einer Jahresdurchschnittstemperatur von 13–18 °C – kaum Fröste. Die Vegetation ist weitgehend von der Höhenlage abhängig – es ist hier ziemlich gebirgig. Eine wichtige Rolle spielt hier die Niederschlagsmenge. Je nachdem, ob es sich um die Wind- oder Windschattenseite der Berge handelt, schwanken die Niederschläge zwischen 200 und 2000 mm pro Jahr.

Ähnlich wie in den Nebelwäldern Chiles gibt es Gegenden, in denen es so gut wie nie regnet, der Niederschlag fällt in Form von Tau. Hier gedeihen zahlreiche exotisch wirkende Pflanzen, deren Pflege man aber dem Sammler oder den Spezialisten der Botanischen Gärten überlassen sollte. Aber selbst dort sind die Pflanzen selten und leben oft nicht lange. Genannt seien nur die verschiedenen Proteagewächse, vor allem Banksien. Man findet sie häufig als kostspielige Schnittblumen, vor allem in Trockengestecken.

Weniger empfindlich sind die an ähnlichen Standorten vorkommenden zahlreichen *Erica*-Arten, verschiedene »Geranien« (*Pelargonium*-Arten), die Blutblume, der Sauerklee, an trockenen Stellen die sukkulente *Rochea* (jetzt *Grassula*) und die im Winter bei zu nassem Stand heikle, aber fast ganzjährig blühende Kreuzblume *Polygala myrtifolia*, ein Leckerbissen speziell für Wintergartenbesitzer. Die wichtigsten Kübel- und Wintergartenpflanzen sind aber zweifelsfrei die beiden Halbsträucher Bleiwurz und Löwenohr.

Keineswegs unterschlagen darf man aber zwei wüchsige, überreich blühende Kletterpflanzen, nämlich *Podranea ricasoliana* und *Tecomaria capensis*. Viel robuster und leichter zu überwintern als beispielsweise *Bougainvillea*, fangen sie oft schon im Frühsommer zu blühen an, im Wintergarten hält der

Flor bis ins nächste Frühjahr. Beide Arten lassen sich als Stämmchen ziehen, als Pyramide oder am Spalier. Im Gegensatz zu den meisten Kletterpflanzen sind sie ziemlich unempfindlich gegenüber Wind, sind deshalb auf Terrassen oder in Freiluftrestaurants vorzüglich als Raumteiler zu verwenden.

Wo es sehr trocken ist, findet man zahlreiche *Aloë*-Arten, Pflanzen, die auch in den heißesten Wohnungen auf dem Fensterbrett über der Heizung gedeihen. Gleichzeitig kommt die Hottentottenfeige *(Carpobrotus edulis)* vor, dazu zahlreiche Mittagsblumen. Als Gegenstück zu den amerikanischen Kakteen gibt es viele auch baumartige Wolfsmilchgewächse.

Weiter im Osten Südafrikas fallen, vor allem während der Blüte, zahlreiche Bäume der Gattung *Erythrina* auf – zu der ebenso der südamerikanische Korallenstrauch gehört. Hier kommt auch die Natalpflaume (*Carissa macrocarpa)* vor. Sie wird in den Subtropen der ganzen Welt wegen ihrer pflaumenartigen, eßbaren Früchte angebaut.

Bei uns spielt sie vor allem wegen ihrer großen weißen, stark duftenden, vom Frühjahr bis weit in den Herbst erscheinenden Blüten eine gewisse Rolle als Kübelpflanze, oder, flach gezogen, als immergrüner Bodendecker im Wintergarten.

Die Ostküste Südafrikas mit ihren verarmten subtropischen Wäldern ist humid und völlig frostfrei. Die meisten der dort beheimateten Pflanzen sind als Kübelpflanze nur von Liebhaberwert, mit einer Ausnahme: Von hier kommt die Zimmerlinde *(Sparmannia africana)*! Mit ihren großen Blättern ist sie eine herrliche Blattschmuck-Kübelpflanze. Ihre volle Schönheit zeigt sie jedoch nur als kleiner Baum im Wintergarten. Vom Spätherbst bis weit ins Frühjahr ist sie dort gleichsam überschüttet mit zahlreichen weißen Blüten, aus denen große Büschel goldgelber Staubgefäße weit hervorragen.

Proteaceen – so schön sie sind, bei uns sind sie kurzlebig. Je mehr man sich um sie kümmert, desto weniger lang leben sie, Dünger und gute Erde sind für sie Gift.

KLIMATISCHE OASEN IN ZENTRALEUROPA

Auch außerhalb der Ursprungsgebiete der südlichen Pflanzen gibt es Regionen, in denen einige Arten im Freien gedeihen können, dort oft heimisch waren, durch Eiszeiten jedoch verdrängt wurden. Für Europa nördlich der Alpen sei hier nur die Zwergpalme genannt. Südliche Pflanzen wie Wein und Eßkastanien wurden dann erst wieder durch die Römer eingeführt, können sich hier aber schon seit Jahrtausenden behaupten.

Klimatische Oasen in Mitteleuropa finden sich vor allem südlich der Alpen, im Bereich der oberitalienischen Seen. Das Seeklima – am Gardasee soll es ca. 6 km über das Ufer hinausreichen – schützt die Pflanzen vor Tiefsttemperaturen. Im Katastrophenwinter 1984/85 wurden deshalb im Gardaseegebiet nirgendwo Temperaturen unter –10 °C gemessen, während es in der viel weiter südlich liegenden Toscana, in Florenz, –21 °C hatte.

Die oberitalienischen Seen

Wer feststellen möchte, ob er selbst in einer klimatischen Oase wohnt, sollte seine lokalen Klimawerte mit denen des Gardasees vergleichen. Dort sind die Winter auch rauh und lang, aber nicht kalt. Fröste gibt es eigentlich nur von Mitte Dezember bis Anfang Februar, wobei die Durchschnittstemperatur der drei Wintermonate beispielsweise in Arco immerhin 4,8 °C beträgt.

Im langjährigen Durchschnitt rechnet man mit 17,5 Frosttagen, Eistage (Temperaturen immer unter dem Gefrierpunkt) sind selten und kommen nicht jedes Jahr vor. Das Mittel der winterlichen Minimaltemperaturen beträgt –4 °C, dies reicht zum Überleben von Zitronen gerade noch aus. Als Vergleich zum echten Mittelmeerklima soll hier aber erwähnt werden, daß der fürs Mittelmeer typische Buschwald, die Macchie, dort aufhört, wo die Durchschnittstemperatur des kältesten Monats unter 5 °C liegt. Am Gardasee liegt sie sogar drei Monate unter 5 °C. Die Gegend um die anderen Seen ist nicht ganz so warm, dennoch liegen die Durchschnittstemperaturen des kältesten Monats immer noch erheblich über dem Gefrierpunkt. Als wärmster Teil der Schweiz gelten die Ufer um Brissago am Lago Maggiore, auch Locarno ist wegen seines Klimas vielgerühmt. Hier ist es im Winterdurchschnitt immer noch 2 °C wärmer als in Basel, obwohl auch dort kein Monat im Durchschnitt kälter als 0 °C ist.

Lago Maggiore – Eßkastanien (rechts) wachsen in geschützten Lagen auch bei uns.

Von der »Toskana Deutschlands« nach Norden

Von Basel aus ist es ein Spaziergang zu den heißesten Lagen Deutschlands. Das zeigt schon die natürliche Vegetation. So gibt es auf dem nach Süden zum Rhein abfallenden Dinkelberg – der Verbindung zwischen Schweizer Jura und Schwäbischer Alb – das einzige Wildvorkommen von Buchsbäumen. Nach Norden zu, auf den gleichfalls zum Rhein abfallenden Westhängen des Markgräfler Landes wächst der qualitativ wohl beste Wein Deutschlands.

Der bis fast an die Autobahn heranreichende Isteiner Klotz gilt als wärmster Platz Deutschlands. Und so geht das die ganze Rheinebene weiter. Erst die Freiburger Bucht, wo eigentlich nur der »Höllentäler«, ein eiskalter Fallwind aus dem Hochschwarzwald, gefürchtet ist, dann Karlsruhe und Mannheim/Ludwigshafen. Bleibt man auf der badischen Seite, macht das Mediterranklima noch einen Abstecher ins Neckartal, zumindest bis Heidelberg. Die Gärten am dortigen Philosophenweg könnten ohne große Abstriche auch in Meran stehen. Nördlich von Ludwigshafen die Rheinpfalz, die sich bis an die Südhänge des Taunus erstreckt, mit Frankfurt, Mainz und Wiesbaden, Rüdesheim nicht zu vergessen. Eine östliche Enklave ist die Gegend um Würzburg.

Weiter nach Norden zu, Richtung Köln/Bonn, werden die Winter oft noch milder, die Sommer sind aber nicht mehr so heiß. Der maritime Einfluß wird spürbar. Pflanzen, die Sommer und Herbsthitze zum Ausreifen benötigen, kommen hier oft schlechter durch den Winter als in südlichen Lagen. Dafür sieht man in jedem Park Aukuben und Bambus, die im Süden eher Schwierigkeiten haben. Ähnliches gilt für die gesamte Nordseeküste, auch hier kommen im Freien, bedingt durch die hohe Luftfeuchte, viele Immergrüne, sogar *Eucalyptus*, durch, die sich im Weinbauklima schwertun.

Der Bodensee mit der Insel Mainau

Wenn man den Hochrhein von Basel aufwärts zieht, kommt man zum Bodensee und zur vielgerühmten »Tropeninsel« Mainau. Auf die Frage nach dem wärmsten Ort Deutschlands würden wohl die meisten spontan die Mainau nennen, aber weit gefehlt. Im Vergleich zur Mainau sind die Oberrheinebene und die Rheinpfalz im Jahresdurchschnitt um 2–3 °C wärmer. Der Vorteil der Mainau liegt an dem Temperaturschwankungen puffernden See. Mit Frühfrösten ist deshalb kaum zu rechnen. Spätfröste werden meist nicht gefährlich, da der dann noch kühle See den Austrieb verzögert. Die mediterranen Pflanzenschätze der Mainau überspannt, soweit sie sich im Bereich des Schlosses befinden, im Winter eine gewaltige Gewächshauskonstruktion. Alles, was weiter entfernt und nicht winterhart ist, wird von einer Kompanie Gärtner im Frühjahr ein- und gegen Ende Oktober wieder ausgegraben und in der großen Mainaugärtnerei überwintert. Dennoch, nirgendwo sieht man so gehäuft südliche Pflanzen wie um den Bodensee, vor allem in Gärten im Bereich des Ufers. Der Werbespruch von der »Deutschen Riviera« hat also durchaus seine Berechtigung, auch wenn die Mainau manchmal mehr an Disneyland erinnert.

KANADA
VEREINIGTE STAATEN
Nerium
EURO
Agave
Magnolia grandiflora
ATLANTISCHER
Dracaena
AF
Datura
KOLUMBIEN
Abutilon
PAZIFISCHER OZEAN
BRASILIEN
OZEAN
Cyperus
Erythrina
Fuchsia
CHILE
ARGENTINIEN
Araucaria
Tropen
Subtropen

EHEMALIGE
SOWJETUNION
CHINA
INDIEN
PAZIFISCHER
OZEAN
INDONESIEN
INDISCHER OZEAN
AUSTRALIEN
NEUSEELAND
NTARKTIS
KA
Trachycarpus
Camellia
Albizia
Cassia
Callistemon
Cordyline

UMWELT

WIE PASSEN SICH PFLANZEN DARAN AN?

Kübelpflanzen stammen oft aus Gegenden mit extremen Umweltbedingungen. Einige dieser Extreme haben unsere mitteleuropäischen Standorte auch. Passende Pflanzenauswahl heißt, die Möglichkeiten der Pflanzen nutzen.

Wo ein Weinstock bestens gedeiht, ist es einer Engelstrompete zu heiß und zu trocken. Soweit möglich, werden deshalb die verdunstenden Organe – die Blätter – reduziert, also abgeworfen.

ANPASSUNG DER PFLANZEN AN IHRE UMWELT

Es ist ein Trugschluß zu glauben, der ideale Standort einer Pflanze müsse dem Naturstandort möglichst nahekommen. Würde das stimmen, könnten Pflanzen aus tropischen Urwäldern unmöglich in mitteleuropäischen Wohnzimmern gedeihen. Vielmehr sollte man die Verbreitung der Pflanzen so sehen, daß sie an ihrem Naturstandort eine ökologische Nische besetzen, in der sie anderen konkurrierenden Pflanzen überlegen sind. Das heißt nicht, daß sie nicht an anderer Stelle noch besser wachsen würden, wäre nicht der Platz durch eine dort konkurrenzfähigere Pflanze bereits besetzt. Der mögliche Lebensbereich aller Kübel- und Wintergartenpflanzen ist ebenso wie bei den winterharten Arten sehr viel größer, als ihre tatsächliche Verbreitung vermuten läßt. Daß Pflanzen unterschiedlich aussehen, ist eine Binsenweisheit.

Daß diese Vielgestaltigkeit Gründe hat, ist einleuchtend. Welche Gründe dies allerdings sind, ist weitgehend unbekannt. Aber so wie sich Mensch und Tier in ihrer Entstehungsgeschichte an verschiedene Klimazonen angepaßt haben, machten das auch die Pflanzen. Nur hatten diese sehr viel mehr Zeit.

Pflanzen gibt es sogar dort, wo Menschen ohne technische Hilfsmittel nicht mehr »gedeihen« würden. Entsprechend vielfältig sind die pflanzlichen Lebensformen.

Im vorigen Kapitel wurde schon erläutert, daß Pflanzen von Licht, Luft, Wasser, Wärme und Nährstoffen leben. Den Faktor Luft können wir kaum beeinflussen. Wasser müssen wir – soviel wie nötig – zwangsläufig geben. Mit Nährstoffen – deren Menge und Zusammensetzung – können wir die Entwicklung steuern. Licht können die meisten Pflanzen nicht zuviel haben.

Bleibt vor allem Wärme. Zumeist ist es die nicht ausreichende Wärme – sprich Kälte –, die den Pflanzen aus warm temperierten und subtropischen Breiten zu schaffen macht. Dies gilt für Kübel- wie für Wintergartenpflanzen.

Wie hoch muß die Mindesttemperatur im Wintergarten sein? Wann kann ich die Kübelpflanzen ausräumen? Brauchen sie volle Hitze und Sonne? Wann muß ich sie einräumen? Wie warm muß/kann überwintert werden? Neben diesen Fragen treten alle anderen mit Wachstumsfaktoren zusammenhängenden Probleme weit in den Hintergrund. Der Schwerpunkt dieses Kapitels liegt deshalb auf der Temperatur.

Anpassung an Hitze

Bei fast allen Pflanzen nimmt das Wachstum nur bis ca. 30 °C Blattemperatur zu, bei 40 °C wachsen die Pflanzen »rückwärts« und zehren von ihren Reserven.

Deshalb gibt es nach sommerlichen Hitzeperioden auch bei draußen stehenden Kübelpflanzen sehr viel gelbes (Fall-)Laub. Das ist in der Natur genauso. Selbst bei typischen Immergrünen wie Erdbeerbaum und Mittelmeerschneeball werden die Blätter höchstens zwei Jahre alt, beim Mastixstrauch maximal drei Jahre. Nur bei Buchs, Ilex und beim Mäusedorn werden sie noch älter. Ohne Rückschnitt – oder Zurückfrieren – kahlen sie deshalb im Laufe der Jahre aus.

Wer sich, möglichst in Badekleidung, einmal auf einer in der vollen Sonne stehenden Bank niedergelassen hat, wird sich wundern, wie in der Sonne stehende Pflanzen diese Temperaturen aushalten.

Pflanzen haben dazu verschiedene Mechanismen entwickelt. Allein vom Wärmehaushalt her unterscheidet man die Unter- und Übertemperatur-Arten.

Weiches Laub

Die Untertemperatur-Typen erkennt man an ihrem weichen Laub. Durch starke Verdunstung können sie die Blattemperatur bis fast auf Lufttemperatur herunterkühlen, sie verbrauchen entsprechend viel Wasser. Die Hitzeresistenz dieser Pflanzen ist trotzdem relativ gering, bei den empfindlichsten muß bereits ab 44 °C mit Schäden gerechnet werden. In einem ungelüfteten Wintergarten sind solche Temperaturen bereits im April durchaus möglich. Solche Pflanzen welken schnell, erholen sich dann aber wieder.

Was Untertemperatur-Pflanzen leisten können, mag die überall im Mittelmeergebiet vorzüglich gedeihende Aubergine verdeutlichen: sie kann die Blattemperatur durch Wasserverdunstung offensichtlich noch unter die Lufttemperatur senken, bei 44 °C Blattemperatur zeigt sie nämlich schon deutliche Schäden.

Zu den Untertemperatur-Typen zählen sehr viele der reichblühenden Kübelpflanzen, z. B. Engelstrompeten und Hammersträucher, aber auch Malvaceen wie die Schönmalve oder *Hibiscus*. In schlecht klimatisierten Glashäusern, wo ständig mit Übertemperaturen zu rechnen ist, sollte man auf weichblättrige Arten verzichten. Es sei denn, sie stehen nur im Winter drin. Sonst kommt man mit der Bewässerung kaum mehr nach und muß ständig Blätter entfernen.

Hartlaubgewächse

Der zweite, der Übertemperatur-Typ, hält sehr viel höhere Blattemperaturen aus. So beginnen selbst beim immer im Schatten wachsenden Mäusedorn die Schäden erst oberhalb 56 °C, einer Temperatur, die praktisch nie erreicht wird. Der Übertemperatur-Typ ist fast identisch mit den Hartlaubpflanzen, er schränkt bei Hitze die Verdunstung ein. Er übersteht auch längere Trockenperioden.

Für den Neutrieb gilt dies allerdings nur bedingt. So sind beispielsweise bei 50 °C junge Myrtenblätter schon zu einem Drittel tot, während die alten bei 52 °C erst zu 15 % geschädigt sind.

Viele Hartlaubarten haben deshalb ihre Wachstumszeiten an regelmäßige Niederschlagsperioden mit entsprechend mäßigen Temperaturen und dazwischen liegende Dürrezeiten angepaßt. So zeigt die Wollmispel *(Eriobotrya japonica)* ein erstes Wachstum im Frühjahr, dann eine Ruhezeit, das Hauptwachstum ist im Herbst. Das gilt, gleichgültig ob die Pflanze drinnen oder draußen steht. Typisch sind diese zwei Wachstumsschübe auch bei *Cistus albidus* und beim Mittelmeerschneeball, die Pausen erfolgen im Winter wegen Kälte und im Sommer wegen Trockenheit und Hitze.

Im gar nicht seltenen Extremfall, so beim ostmediterranen Johannisbrotbaum, wird während heißer

Albizia julibrissin klappt – wie viele andere Schmetterlingsblütler auch – bei sehr hoher Einstrahlung und nachts die Blätter zusammen.

Perioden die Wasserabgabe fast völlig gedrosselt, er verfällt in eine Art »Sommerschlaf«. Andere typische Mittelmeerpflanzen wie Lorbeer und Rosmarin erleiden dagegen ohne Wasser starke Schäden.

Entsprechend zweier Wachstumszeiten gibt es deshalb bei vielen Hartlaubgewächsen auch eine zweite Blütezeit, besonders bei Arten, die zu Beginn der neuen Wachstumsperiode blühen. Bei Zitronen nützt man das sogar aus, durch Nichtbewässern im Sommer blühen sie im Herbst ein zweites Mal.

Haariges und filziges Laub

Neben dem Unter- und Übertemperatur-Typ gibt es noch andere Möglichkeiten, dem Hitze- und damit meist einhergehenden Trockenstreß zu entgehen.

Einige Beispiele: Die Zistrose gehört eigentlich dem Weichlaubtyp an. Ihre haarige, durch ätherische Öle glänzende Blattoberfläche reflektiert jedoch so viel Licht, daß die für *Cistus* kritischen Temperaturen von 47–50 °C nie erreicht werden.

Silbrig-filziges Laub kennen wir von vielen Pflanzen, von der Olive bis zum Neuseeländischen Weihnachtsbaum, nicht zuletzt vom Rosmarin. Alles dies ist ein naturgegebener reflektierender Sonnenschutz.

Der Jalousieeffekt

Ganz raffiniert machen es die meisten *Eucalyptus*-Arten. Bei hoher Sonneneinstrahlung drehen sie ihr Blatt so, daß die Sonne nicht auf die Breitseite, sondern auf die Schmalseite fällt. Deshalb ist es in Eukalyptuswäldern auch immer sehr licht.

Einige Schmetterlingsblütler, nicht nur solche mit gefiedertem Laub, haben ein ähnlich raffiniertes System entwickelt. Obwohl sehr lichtbedürftig, klappen sie bei zu hoher Einstrahlung und damit möglicher Übertemperatur einfach die Blätter zusammen, so wie das eine echte Mimose bei Berührung tut, nur nicht ganz so schnell.

Dieser Effekt ist bei Akazien übrigens auch am Abend zu beobachten. Die im Weinbauklima ziemlich winterharte *Albizia julibrissin* trägt deshalb den Namen »Schlafbaum«.

Zusammenfassend kann festgehalten werden, daß bei allen mediterranen Pflanzen selbst bei höchster Einstrahlung die Blattemperatur weit unter der Resistenzgrenze liegt, die Gefahr natürlicher Hitzeschäden ist damit wohl ausgeschlossen. Allerdings können Pflanzen vor allem in geschlossenen Räumen durchaus verweichlichen.

Anpassung an Trockenheit

Während es bei den oben genannten Blattreaktionen nicht ganz sicher ist, ob es sich nun um eine Reaktion auf Hitze oder vorrangig auf die mit Hitze verbundene Trockenheit handelt, gibt es vor allem im Sproßsystem und in der Wurzel doch einige Merkmale, die eindeutig zur Wassereinsparung dienen.

Schöner kann eine *Bougainvillea* sein, aber stilechter? Man wundert sich manchmal, wo diese Pflanzen ihre Pracht noch entfalten können. Ist es nicht gerade die Unvollkommenheit, die manche Szenerien so liebenswert macht?

Als Anpassung an Trockenheit gelten einige Merkmale, die uns bereits begegnet sind:

- Laubabwurf bei meist frostbedingter Trockenheit (Feige, *Pistacia vera)*
- kleine oder fehlende Blätter (Sukkulente, Kakteen)
- starke Ausbildung des Sprosses (verschiedene Säulenkakteen, *Euphorbia)*
- wenig ausgebildete Spaltöffnungen (geringere Verdunstung)
- dickes Laub
- dichte Behaarung

Neben dem durch frostbedingte Trockenheit oben erwähnten Laubfall gibt es auch einen durch Dürrezeiten bedingten Blattabwurf. Viele Pflanzen aus Halbwüsten, genannt sei nur *Parkinsonia*, können in direkter Abhängigkeit von den Niederschlägen mehrmals im Jahr neue Blätter bilden. Bei beginnender Trockenheit fallen sie wieder ab – länger als sechs bis zehn Wochen halten sie nie.

Bei *Parkinsonia* bleibt als Blattersatz die Mittelrippe und der Blattstiel stehen. In abgeschwächter Form kennt man das von anderen, an mehr oder weniger regelmäßige Trockenzeiten angepaßten Pflanzen wie *Sesbania, Erythrina* oder einigen *Cassia*-Arten.

Wasser in der Wüste...

In Halbwüsten stellt man fest, daß die Bodenoberfläche nur zu einem geringen Teil mit Pflanzen bedeckt, der Boden gleichwohl dicht mit Wurzelgeflecht durchsponnen ist.

Pro Quadratmeter Boden ist deshalb die Verdunstungsfläche der Pflanzen sehr viel geringer als in einem mitteleuropäischen Wald, die Wurzelmasse jedoch nicht.

Damit steht jeder Pflanze ein größerer Wassereinzugsbereich zur Verfügung. Da die meisten Pflanzen flach wurzeln und bei Kies- oder Sandboden auch geringe Niederschläge rasch eindringen, steht ihnen oft nicht weniger Wasser zur Verfügung als Pflanzen in einem regenreichen Klima mit dichtem Bewuchs. Außerdem kondensiert durch die starken Temperaturschwankungen zwischen Tag und Nacht ständig Tau in der obersten Bodenschicht. Auch diesen können die Pflanzen nützen. Darüber hinaus verfügen die meisten Arten zusätzlich über Organe zur Wasserspeicherung.

So können die Wüstenpflanzen auch einmal längere niederschlagslose Zeiten überbrücken, der Stoffwechsel bewegt sich dann allerdings auf Sparflammenniveau.

Den Kopf im Feuer, die Füße im Wasser – mit extrem tiefreichenden Wurzeln passen sich die Dattelpalmen an die Trockenheit an.

»Urlaubsfeste« Pflanzen

Fast als Merksatz sollte man festhalten, daß Kakteen und andere Sukkulente, ebenso andere Pflanzen halbwüstenartiger Gegenden, keineswegs sehr viel weniger Wasser brauchen als Pflanzen aus Gegenden mit hohen Niederschlägen. Nur sind sie im Gegensatz zu diesen in der Lage, auch längere, niederschlagslose Perioden zu überbrücken.

Das macht die Pflanzen überaus wertvoll, sie sind sozusagen urlaubsresistent. Selbst wenn sie nach einigen Wochen ohne Wasser kümmerlich aussehen, nach dem ersten Gießen erholen sie sich meist innerhalb von Stunden.

Subtropische Palmen: Den Kopf im Feuer, die Füße im Wasser

Eine ganz andere Art der Anpassung an Trockenheit haben die subtropischen Palmen entwickelt. Nicht umsonst setzt sich die typische Fata Morgana eines durstigen Wüstenwanderers aus Wasser und Palmen zusammen. Wo Palmen sind, ist auch Wasser – wenn auch oft erst mehrere Meter tief unter der Erdoberfläche.

Die Dattel-*(Phoenix)* wie die Priesterpalme *(Washingtonia)*, *Butia* und *Jubaea* holen sich mit gewaltigen Pfahlwurzeln das Wasser aus der Tiefe. Das Wurzelwachstum läßt sich kaum bremsen, auch im Topf nicht. Normal herangezogen, stehen diese Palmen deshalb in vergleichsweise riesigen Kübeln, weil die Pfahlwurzel sich nicht bändigen läßt. Im Plastiktopf wächst sie zuerst ringförmig am Topfboden, mit Beginn des zweiten Rings schiebt sich der Ballen langsam nach oben. Ein Spalt an der oberen Topfwand tut sich auf, die Pflanze läßt sich kaum mehr gießen. Also muß umgetopft werden.

Wer jüngst eine Discount-Dattelpalme erstanden hat, wird dies kaum glauben – ihr Topf ist sehr klein. Des Rätsels Lösung ist einfach. Dattelpalmen werden meist ausgepflanzt herangezogen, mit Ballen ausgestochen und in den kleinstmöglichen Container gepflanzt.

Aufgrund der Wurzelstörung wächst die Pflanze dann jahrelang fast nicht mehr, was ja nicht unbedingt unerwünscht ist. Nach zwei, spätestens drei Jahren hat sich das Wurzelwerk aber weitgehend regeneriert und hebt die Palme aus dem Topf.

Mit einer Brachialmethode – zwei quer über den Ballen durch die (Plastik)Topfwand genagelten Dachlatten – läßt sich das Hochschieben um einige Zeit verzögern.

Tausammler

Dann gibt es noch den Taufänger-Typ. Eigentlich ist es kaum vorstellbar, daß Pflanzen in Regionen gedeihen, wo es praktisch nie regnet. Und wenn, dann in Form eines einmaligen, jährlichen Wolkenbruches oder in so geringen Mengen, daß gerade die Erdoberfläche feucht wird.

Trotzdem wachsen aber auch hier Bäume. Durch das Taufänger-Prinzip bringt es beispielsweise der Känguruhbaum *(Casuarina)* fertig, aus 170 mm tatsächlichem Niederschlag ca. 500 mm zu machen. Eukalyptus bringt es bis auf 700 mm. Deutlicher als mit solchen Zahlen kann man kaum demonstrieren, daß Pflanzen aus trockenen Gebieten nicht zwangsläufig weniger Wasser brauchen als Arten aus niederschlagsreichen Gegenden.

Viele Wintergarten-Besitzer wundern sich, wenn Echte Akazien im Winter das Laub verlieren. Manchen Sorten ist es bei uns auch im Wintergarten zu dunkel, vor allem, wenn sie zu warm stehen.

Anpassung an hohe Niederschläge

Nun gibt es allerdings auch zahlreiche Pflanzen, die nur mit sehr viel Regen leben können, manche mit absolut, manche mit relativ hohen Niederschlägen.

Fast alle Pflanzen aus dem südlichen Südamerika, aber auch viele neuseeländische, australische und ostasiatische Arten sind selbst gegenüber kurzen Trockenperioden ausgesprochen empfindlich. Nicht zuletzt deshalb gedeihen sie ausgezeichnet an der Westküste Englands.

Um das Klima dort zu charakterisieren, braucht man nur einen Spruch der Einheimischen in Cornwall zu übernehmen: »Einen Regenguß gibt es jeden Tag, nur am Sonntag gibt es zwei«.

Am Rande sei erwähnt, daß Pflanzen aus Gegenden mit sehr hohem Niederschlag ausnahmslos saure Böden bevorzugen. Auch dann, wenn am Naturstandort der Untergrund aus Kalkstein besteht.

Pflanzen mit hohen Wasseransprüchen sind nicht »urlaubsresistent«. Selbst mit einer ausgeklügelten Tröpfchenbewässerung sollten sie kaum länger als ein paar Tage ohne Aufsicht gelassen werden.

»Hohe Wasseransprüche« heißt nicht zwangsläufig, daß die Pflanzen viel Wasser brauchen, sondern nur, daß sie regelmäßig gegossen werden müssen – Staunässe lieben die meisten nicht. In der Natur wachsen sie oft in dünnen, massivem Gestein aufliegenden Erdschichten. Eine Wasserbevorratung im Boden gibt es deshalb dort nicht. Beispiele: Rhododendron, Kamelien, Fuchsien.

Anpassung an Licht und Schatten

Schattenpflanzen in der Sonne?

Neben der bereits umfassend behandelten Temperatur ist es vor allem das Licht, von dem das Gedeihen der Pflanzen abhängt. In aller Regel ist es so, daß schattenliebende subtropische Pflanzen sehr wohl in voller Sonne gedeihen können, wenn sie nur genug

Wasser bekommen. Allerdings sind sie ziemlich empfindlich gegen trockene Winde und reflektierende Hitze, typischen Situationen auf Terrassen oder vor Mauern. Bei in voller Sonne gezogenen Schattenpflanzen bleiben die Blätter kleiner, von den Blüten dagegen kann man das nicht behaupten. Sie sind oft sogar größer, zumindest besser ausgefärbt. Man kennt das vom Rhododendron.

Sonnenliebende Pflanzen im Schatten?

Der Umkehrschluß, daß an Sonne gewöhnte Pflanzen auch im Schatten gedeihen, gilt leider nicht. Obwohl zahlreiche Sukkulente, Palmen und verschiedene Immergrüne Lichtmangel längere Zeit überstehen, so wird doch die pflanzliche Masse immer kleiner. Durch scheinbares Wachstum darf man sich nicht darüber hinwegtäuschen lassen, schon gar nicht durch größer werdende Blätter.

Deutliches Zeichen von Lichtmangel ist ein rasches Vergilben des älteren Laubes, ebenso Wurzelverlust. Letzteren erkennt man daran, daß die Pflanze nicht mehr stabil im Topf steht, sondern sich zur Seite neigt. Dieses Symptom tritt allerdings auch bei Staunässe auf, wenn also die Wurzeln faulen. Mit gelben Blättern und zurückgehenden Wurzeln muß jeder Kübelpflanzen-Liebhaber leben können, soweit er seine Pflanzen nicht im Gewächshaus überwintert.

Der Wind und seine Tücken

Neben Licht ist vor allem der Wind von Bedeutung. Bei Kübelpflanzen spielt nicht die Anpassung, sondern die Nicht-Anpassung die Hauptrolle. Meist sind die Blätter um so empfindlicher, je größer sie sind. Ein Musterbeispiel sind hier Bananen, weil sie kein Netznervensystem aufweisen. Schon bei leichten Brisen reißen sie bis zur Mittelrippe ein.

Auch die Blätter von Engelstrompeten sind sehr empfindlich, weil der Wind die Verdunstung gewaltig erhöht und so oft eine ausreichende Wasserversorgung nicht mehr möglich ist, sie trocknen ein. Bei solchen Pflanzen muß man für Windschutz sorgen. Im übrigen ist Windschutz meist auch Hagelschutz. Großblättrige Immergrüne wie *Aucuba, Fatsia* und *Eriobotrya* sind selbst nach einem leichten Hagel keine Ausstellungsstücke mehr. Braucht eine hagelgeschädigte *Datura* vier bis sechs Wochen zur Regeneration, so dauert dies bei Hartlaubgewächsen mindestens ein Jahr. Empfindlich gegen Wind sind (fast) alle Kletterpflanzen.

Ganz besonders sensibel reagieren die raschwüchsigen Sorten und Arten. In der Natur bieten Büsche,

Die Bleiwurz, *Plumbago auriculata*, sollte man immer gegen eine Wand anlehnen. Sie ist zu brüchig, um frei aufgestellt werden zu können.

Bäume oder Felsen, an denen sie sich festhalten, immer ausreichend Schutz.

Für freistehende Spaliere – beispielsweise als Raumteiler in Cafégärten – sind deshalb die meisten Kletterpflanzen wenig geeignet. Eine Ausnahme bilden Efeu, zahlreiche Jasmin-Arten und die Bignoniengewächse, besonders *Tecomaria capensis*. Nicht geeignet, weil sehr empfindlich, sind hingegen alle Passionsblumen.

Daß man brüchige Pflanzen wie Bleiwurz oder Löwenohr nicht in windigen Lagen aufstellt, versteht sich von selbst. Besonders nach Regen ist die Bruchgefahr groß, teure Stämmchen sind schnell ruiniert.

Anpassung an niedrige Temperaturen und Frost

Pflanzen sind bekanntlich keine Möbelstücke, sondern lebende Wesen. Ebenso wie sich Tiere auf die lange, karge Winterzeit vorbereiten (Winterspeck!), gibt es auch im Organismus der Pflanzen verschiedene Veränderungen. Nun besitzen Pflanzen aber keine Intelligenz, die ihnen eingibt, daß jetzt bald der Winter kommt.

Sie können sich also nicht aktiv anpassen. Hier übernimmt hauptsächlich das Wetter, besser die

Die Hanfpalme *(Trachycarpus)* gedeiht auch bei uns ausgezeichnet, sie blüht und fruchtet sogar. Ausgepflanzt machen ihr Temperaturen bis –15 °C nicht viel aus, auch Früh- und Spätfröste schaden ihr nicht.

Witterung, die Steuerung. Langsam, aber beständig fallende Temperaturen, kürzer werdende Tage haben Signalfunktion und führen dazu, daß die Konzentration verschiedener Zucker- und Eiweißstoffe im Blatt stark ansteigt.

Diese erste Abhärtung erfolgt im Herbst vor allem bei Temperaturen zwischen 2 und 5 °C. Wenn dann die ersten leichten Fröste folgen, steigert sich die Härte bis zu einem Höhepunkt, die Pflanze befindet sich dann sozusagen im Winterschlaf. Bei im Freien stehenden Pflanzen ist die maximale Härte im Dezember/Januar erreicht. Innerhalb einer Art sind dabei aus Hochlagen stammende Exemplare meist denen aus dem Tiefland überlegen.

Viele Pflanzen härten auch bei gleichbleibenden Temperaturen im Gewächshaus, kürzer werdende Tage sind jedoch Voraussetzung.

Falls die Pflanze nicht in einen derartigen »Winterschlaf« versinken kann – sei es, weil die ersten Fröste sehr früh erfolgen, die Pflanzen nicht ausgereift sind und noch voll im Saft stehen, sei es, daß einem milden Spätherbst ein plötzlicher Wintereinbruch folgt – muß auch bei den härtesten Arten mit Schäden gerechnet werden! Ausnahmen gibt es.

Beispielsweise ändert sich die Frosthärte bei Hanfpalmen *(Trachycarpus fortunei)* im Jahresverlauf nur um 2° C. Sie würden also selbst im Hochsommer –13° C aushalten, wenn sie ausgepflanzt sind.

Man möchte es nicht glauben, aber *Yucca aloifolia* ist viel härter als man denkt. Mit einem simplen Plastikschutz hält sie es bereits in Zürich aus. Solch schöne Exemplare kann man im Topf kaum ziehen. (Pflanze im Sommer)

Mit steigenden Temperaturen erfolgt die Enthärtung, weshalb Perioden mit mildem Wetter im Mittwinter und anschließendem Kälteeinbruch auch für als winterhart geltende Pflanzen äußerst gefährlich sind. Sie haben dann bereits einen Teil ihrer Härte verloren und wollen wieder weiterwachsen. Den Rekord hält dabei die Olive, sie braucht nur zwei warme Tage, dann wächst sie wieder.

Ganz gefährlich sind solche Wetterlagen für Immergrüne, wenn sie während des milden Winters nicht ausreichend Wasser aufnehmen konnten (also gießen!). Da bei uns Kälteeinbrüche mit Ostwind und strahlendem Sonnenschein zumeist wochenlang anhalten, verdunsten die Pflanzen – ohne Nachschubmöglichkeit, denn der Boden ist gefroren – sehr viel Wasser.

Zusammenfassend gesagt darf man sich also nicht wundern, wenn dieselben Pflanzen in einem Gebiet mit stabilem kaltem Winter frosthärter sind als in einem, in dem kalte und warmfeuchte Perioden abwechseln. Ganz deutlich wird das, wenn man die Frosthärteangaben zu verschiedenen Pflanzen aus den USA und Großbritannien vergleicht.

Während in den USA in weiten Bereichen ein sehr stabiles Festlandklima (kontinental) vorherrscht, ist es in Großbritannien immer feucht (maritim), gleich ob der Wind von Osten oder von Westen weht. Demnach gelten in Großbritannien manche Pflanzen als wesentlich härter als in den USA – und umgekehrt.

Viele, speziell großlaubige Immergrüne sind nicht wirklich frosthart, sie haben nur einen wirksamen Unterkühlungsmechanismus. Sollte das Gewebe tatsächlich gefrieren, ist es zumindest bei breitlaubigen Immergrünen tot. Standardbeispiel in unseren Breiten ist der Efeu. Wenn sich in den Blättern tatsächlich bei Temperaturen unter

Kamelien sind viel robuster als man denkt. Schnee oder ein paar Grad Frost machen selbst offenen Blüten wenig aus. Je kühler sie stehen, desto länger die Blütezeit!

–20 °C Eis bildet, sind sie erfroren. Oberhalb von ca. –20 °C gefrieren die Blätter des gewöhnlichen Efeus nicht.

Züchtung auf Frosthärte

Was ist mit Züchtung zu erreichen? Wenig. Schon einige Doktorarbeiten sind an diesem Thema gescheitert. Möglich ist eine Auslesezüchtung bei Arten mit individuell stark schwankender Kälteresistenz, wie bei Zwergpalme, Olive, Oleander und dem Mittelmeerschneeball.

Als mögliche Auswahlmerkmale gelten eine möglichst nördliche (spiegelbildlich südliche) Herkunft mit der damit verbundenen längeren Winterruhe, Herkünfte aus höheren Lagen mit niederem Temperaturbedarf und, rein optisch, kleinblättrige Typen. Hier gibt es auch wieder Ausnahmen. Bei Lorbeer gelten die breit- und großblättrigen Typen als härter.

Trotz zahlreicher dicker Bücher über die Ursachen der Frosthärte hat man diese züchterisch noch nicht im Griff, weil sich wichtige Vererbungsfaktoren dort (nicht im Zellkern) befinden, wo die Wissenschaft noch kaum Zugriff hat. Wie die Forscher zum Beispiel bei der Teepflanze nachgewiesen haben, sind die Erbfaktoren, die die Frosthärte des Stammes begrenzen, andere, als die, die das Überleben der Blätter ermöglichen.

Man kann durchaus zwei frostharte Pflanzen kreuzen und erhält eine empfindliche, wie auch das Gegenteil möglich ist. Noch verblüffender mag erscheinen, daß keimfähige Samen einer nicht bestäubten Pflanze (So was gibt es, speziell bei *Citrus*. Man nennt das Nucellarembryonie.) oft zu wesentlich härteren Pflanzen führen, verglichen mit Stecklingsmaterial von derselben Pflanze. Eigentlich müßten beide genetisch gleich sein, sie sind es aber nicht.

Selbst wenn die Züchter die Frosthärte eines Tages im Griff haben sollten, sagt das noch lange nicht alles über das Überwinterungsvermögen aus.

WINTER

ÜBERWINTERUNG VON KÜBELPFLANZEN

Die wohl kritischste Phase der Kübelpflanzenkultur stellt die jährliche Überwinterung dar. Hier werden auch die meisten Fehler gemacht. Das Wissen über die Hintergründe und Erfahrungen aus der Praxis helfen dabei, die Schwierigkeiten zu meistern.

ETWAS THEORIE ZUR ÜBERWINTERUNG

Frosthärte und Überwinterungsvermögen sind zwei Paar Stiefel. Ob eine Pflanze einen strengen und/oder langen Winter überlebt, hängt nicht allein von ihrer Kälteresistenz ab, sondern weitgehend von ihrer Fähigkeit, »Verlorengegangenes« zu ersetzen. Zwar bestimmt der Klimastreß – vor allem die Tiefsttemperatur – die Pflanzenverbreitung ganz wesentlich, er ist aber nicht das einzig Ausschlaggebende.

Unter Biologen gilt die Regel, daß ein Gewebe um so frosthärter ist, je mehr es der Kälte ausgesetzt ist. Im Prinzip stimmt das. Die Wurzeln sind am empfindlichsten, die Endknospen am härtesten. Nur, was macht die Endknospe einer Feige – sie erfriert bei ca. –20 °C –, wenn das darunterliegende Holz bereits bei –15 °C erfroren ist? Das Überwinterungsvermögen wird also vom empfindlichsten Teil der Pflanze begrenzt. Bei ungeschützten Pflanzen in Kübeln ist das in unseren Breiten fast immer die Wurzel, da in südlicheren Gefilden gefrorener Boden so gut wie nie vorkommt.

Große Katastrophe in Pistoia bei Florenz, Italiens wichtigstem Baumschulgebiet: Im Januar 1985 gab es hier Fröste bis –21 °C, die tiefsten Temperaturen, seit es Messungen gibt. In der ganzen Toscana erfroren neben den Oliven auch Oleander oder, wie hier, die Hanfpalme.

Bewertung von Frostschäden

Pflanzen erfrieren in der Regel nicht schlagartig, es sei denn, es handelt sich um Arten des Unterkühlungstyps Efeu. Man unterscheidet zwischen Erfrierungen ersten, zweiten und dritten Grades.

Schäden ersten Grades sind relativ harmlos, sie beschränken sich auf die Blätter – die Blattknospen bleiben dagegen unversehrt. Offene Blüten sind auch geschädigt, da sie gewöhnlich um 2–3 °C empfindlicher sind als das Laub.

Beim Lorbeer sieht das so aus: Bei –5 °C erfrieren die Staubgefäße in den bereits angelegten Blüten, bei –6 °C sind die Blüten insgesamt tot. Bei -9°C gibt es erste Schäden zwischen den Blattnerven, bei –10 bis –11 °C sind dann bereits 10–20 % des Blattes erfroren. Ein weiteres Grad darunter, bei –11 bis –12 °C, ist mit Blattschäden von 30–50 % zu rechnen. Bei –13 °C leben nur noch kleine Blattinseln. Unter –13 °C ist das Laub völlig erfroren.

Bei den meisten Pflanzen findet man einen Temperaturunterschied von ca. 4 °C zwischen den ersten Schäden an Blattrand und -spitze und dem Absterben des gesamten Blattes. Bei manchen ist die Spanne aber viel geringer. Dies liegt daran, daß bei diesen Pflanzen die Blätter nicht flächig erfrieren, sondern daß als erstes die Blattnerven oder der Blattstiel betroffen sind. Dann ist natürlich das gesamte Blatt verloren. Erfrorene Bereiche ansonsten gesunder Blätter lassen sich leicht abgrenzen. Die Blatterfrierungen sind oft von einem charakteristischen Geruch nach ätherischem Öl begleitet. Frostgeschädigtes Laub, als erstes alte und kranke Blätter, wird vorzeitig abgeworfen. Bestes Beispiel für diesen Schadenstyp – Nervaturschaden – sind die Myrten und der Kampferbaum *(Cinnamomum camphora)*. Bei Spätfrösten außerhalb der Ruhezeit verhalten sich auch der Erdbeerbaum, der Mittelmeerschneeball, der Oleander und auch die Kamelie so.

Selbst ein totaler Laubverlust ist für die meisten Pflanzen nicht allzu schlimm, so lange die meist um 3–4 °C härteren Blattknospen intakt geblieben sind. Ein normaler Austrieb ist möglich.

Leider gibt es hier Ausnahmen. Bei Johannisbrotbaum, Olive, Rosmarin und Oleander sind die Knospen nicht viel härter als das junge Laub.

Erfrieren die Knospen sind die Pflanzen noch längst nicht tot, haben aber schon **Schäden zweiten Grades**. In diesem Falle ist ein normaler Austrieb nicht mehr möglich. Im günstigsten Fall treibt die Pflanze verzögert aus Bei- und Reserveknospen. Meist ist aber ein großer Teil des Zweiggerüstes abgefroren. Der Austrieb aus Reserveknospen bzw. ein regelmäßiges Zurückfrieren des Zweiggerüstes führt bei vielen mediterranen Pflanzen zu einem Kümmerwuchs, einer »Verbuschung«. Typische Beispiele sind der Mastixstrauch und der Oleander, letzterer entwickelt sich beispielsweise im marokkanischen Atlas, wo er bis auf 2500 m Höhe vorkommt, nur als kniehoher Bodendecker.

Bei Lorbeer, Rosmarin, Olive, Feige und vielen anderen sind die Zweige viel frostanfälliger als dicke Äste oder der Stamm. Der Resistenzunterschied beträgt im Durchschnitt 2–3 °C, bei Myrten und beim Mittelmeerschneeball schon 4–5 °C, bei Feigen sogar 6 °C. Zweigschäden können bei fast allen Pflanzen durch Neuausschlag aus dem Altholz ersetzt werden.

Ist auch das Altholz erfroren, spricht man von **Schäden dritten Grades**. Viele Pflanzen sind auch jetzt noch am Leben. Von Oleander – unter –14 °C oberirdisch weitestgehend tot – über Olive, von Mittelmeerschneeball (–17 °C), über Lorbeer zum Sternjasmin (–14 °C), von Eukalyptus über Engelstrompeten zu Passionsblumen und zahlreichen Bignoniaceen zeigen zahlreiche Pflanzen einen sogenannten Stockausschlag. Sie treiben aus unterirdischen Teilen wieder durch. Wichtig ist nur, daß sie ausgereift sind. Bis zum Stockausschlag kann es manchmal lange dauern. Deshalb sollte man sich mit dem Wegwerfen offensichtlich erfrorener Pflanzen zumindest bis Mitte Juni Zeit lassen. Stark geschädigte Palmen treiben oft sogar erst im Spätsommer. Die Wahrscheinlichkeit, daß eine Pflanze Schäden dritten Grades überlebt, ist am höchsten bei Gehölzen, die zum Verstrauchen neigen. Eine erfrorene Mittelmeerkiefer oder Zypresse ist zum Stockausschlag dagegen nicht in der Lage.

Nicht zu unterschätzen ist der Ernährungszustand. Bei Nutzgehölzen – das wird dann auch für andere Pflanzen gelten – hat sich bei benachbarten, mit derselben Sorte bepflanzten Plantagen gezeigt, daß gut kultivierte Pflanzen wesentlich robuster sind.

Stockausschläge sind vergleichsweise frostempfindlicher. Wenn also zwei harte Winter aufeinanderfolgen, ist es um die Pflanze meist geschehen.

Wieviel Frost halten südländische Pflanzen aus?

Daß die Frosthärte einer Pflanze nicht einfach mit einer Zahl angegeben werden kann, ist wohl klar geworden. Wir unscharf das Überwinterungsvermögen tatsächlich einzuschätzen ist, soll aus den folgenden Zeilen hervorgehen.

Erwachsene Pflanzen, also solche, die blühen und fruchten können, sind um einige Grade robuster als Jungpflanzen. Das sollte derjenige Pflanzenliebhaber wissen, der von der Devise ausgeht: »Ich kaufe nur die kleinste und billigste Pflanze, die wächst schon noch bei mir«.

Die meisten aus südlichen Ländern stammenden Pflanzen werden von den Baumschulen (nicht von Liebhabern) über Stecklinge vermehrt, sie sind also in ihren Vererbungsanlagen einheitlich. Nun haben aber höchstwahrscheinlich verschiedene Gärtner verschiedene Pflanzen derselben Art eingeführt. Je nach Herkunft unterscheiden sich die Mutterpflanzen deutlich in der Frosthärte, Schwankungen um 10 °C sind keine Seltenheit. Dementsprechend schwankt natürlich auch die Frosthärte ihrer genetisch identischen Abkömmlinge.

Man sollte die Frosthärte nicht unterschätzen. Im Weinbauklima können Pflanzen wie Oleander oder Granatapfel durchaus den ganzen Winter im Freien bleiben, soweit sie nur – je nach Wetterlage – in extrem kalten Nächten eingeräumt werden können. In den Wintern 88/89 und 89/90 war das nie nötig. Geringe Frostschäden sind weit weniger bedeutsam als Fäulnispilze und Lichtmangel im Winterquartier.

Was das ausmacht, sei am Beispiel »Südamerikaner« belegt. Nehmen wir den Chilenischen Feuerbusch, *Embothrium*. Diese von Liebhabern überaus geschätzte Pflanze hält in ihrer Normalform nur Temperaturen bis –10 °C aus, und dies auch nur, wenn sie im Schatten und windgeschützt steht. Der Normaltyp ist vollständig immergrün. Nun wurde vor Jahrzehnten vom berufsmäßigen »Pflanzenjäger« L. H. Comber auf der argentinischen Seite der Anden ein Feuerbusch gefunden, der vollständig laubabwerfend ist, sich ansonsten aber kaum von der »normalen« Art unterscheidet. Dieser Typ, als 'Norquinco Valley' im Handel, übersteht Temperaturen von –20 °C unbeschadet!

Ähnliches gilt für eine Pflanze aus den Anden, für *Fabiana*. Dieses heideartige Gehölz, das man nie den Nachtschattengewächsen zuordnen würde, gilt wie alle anderen Familienmitglieder (Engelstrompeten, Tomaten, Kartoffeln) als wenig frosthart. Nach den Veröffentlichungen der Royal Horticultural Society (Königliche Gartenbaugesellschaft) gibt es jedoch

Frosthärte und Frostschäden bei Pflanzen aus subtropischen und warm temperierten Gebieten

Alle angegebenen Temperaturen sind nur Circa-Werte, die einen Überblick ermöglichen sollen. Erhebliche Abweichungen nach oben und nach unten sind möglich, je nach der Herkunft der Pflanze, Kulturstand, Abhärtung usw. Alle Daten beziehen sich auf die oberirdischen Teile erwachsener, ausgereifter Pflanzen.

	FROSTSCHÄDEN – wenn die Temperatur unter folgende Werte sinkt (in °C):					
BOTANISCHER NAME	**OHNE** Schäden bis	Schäden **1. Grades**	Schäden **2. Grades**	Schäden **3. Grades**	**TOT**	**Eigenschaften**
Abutilon megapotamicum				–12		
Abutilon x suntense				–12		
Abutilon vitifolium				–12		
Acacia baileyana	–5		–10		–12	sehr starke Streuung
Acacia dealbata	–5	-6	–6 bis –10	–11	–12	sehr starke Streuung
Acacia retinodes					–12	sehr starke Streuung
Acca sellowiana	–7	–7 bis –12	–12 bis –17	–17		
Agave americana		–7				
Albizia julibrissin			–20			
Araucaria araucana	–10		–10	–15 bis –18		Selektionen bis –23
Arbutus unedo	–9	–12	–14	–18		
Aucuba japonica	–15	–18 bis –22	–23	–23		
Azara microphylla			–12			
Bougainvillea glabra		–5	–5			
Bougainvillea spectabilis		–5	–5			
Brahea armata	–6	–9	–12			
Butia capitata		–7	–10			
Callistemon citrinus	–5	–5 bis –7	–10		–12	
Camellia japonica		–13 bis –20	–15 bis –23			viele Hybriden
Cassia corymbosa	–3	–3	–5			
Casuarina equisetifolia		–5	–5			
Ceratonia siliqua	–5	–6	–9	–11		
Cestrum sp.				–12		
Chamaerops humilis		–8 bis –12	–12 bis –14	–16		starke Streuung
Choisya ternata		–12	–12	–12	–12	sehr variabel
Cinnamomum camphora		–6 bis –9	-13	–14		
Citrus aurantium		–5 bis –6	-9	–12		
Citrus limon		–5 bis –6	–7 bis –8	–8		
Citrus reticulata		–7 bis –8	–8 bis –9	–12		
Citrus sinensis		–6 bis –7	–8 bis –9	–9		
Colletia cruciata				–12		
Cordyline australis		–7	–7	–9		
Crinodendron hookerianum			–12			
Crinodendron patagua			–12			
Cupressus sempervirens	–13	–12 bis –7	–15 bis –22	–22		
Cycas revoluta			-8			
Drimys lanceolata	–12			–18		
Drimys winteri		–12		–18		
Embothrium coccineum			–12 bis –17	–17		
Eriobotrya japonica	–8	–10 bis –14	–14 bis –17	–17	–18	
Eucalyptus globulus		–3 bis –6	–6	–7 bis –9	–9	
Eucalyptus gunnii		-8 bis -15		–10 bis –15		
Eucalyptus niphophila		–12 bis –17		–17		
Eucalyptus pauciflora		-15	–15 bis –17			
Eucryphia × nymansensis			–12 bis –17	–18		
Fabiana imbricata			–12 bis –17			starke Streuung
Fargesia (syn. *Sinarundinaria*)	–18 bis –22		–23	–23		

Die Temperaturangaben der Fachliteratur sind mit Vorsicht zu genießen, da die Temperatur in der Regel nicht direkt an der Pflanze gemessen wurde, sondern einfach bei der nächstgelegenen offiziellen Temperatur-Meßstelle. Zwischen diesen beiden Werten kann es gewaltige Unterschiede geben. Näheres im Kapitel über Phänologie, Wärmesumme und Temperaturangaben (S. 49 f.).

FROSTSCHÄDEN – wenn die Temperatur unter folgende Werte sinkt (in °C):

BOTANISCHER NAME	OHNE Schäden bis	Schäden 1. Grades	Schäden 2. Grades	Schäden 3. Grades	TOT	Eigenschaften
Fatsia japonica		–12	–15	–15		
Ficus carica				–15		
Ficus repens		–10			–14	
Fremontodendron californicum				–12		
Grevillea robusta		–3	–5			
Jacaranda mimosifolia		–3	–3			
Jasminum mesnyi		–10	–12			
Jasminum officinale	–12 bis –17		–18 bis –22	–22		
Jasminum polyanthum			–12 bis –17	–17		
Jubaea spectabilis		–6	–10 bis –12			
Lagerstroemia indica			–20			
Laurus nobilis	–9	–9 bis –12	–12	–14 bis –17	–17	Wurzel nur bis –6
Leptospermum scoparium		–7 bis –8	–8	–12 bis –17	–17	
Magnolia grandiflora		–12 bis –17	–16			
Mahonia lomariifolia	–12 bis –17			–17	–23	
Mahonia × media	–12 bis –17			–17	–23	
Melia azedarach		–13	–13			
Metrosideros excelsa		–3				
Musa acuminata		–2				
Musa basjoo				–9		
Myrtus communis	–6	–6 bis –8	–6 bis –10	–10	–13 bis –15	sehr variabel
Nandina domestica		–12	–15			
Nerium oleander	–8	–8	–11	–14		
Olea europaea		–11 bis –13	–14			starke Streuung
Opuntia ficus-indica	–5					
Osmanthus fragrans		–13	–13	–12 bis –17		
Passiflora caerulea				–12 bis –17		
Phoenix canariensis	–6	–8	–9			
Phoenix dactylifera		–7	–8 bis –10			
Phormium tenax			–12 bis –17	–12 bis –17	–17	
Pinus pinaster		–25	–25			
Pinus pinea	–10	–11 bis –13	–14 bis –18	–16		starke Streuung
Pistacia lentiscus	–11	–14	–17			
Pittosporum tobira	–12 bis –17				–17	
Poncirus trifoliata		–18				
Punica granatum		–13 bis –15	–15	–17		
Punica granatum 'Nana'				–12 bis –17		
Quercus ilex	–12	–15		–26		Wurzel nur bis –7
Rosmarinus officinalis	–7	–12 bis –17	–12 bis –17	–15 bis –17	–17	
Schinus molle	–5					
Solanum jasminoides			–12 bis –17		–17	
Sophora tetraptera		–12 bis –17		–17		
Trachelosperrnum jasminoides	–12 bis –17		(–18 bis –22)	–14		(Daten aus England)
Trachycarpus fortunei	–12 (bis –22)	–12	–15 bis –18	–14		(Daten aus England)
Viburnum tinus	–10	–11 bis –13	–14	–17		
Washingtonia filifera	–6		–8 bis –10		–14	

zahlreiche Gärten in England, in denen Fabiana bis –24 °C (kälter wurde es nicht) so gut wie schadlos überstanden hat.

Wenn es um weniger gängige Pflanzen geht – die Zunft möge uns verzeihen – wissen viele Gärtner leider nicht, welche Pflanzen sie kultivieren. Wenn es hoch kommt, kennen sie den Handelsnamen. Und der ist oft irreführend. Selbst von einem Floristen kann man kaum verlangen, daß er weiß, daß eine *Dracaena indivisa* eigentlich *Cordyline australis* heißt. Sie ist eine der gängigsten Kübelpflanzen. Die bekannte Hanfpalme, *Trachycarpus fortunei*, ist unter dem Namen *Chamaerops excelsa* im Handel. Mit weiteren Beispielen könnte man leicht eine Seite füllen.

Wie kraß die Sache wirklich ist, hat ein eigener Versuch ergeben. Im Frühjahr wird in jedem Blumengeschäft blühender weißer Jasmin angeboten, *Jasminum polyanthum*. Obwohl fast jeder Stand auf dem Blumengroßmarkt München diese Pflanze im Angebot hatte, war kein einziger Verkäufer in der Lage, uns zu sagen, um welche Jasminart es sich eigentlich handelt. Gefragt haben wir alle.

Auf die Frosthärte bezogen heißt dies, daß man den richtigen botanischen Namen der Pflanze wissen muß. So ist Jasmin nicht Jasmin, neben zahlreichen Arten, die so gut wie keinen Frost ertragen, gibt es auch Arten wie *J. nudiflorum*, der auch einen Winter mit –30 °C überleben kann. Die beste Fachliteratur nützt nichts, wenn die Pflanzen die man besitzt, nicht der im Text beschriebenen entspricht.

Die Frosthärte der einzelnen Arten ist in diesem Buch bei deren Beschreibung angegeben. In diesem Kapitel soll es vor allem darum gehen, Pflanzen verwendungsorientiert in einer Härtestufe zusammenzufassen. Bei Kübelpflanzen ist dies vor allem wegen des Ein- und Ausräumens (wann?) wichtig, bei Solarhäusern und Wintergärten wegen der Minimaltemperatur. Das Verständnis fällt sehr viel leichter, wenn man zuvor den Teil über die Herkunft der Kübel- und Wintergartenpflanzen gelesen hat, zumindest sollte man dieses Kapitel noch einmal kurz überfliegen.

Alljährlich wieder liest man in sogenannten Fachzeitschriften für Gartenliebhaber: Ende September/Anfang Oktober müssen Sie Ihre Kübelpflanzen hereinholen, Mitte Mai können Sie Ihre Kübelpflanzen wieder ausräumen.

Journalisten, die so etwas schreiben, haben vermutlich keine Kübelpflanzen, oder sie sind ihnen – falls sie jemals welche hatten – während der Überwinterung eingegangen. Ein 7 1/2 monatiger Winterstandort kann auch robusten Gewächsen den Garaus machen. Das frühe Ein- und späte Ausräumen gehört neben dem Übergießen zu den sichersten Methoden, Pflanzen wärmerer Länder möglichst schnell umzubringen. Wer keinen Wintergarten oder kein Gewächshaus hat, kann ja den Pflanzen nur ein notdürftiges Quartier anbieten, mit meist ungünstigen Temperaturen und vor allem zu wenig Licht. Und wenn die Pflanzen ein dreiviertel Jahr nicht oder gar »rückwärts« wachsen – wie es auch während der Umstellungszeit im Freien geschieht – braucht man sich nicht wundern, wenn sie nicht gedeihen wollen.

Mancher wird jetzt sagen: So ein Unfug, Pflanzen können doch nicht rückwärts wachsen! Doch, sie können. Wenn Pflanzen unter ungünstigen Verhältnissen stehen – und das ist im Winterquartier wohl fast immer der Fall –, brauchen sie zur Erhaltung ihrer Lebensfunktionen mehr Energie, als sie bei dem wenigen Licht einfangen können. Sie zehren dann von ihren Reserven. Wie die Pflanze sich Stoffe zurückholt, sehen wir, wenn im Winterquartier schnell zahlreiche Blätter gelb werden und abfallen. Je höher die Temperatur, desto rascher der Abbau. Daraus ist unschwer zu schließen, daß ein **dunkles** Winterquartier so kühl wie möglich sein sollte, gerade so warm, daß die Pflanzen nicht erfrieren. Wann aber erfriert eine Pflanze? Nun, das ist von Art zu Art verschieden, manche ertragen ganz erhebliche Fröste.

Zurück zum Kapitelanfang. Warum sollte man Pflanzen, die ohne weiteres Minusgrade vertragen, vor den ersten Frösten ein- und erst nach den letzten Frösten ausräumen, wenn sie doch im Winterquartier rückwärts wachsen, also an Substanz verlieren?

Wenn eine Regel nur für Ausnahmen gilt, vergißt man sie besser. Selbst die Ausnahmen wie Papyrus und Bananen halten ein bis zwei Frostgrade aus. Und wer fix ist und den Wetterbericht verfolgt, braucht – je nachdem, welche Pflanzen er hat – eventuell überhaupt nicht einräumen, wenn er in einer halbwegs günstigen Klimazone wohnt. In wintermilden Gebieten hat beispielsweise der Oleander im Kübel die Winter 1987/88, 1988/89 und 1989/90 draußen überstanden. Die bedeutungslosen Schäden waren viel geringer, als wenn die Pflanzen monatelang im Winterquartier gestanden hätten. Nur sollte man ständig auf dem Sprung sein. Wenn es winterlich kalt wird, muß eingeräumt werden, und sei's auch nur für ein paar Tage.

Wer mehr über die Frosthärte der sogenannten Mediterranpflanzen wissen will, und wie er sie sogar beeinflussen kann, sollte die nächsten Kapitel sehr aufmerksam lesen. Von spezieller Bedeutung sind sie für Besitzer von ungeheizten Solarhäusern und »gerade frostfrei« gehaltenen Wintergärten, aber auch für jeden Kübelpflanzenfreund, der kein optimales Winterquartier hat.

Wie man das herbstliche Ausreifen verbessert

Während man das Blühen und die dazu notwendige Wärmesumme (Temperatur × Einwirkungszeit, siehe nächstes Kapitel) eigentlich nur durch den Standort beeinflussen kann, ist das Ausreifen wesentlich leichter manipulierbar. Eigentlich muß man sich nur einen Standardsatz merken:

> *Alles, was im Herbst das Wachstum hemmt, fördert das Ausreifen, die Winterhärte und die Überwinterungsfähigkeit.*

In der Praxis heißt das: Gießen und Düngen einschränken. Dies gilt für 95 % aller Fälle, zumindest für alle laubabwerfenden Gehölze. Raffinessen, wie die Stickstoff/Kali-Spätdüngung bei Immergrünen nach Einsetzen des Härteprozesses sind ein Thema für Profis.

Eine gewisse Rolle kommt auch dem Boden zu. Betrachtet man die natürliche Verbreitung verschiedener Pflanzenarten, so stoßen wärmeliebende Arten dort am weitesten in eine unwirtliche Gegend vor, wo der Untergrund aus Kalk besteht. Pflanzen auf Silikatstandorten (Urgestein) sind durch den Winter wesentlich gefährdeter, desgleichen Pflanzen, die von Natur aus nur auf Silikatstandorten vorkommen *(Acacia dealbata*, diverse *Eucalyptus)*, aber auf Kalk gepflanzt werden. Besonders deutlich wird dies bei Oliven. Auf unterschiedlichen Böden weisen dieselben Sorten eine ganz unterschiedliche Winterhärte auf.

Phänologie, Wärmesumme und Temperaturangaben

Jedem wird schon aufgefallen sein, daß die Kirschbäume in der Rheinebene sehr viel eher blühen als beispielsweise in Oberbayern. Dieselbe Forsythiensorte kann wenige Kilometer vom eigenen Garten entfernt zwei Wochen früher – oder auch später – ihre Blüten öffnen. Vor der Südwand eines Hauses blüht sie auch früher als vor der Nordwand.

Diese Auffälligkeiten sagen viel mehr über das Klima eines Ortes als sämtliche Thermometer. Insofern ist Phänologie die vergleichende Beobachtung des natürlichen Jahresrhythmus' an verschiedenen Standorten.

Ganz schnell vergessen sollte man marktschreierische Angaben der Buntbildkataloge: z. B. »Winterhart bis –20 °C«. Sie sagen nur, daß eine Pflanze unter genau festgesetzten Vorbedingungen in einem Test ein bestimmtes Ergebnis erzielt hat. Sind aber, wie das in der Praxis regelmäßig vorkommt, die Vorbedingungen nicht gleich, sind auch die Ergebnisse verschieden. Trotzdem sind die unter Laborbedingungen ermittelten Werte wichtig, da sie zumindest richtungsweisend sind.

Nur in den allerwenigsten Fällen wird in der Praxis die Temperatur an der Pflanze im Garten gemessen und angegeben, sondern viel mehr die der nächsten offiziellen Temperatur-Meßstelle. Daß es hier gewaltige Unterschiede geben kann, versteht sich von selbst.

Die Blütezeit im Frühjahr, das Wachstum im Sommer und das Ausreifen im Herbst und damit die Überwinterungsfähigkeit ist weitgehend von der Wärmesumme abhängig. Diese läßt sich aus dem Produkt aus Einwirkungsdauer × Temperatur ab Wachstumsbeginn errechnen, wobei natürlich der Wachstumsbeginn auch von der Wärmesumme vor Wachstumsbeginn abhängig ist. Je eher das Wachstum beginnt, desto länger ist die Vegetationsperiode.

Während man im Wintergarten hinsichtlich der Blüte selten Probleme mit der Wärmesumme haben wird, sieht das im Freien anders aus. So taugt bei-

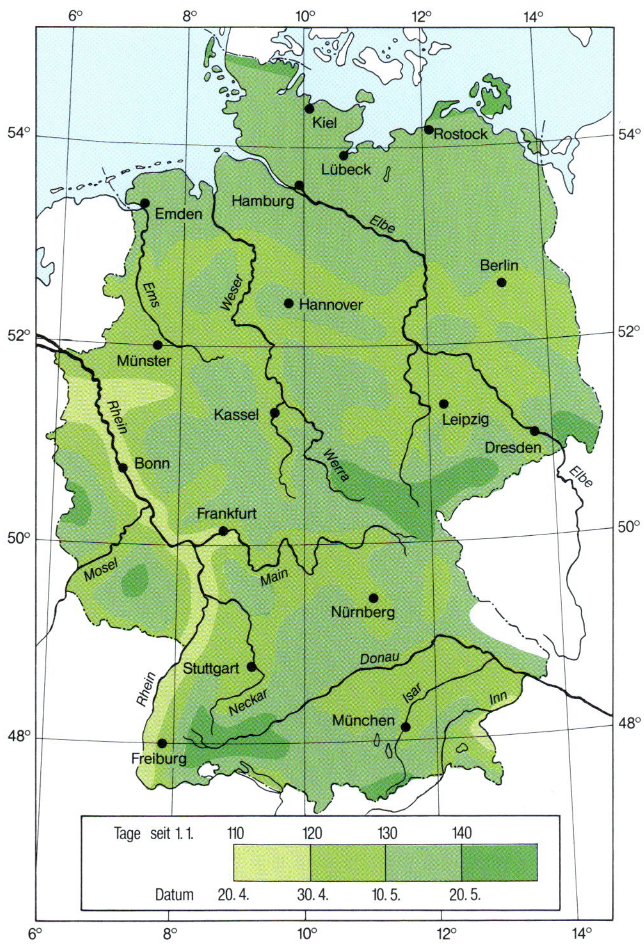

Der Anfang des Vollfrühlings wird durch die Apfelblüte markiert – je nach Lage beginnt sie 100 bis 150 Tage nach Sylvester.

spielsweise die bekannte Lagerstroemie im norddeutschen Küstengebiet als Freilandkübelpflanze nicht, obwohl sie dort wohl auch ausgepflanzt überwintern würde. Aufgrund der mäßigen Frühjahrstemperaturen treibt sie erst spät aus, die Wärmesumme im Sommer reicht zur Blütenknospenbildung wohl noch aus, nicht aber zum Aufblühen. Auf einer heißen Terrasse im Weinbauklima ist dieselbe Pflanze Jahr für Jahr ein sommerliches Prachtstück.

Noch ein Hinweis zur Temperatur. Man kann davon ausgehen, daß es mit zunehmender Höhe über dem Meeresspiegel immer kälter wird. Kompliziert wird es aber, wenn der Meteorologe von Temperaturumkehr spricht. Während es tagsüber im Tal meist wärmer ist als am Hang, ist es in der Nacht genau umgekehrt. Im Winter ist es in Hanglagen immer wärmer als in der Talsohle.

Da die absoluten Tiefsttemperaturen für das Überleben einer Pflanze äußerst wichtig sind, befinden sich in Mitteleuropa fast alle »subtropischen Gärten« in Hanglagen. Talsohlen sind oft ausgesprochene Frostlöcher.

ÜBERWINTERUNG IN DER PRAXIS

Geht man von der Verwendung aus, kann man grob drei Gruppen aufstellen:

Der einfachste Schutz gegen Frosttrocknis – eine übergeworfene Decke.

1. Die Pflanzen sollen das ganze Jahr draußen bleiben und sind in der Regel ausgepflanzt. Der Schwerpunkt liegt hier auf dem Winterschutz.

2. Die Pflanzen stehen im Kübel im Sommer draußen, im Winter drinnen. Hier geht es vor allem um geeignete Winterquartiere.

3. Die Pflanzen stehen ganzjährig drinnen (Solarhaus, Wintergarten). In diesem Falle steht die Temperatur im Vordergrund.

Daß sich bei dieser groben Einteilung vieles überschneidet, versteht sich von selbst. So läßt sich beispielsweise eine Bougainvillea ohne weiteres im ungeheizten Solarhaus im Kübel ziehen, wenn man sie bei drohendem Frost ins Kernhaus nimmt. Oder man stellt die in Kübeln stehenden Wintergartenpflanzen im Sommer ins Freie.

Alle im folgenden angegebenen Temperaturen gelten für gesunde, ausgereifte, erwachsene Pflanzen.

Die Pflanzen bleiben im Kübel ganzjährig draußen

Behandeln wir als erstes den Fall, der meist zu riskant ist und deshalb nicht allgemein empfohlen werden kann: Die Pflanzen stehen in Kübeln und werden im Winter nicht eingeräumt.

Nachdem es in warm temperierten und subtropischen Gebieten eigentlich nie einen gefrorenen Boden gibt, gibt es ganz wenige Erfahrungen darüber, bei welchen Temperaturen die Wurzeln geschädigt werden. Zu diesem – gerade bei Pflanzen in Kübeln – mitentscheidenden Punkt soll übergreifend nur gesagt werden, daß – nach einer Frostnacht – die möglichen Schäden bei nassem Boden grundsätzlich größer sind als bei trockenem. Dies liegt am plötzlichen Temperaturabfall in wassergesättigten Substraten. Allzu ängstlich braucht man allerdings nicht zu sein, die härteren mediterranen Immergrünen, von der Aukube über den Oleander bis zum Mittelmeerschneeball, ertragen ohne weiteres eine Woche Dauerfrost im Wurzelbereich, also auch einen durchgefrorenen Ballen. Bei längeren Perioden macht dann vor allem die Frosttrocknis Probleme, wenn die Pflanze über die Blätter zwar Wasser verdunstet, aus dem gefrorenen Boden aber keines mehr aufnehmen kann.

In einem durchschnittlichen Winter gehen in diesem Falle außerhalb des Weinbauklimas selbst gemeinhin für winterhart geltende Gehölze wie Kirschlorbeer *(Prunus laurocerasus)*, verschiedene *Cotoneaster*, Rhododendron und immergrüne Pfaffenhütchen ein, auch der bekannte, früher als *Sinarundinaria* (jetzt *Fargesia)* bezeichnete Bambus hat wenig Chancen.

Umgekehrt können südliche Pflanzen, die ein Durchfrieren des Ballens vertragen, bis etwa –10 °C, eventuell sogar bis –12 °C draußen gelassen werden. Diese Temperatur kommt zumindest in wintermilden Gegenden und in innerstädtischen Lagen sicher nicht jedes Jahr vor.

Deshalb kann derjenige, der im Falle eines Kälteeinbruchs über ein paar kräftige Hände verfügt und einen Notfall-Überwinterungsraum hat, durchaus riskieren, die Kübelpflanzen draußen zu lassen. Das ist zugegebenermaßen ein Pokerspiel, bei dem man damit rechnen muß, noch nach den 22-Uhr-Nachrichten, mit Mantel und Taschenlampe bewaffnet, die eine oder andere Pflanze unters Dach zu bringen. Für alle frostverträglichen Kübelpflanzen ist diese Überwinterung die beste, ein aufmerksames »Herrchen« vorausgesetzt.

Bevor wir verraten, mit welchen Pflanzen diese Art von Überwinterung möglich ist, noch ein Trick mit Tücken. Spätestens wenn der Ballen eine Woche durchgefroren und es gleichzeitig tagsüber sonnig und windig ist, kommt es zu Trockenheitssymptomen, es sei denn, die Pflanze steht völlig im (Wind-) Schatten. Ein altes Bettlaken über dem Kopf der Pflanze kann diesen Prozeß um einige Tage verzögern. Wenn's aber gerade bei dicht belaubten Pflanzen wie Bambus nach zwei Wochen Dauerfrost merklich kritisch wird, kann man ja versuchen, Liter für Liter mit Warmwasser zu gießen. Wenn man das allerdings am späten Nachmittag tut und nur noch eine Eisplatte auf dem Topf produziert, ist nichts gewonnen.

Die Pflanzen, deren Ballen durchfrieren kann, sind weitgehend identisch mit denen, die sich im Winterschutz auch auspflanzen lassen. Auch bei einigen australischen Arten, wie manchen Eukalypten und Akazien, kann der Ballen durchfrieren. Nur brauchen diese sehr viel Wasser, zeigen aber keine ausgeprägten Trockenheitssymptome. Insofern ist ein längerer Aufenthalt im Freien – während Dauerfrost – immer ein Risiko. Es gibt keine australischen Pflanzen, deren Überwinterung draußen im Kübel auch nur einigermaßen aussichtsreich erscheint, auch nicht, oder besser, schon gar nicht im Weinbauklima.

Ein gewisser Schutz der Ballen vor dem Durchfrieren ist möglich, wenn man die Kübel in größere Gefäße stellt und den Zwischenraum mit einem isolierenden Material füllt (siehe Winterschutz bei ausgepflanzten Gehölzen). Man kann auch alle Kübel in einer windgeschützten Ecke dicht zusammenrücken und einen großen Haufen Laub oder Torf darüberschütten. Oder man legt die Pflanze notfalls flach und errichtet einen Winterschutz wie bei ausgepflanzten Arten.

Ausgepflanzt im Freien

Das folgende Kapitel ist vor allem für Pflanzenfreunde wichtig, die nicht ganz winterharte Pflanzen im Garten auspflanzen wollen. Erfahrungsgemäß handelt es sich hier meist um Könner mit einschlägigem Fachwissen. Fast noch wichtiger ist dieser Teil für Besitzer von Solarhäusern und nicht oder kaum beheizten Wintergärten, in denen doch manchmal ganz erhebliche Fröste auftreten können.

Fast alle südlichen Pflanzen, die im Freien überwintert werden können, stammen aus Gebieten nördlich des Äquators. Wenige Pflanzen aus dem südlichen Südamerika, wie einige Berberitzen, die Südbuche *(Nothofagus antarctica)* und die chilenische Araukarie sind zwar auch ziemlich hart, spielen hier jedoch keine große Rolle, ebenso wie die bei uns regelmäßig oberirdisch absterbenden Freilandfuchsien.

Zumindest im Weinbauklima kann man »halb winterharte Kandidaten« – hier eine Feige – auch im Kartoffelkorb auspflanzen. Nur in höchster Not hereingenommen, entwickeln sie sich so viel besser. Ist der Boden allerdings massiv gefroren, hilft nur noch eine dicke Mulchschicht.

Dann gibt es noch eine Faustregel, die wohlgemerkt nur für die oberirdischen Teile gilt, also für ausgepflanzte Exemplare mit Wurzelschutz:

Erfolgsaussichten bestehen dort für ausgepflanzte mediterrane Holzpflanzen, wo –12 °C sehr selten und –20 °C nie erreicht werden. Für die an ein milderes Klima gewöhnten Immergrünen liegt die Grenze bei –8 °C bzw. –12 °C.

Yuccas und Palmen, sogar die Washingtonie im Hintergrund, lassen sich durch Schnee nicht schrecken. Gefährlich ist nur sehr viel nasser Schnee, dann können die Blätter abknicken.

Aber nun zunächst zu den harte Fröste vertragenden »Mittelmeerpflanzen«.

Eine Gruppe dieser südlichen Pflanzen gibt uns einen klaren Hinweis, daß sie auch für härtere Winter gerüstet ist: Sie verliert das Laub. Die Stämme und Äste der meisten laubabwerfenden Arten ertragen im Zustand höchster Abhärtung Temperaturen von –15° bis –20 °C. Junge Zweige können geschädigt werden. Die wichtigsten zu dieser Gruppe zählenden Mediterranpflanzen sind wohl die Albizia *(Albizia julibrissin)* und der Feigenbaum, der Granatapfel und die Maulbeere. Die härtesten Immergrünen sind weitestgehend die Arten, die wir aus dem Tessin, aus südtiroler und norditalienischen Gärten kennen. Hier muß man zuerst den Erdbeerbaum erwähnen, den Mastixstrauch, den Mittelmeerschneeball und den Lorbeer, wobei der letzte noch der empfindlichste ist.

Oleander und Olive stammen aus dem Mittelmeergebiet, ebenso Zistrosen und Rosmarin. Vorausgesetzt, der Boden ist relativ trocken, vertragen diese Immergrünen dennoch ein Durchfrieren des Ballens. Nasser Boden kann jedoch tödlich sein, besonders Rosmarin und Zistrosen reagieren hier sehr empfindlich.

In waldartigen Gebieten kommen verschiedene Schirmkiefern und immergrüne Eichen vor, diese sind nördlich der Alpen eigentlich nur für Liebhaber mit Garten von Bedeutung – ganz im Gegensatz zur Mittelmeerzypresse *(Cupressus sempervirens)*. Das Unterholz dieser Wälder liefert noch eine Gattung, die eigenartigerweise bei uns fast nur aus Trockengestecken bekannt ist, den Mäusedorn *(Ruscus aculeatus, R. hypoglossum)*. Beide wichtige Arten breiten sich über unterirdische Ausläufer aus, eignen sich somit als Bodendecker. *Ruscus* ist in einem mediterran orientierten Garten das, was bodendeckende *Sasa* (ein Bambus)-Arten in einem japanischen Garten darstellen.

Grundsätzlich gelten die immergrünen Mediterranpflanzen im Vergleich zu den laubabwerfenden als empfindlicher, wobei diese Regel auch Ausnahmen hat.

Ein Streifzug durch norditalienische Gärten zeigt klar, daß außer den echten Mittelmeerpflanzen eigentlich nur noch Pflanzen aus dem südlichen Nordamerika und aus Ostasien über Jahre und Jahrzehnte kalte Winter aushalten. Aus dem südöstlichen feuchten Nordamerika ist es vor allem die Immergrüne Magnolie *(Magnolia grandiflora)* mit ihren Riesenblüten, die überall auffällt. Aus den trockenen Gebieten stammen die allgegenwärtigen Yuccas, vor allem *Yucca gloriosa*. Aber selbst das »Spanische Bajonett«, *Yucca aloifolia*, ist offensichtlich so hart, daß es schon in Zürich mit leichtem Winterschutz durch den Winter kommt.

Viel wichtiger aber sind die aus Ostasien stammenden Gehölze, man findet sie in fast jedem Garten. Am auffälligsten sind sicher die Hanfpalme, *Trachycarpus fortunei*, und – während der Blüte – die verschiedenen Kamelien.

An laubabwerfenden, weit verbreiteten Arten findet man überall die Lagerstroemie und die Kakipflaume *(Diospyros kaki)*. Bei der Überwinterung dieser beiden sitzt der Teufel im Detail, die Lagerstroemie verträgt offensichtlich keinen durchgefrorenen Ballen, die Kaki treibt früh aus. Die entsprechende Enthärtung kann bei Kaki dazu führen, daß bei Spätfrösten der ganze Stamm erfriert. Die gängigen Heckenpflanzen wie japanischer Liguster oder der Klebsame *(Pittosporum tobira)* stammen ebenso aus Ostasien.

Noch sind wir aber bei weitem nicht am Ende mit den Ostasiaten in norditalienischen Gärten. So begegnet uns überall die Wollmispel *(Eriobotrya japonica)*. Sie liefert im späten Frühjahr das erste Obst.

Diverse Bambusarten (z. B. *Phyllostachys)* sind weit verbreitet. Die beliebteste Kübelpflanze – in Schattenlagen in Norditalien bleiben die Kübel draußen – ist sicherlich die Aukube *(Aucuba japonica)*. In vielen Gärten findet man Prachtexemplare der Zimmeraralie *(Fatsia japonica)* oder vom »Heiligen Bambus«, der *Nandina domestica*. Wenn dort im Schatten noch etwas klettert, ist es meist der Sternjasmin *(Trachelospermum jasminoides)*, der gleichfalls aus Ostasien stammt.

Diese Liste ließe sich fast beliebig fortsetzen. Jedenfalls sind es vor allem Pflanzen aus China, Japan und Korea, die neben den Nordamerikanern und typischen Mittelmeerpflanzen auch bei Temperaturen unter –10 °C noch nicht gleich »schlapp machen«.

Als einziger wesentlicher Südamerikaner sei noch die chilenische Araukarie *(Araucaria araucana)* genannt, allen anderen Pflanzen aus diesem Gebiet ist es wohl im Sommer zu heiß und trocken.

Die in Norditalien nicht allzu seltene *Caesalpinia gilliesii* aus dem trockenen Südamerika ist zu empfindlich, um ein Auspflanzen empfehlen zu können. Sie darf keinesfalls naß in den Winter kommen.

Beste Voraussetzungen für eine gute Überwinterung (im Freien) ist ein geeigneter Standort.

Solange es sich nicht um sehr empfindliche Pflanzen handelt, kann man sich eine ganze Menge Arbeit mit Winterschutz sparen, wenn man in der Lage ist, eine Erfahrung englischer Schloßgärtner für den eigenen Bereich zu übersetzen. In vielen englischen Parks sind ja Rhododendron und andere Immergrüne zum Unkraut geworden, sie stehen im Schatten hoher Bäume und gedeihen prächtig. Will der Engländer nun eine frostgefährdete Pflanze ansiedeln, schlägt er dafür unter einem großen Baum eine kleine Lichtung in den Rhododendron-Dschungel.

Ein ähnlich guter Platz – direkt an der Hauswand – eignet sich für kletternde Arten und Gehölze, die sich am Spalier ziehen lassen, beispielsweise Feigen, Kiwi, Aprikosen und zahlreiche Ziersträucher. Mit ein paar Nägeln und einer Folie ist hier im Notfall schnell ein provisorischer Schutz angebracht.

Jedem Fachmann ist klar, daß durch eine geschickte Plazierung oft mehr zu erreichen ist, als mit dem besten Winterschutz. Hier noch ein Punkt, der von vielen Pflanzenliebhabern oft übersehen wird: Gärten in der Stadt haben ein wesentlich milderes Klima als auf dem Land. Je dichter die Bebauung, je höher die Häuser und je intensiver die Dunstglocke, desto wärmer ist es auch. So kann man im Herzen von München-Schwabing 20jährige Feigen finden, wenige Kilometer außerhalb am ehemaligen Flughafen München-Riem würden diese selbst einen milden Winter kaum überstehen.

Winterschutz im Freien

Tiefsttemperaturen sind wohl der wichtigste, aber nicht der einzige kritische Faktor.

Neben Schneedruck und anderen mechanischen Beanspruchungen sind es Lichtmangel oder Fäulnis bei nicht sachgerechtem Winterschutz, vor allem aber Frosttrocknis, die das Überleben der Pflanzen in Frage stellen.

Frosttrocknis darf nicht unterschätzt werden. Jeder wird verspürt haben, daß Minusgrade bei Wind viel schlimmer empfunden werden als ohne Wind. Beim Menschen springen dann oft die Lippen auf. Pflanzen geht es ähnlich.

Neben Schneebruch und Frosttrocknis ist es vor allem das ständige »stop & go«, also die ständigen Wetterumschwünge mit den oft folgenden Enthärtungsphasen und dann erneutem Kälteeinbruch. Dies ist für viele Arten mörderisch. Besonders gefährlich ist das schnelle Auftauen von Ästen und Stämmen in der Morgensonne. Die Stämme reißen. Dadurch sind Pflanzen in ungeschützten Ostlagen und in nach Osten orientierten Solarhäusern am meisten gefährdet.

Es sollte klar sein, daß man Pflanzen erst schützt, wenn sie ihre maximale Härte erreicht haben, je nach Witterung also im Dezember oder Januar. Der Winterschutz soll dann die vorhandene Härte möglichst erhalten. Ein zu früh angebrachter Winterschutz konserviert eben nur die noch nicht ausgereizte mögliche Härte, und das hat nur zu oft fatale Folgen.

Nun mag man einwenden, daß auch schon im November Frost und Schneefall vorkommen können. Das ist richtig, aber zumindest Dauerfrost ist in unseren Breiten vor Mitte Dezember selten. Schnee kann man abschütteln. Und den besten Schutz gegen Dauerfrost – eine dicke Mulchschicht – kann man ohne weiteres schon im Herbst aufbringen.

Erste Schutzmaßnahme – eine Mulchschicht

Die ideale Mulchschicht ist möglichst dick, möglichst großflächig, äußerst luftig, soll kein Wasser aufnehmen, natürlich auch nicht davonfliegen und soll dazu weiter verwertbar sein.

Bekanntermaßen ist stehende Luft der beste Isolator, die Dämmwirkung einer Mulchschicht ist also abhängig von der Luftmenge im Material. Kann von oben kommendes Wasser nicht sofort ablaufen, verdrängt es die Luft und läßt die Mulchschicht »zusammenbacken«. Wenn es nicht so teuer wäre und nicht so leicht weggeblasen würde, wäre deshalb Styromull (Styroporflocken) ideal. Deckt man es dicht mit Nadelreisig ab, kann der Wind nichts verwehen. Styromull wird außer zu Verpackungszwecken zur Verbesserung schwerer Böden verwendet und ist im Gartenfachhandel erhältlich.

Gerade in großen Gärten, wo sowieso genug Material anfällt, ist eine dicke Laubschicht sehr viel praktischer. Außerdem muß man sie im Frühjahr nicht entfernen, wenn man genug Regenwürmer hat. Laub backt zwar nach heftigem Schneefall zusammen, aber so lange Schnee liegt, ist bis zur Jahreswende auch kaum mit gefrorenem Boden zu rechnen. Zur Durchlüftung und als Windschutz ist im Frühjahr zu entfernendes Schnittholz praktisch.

Wo kein Laub zur Verfügung steht, kann man sich mit Stroh oder Torf behelfen. Bei Torf sollte man allerdings darauf achten, daß dieser möglichst trocken ist, man kann ihn zusätzlich durch eine darübergelegte Folie vor allzu schneller Wassersättigung schützen.

Dies sind noch längst nicht alle Stoffe, die sich zum Mulchen eignen. Viele Verpackungsmaterialien wie Holzwolle oder Styroporchips sind ganz ausgezeichnet, ebenso Steinwollabfälle vom letzten Dachausbau, nicht zuletzt die abgeschnittenen Prachtstauden. Nicht genug betont werden kann, daß vor dem Mulchen alle immergrünen Gehölze durchdringend gegossen werden müssen, am besten zwei Tage hintereinander.

Maximalschutz bei kleineren Pflanzen

Eine fortgeschrittene Form ist das Mulchen mit Aufbau. Es eignet sich für niedere Pflanzen und solche, die sich umlegen lassen, aber auch für Wurzelstöcke, beispielsweise der Japanischen Faserbanane, der Hakenlilie *(Crinum)*, der Schmucklilie *(Agapanthus)* oder des Indischen Blumenrohrs *(Canna)*. Dazu baut man einen Kasten mit beliebiger Höhe um die Pflanze, füllt ihn bis zum Rand mit Mulchmaterial und deckt alles mit einer wasserdichten Folie ab. Das läßt sich so weit vereinfachen, daß man die Pflanze mit einem Riesenhaufen trockenem Mulchmaterial zuschüttet, den Haufen mit Folie abdeckt und diese so beschwert, daß sie auch bei ordentlichem Sturm nicht davonfliegt. Am besten gräbt man die Folienränder ein.

Sollen nur unterirdische Teile geschützt werden, spielt es kaum eine Rolle, welches Mulchmaterial man wählt. Sollen aber auch oberirdische Teile geschützt werden, kommen alle fäulnisfähigen Stoffe nicht in Frage, Laub und Torf nur, wenn sie staubtrocken sind. Über Winter darf dann auf keinen Fall Wasser hinein. Es versteht sich von selbst, daß diese Art der Überwinterung – soweit es sich um den Schutz oberirdischer Teile handelt – erst möglichst spät angebracht und dann auch möglichst früh wieder abgeräumt wird. Diese Art der Überwinterung wird vor allem bei an einer Wand wachsenden Kletterpflanzen wie *Passiflora* gebraucht. Die Pflanze wird vorher auf den Leittrieb und einige Zweigstummel zurückgeschnitten, behält also kein einziges Blatt mehr.

Wo wirklich nur ein Schutz gegen Wind und Wintersonne notwendig ist, kann auch die althergebrachte Methode des Abdeckens mit Reisig herangezogen werden. Man sieht sie heute noch häufig in öffentlichen Parks.

Winterschutz – konventionell bis futuristisch, in jedem Fall aber effizient.

Wer etwas von der Materie versteht und ehrlich ist, wird zugeben müssen, daß ein wirksamer Schutz gegen Kälte ohne technische Hilfsmittel – sprich Heizung – nicht möglich ist. Im besten Falle – und dies ist das Mulchen mit Aufbau – kann man das Eindringen von Minustemperaturen ganz erheblich verzögern. Auf jeden Fall aber lassen sich auf diese Art die Frostspitzen kappen, die Pflanzen weitgehend vor Frosttrocknis bewahren und vor Schneebruch sicher schützen.

Heizbare Kurzzeit-Konstruktionen

Mit Dachlatten und Luftpolsterfolie ist in kurzer Zeit ein Mini-Gewächshaus aufgebaut – für kleine wie für große Pflanzen. Heizen läßt sich dieses mit einer Infrarotbirne (Feuchtraumfassung!). Liegen die zu erwartenden Nachttemperaturen unter ca. –10 °C, wird am Abend einfach die Lampe ein- und am Morgen wieder ausgeschaltet. Nachdem es inzwischen äußerst preisgünstige Thermostate gibt (auf ca. –10 °C einstellen!), kann man sogar unbesorgt für ein paar Wochen in Skiurlaub fahren. Diese Methode eignet sich vor allem für Palmen und andere Pflanzen, die ausgepflanzt sehr viel besser gedeihen oder wo die Kübel zu schwer zum Transport sind.

Ein Problem ist die rasche Überhitzung dieser Konstruktionen. Wer kein Risiko eingehen will und den Winterschutz nicht bereits Ende Februar/Anfang März entfernt, muß für eine Lüftungsmöglichkeit sorgen. Die Lüftung bleibt dann den ganzen Winter offen und wird nur geschlossen, wenn kritische Temperaturen drohen. Ein sonst fast obligatorischer zu früher Antrieb würde den Winterschutz zu Makulatur werden lassen.

Winterschutz bei Großpflanzen

Wie anfangs schon erwähnt, sind es nicht allein die absoluten Tiefsttemperaturen, die das Überwinterungsvermögen einer Pflanze ausmachen.

Solange die Pflanzen draußen stehen oder falls sie gar draußen überwintert werden können, ist es vor allem für Palmen und Immergrüne der Schnee, der zu Verlusten führen kann. Es ist zwar durchaus positiv, wenn eine dicke Schneeschicht den Boden vor dem Gefrieren schützt. Weniger schön ist es aber, wenn der Blattschopf einer Palme unter nassem Märzschnee verschwindet, die Blätter die Last nicht mehr tragen können und abknicken. Für ein Jahr ist die Schönheit dann meist dahin. Entsprechende Probleme mit winterharten Immergrünen kennt jeder Gartenbesitzer.

Gerade Palmen brauchen unbedingt einen Schneeschutz. Vor allem in der schneereichen Südschweiz sieht man deutlich, daß dort nicht die Temperatur, sondern die Zahl der Schneetage und die Schneemenge die weitere Verbreitung der Hanfpalme einschränkt. Gefährlich wird der *Trachycarpus* dann auch die Herzfäule: Kann erst einmal Feuchtigkeit länger im »Herzen« der Palme, also zwischen den jüngsten Blättern, stehenbleiben, haben verschiedene Pilzkrankheiten ein leichtes Spiel. Hier hilft dann oft nur noch ein Gemisch verschiedener Pilzbekämpfungsmittel (Fungizide), das dick angeteigt ins Herz der *Trachycarpus* gepinselt wird. Vorbeugend kontrolliert man deshalb gefährdete Palmen des öfteren, indem man kräftig an den obersten, noch geschlossenen Wedeln zieht.

Knicken die Blätter der Hanfpalme durch Naßschnee einmal ab, dauert es mindestens ein Jahr, bis die Pflanze wieder einen neuen Blattschopf geschoben hat.

Der japanische Winterschutz

Speziell in Japan ist der Schutz gegen Schneebruch eine hoch entwickelte Kunst. Verständlich, wenn man weiß, daß dort immergrüne Gehölze viel verbreiteter sind als bei uns und dort die Winter ganz erhebliche Schneemengen mit sich bringen. Da für Japaner ein Winterschutz sehr viel mehr ist als technisches »Winterfest-Machen« – der für japanische Gärten bezeichnende Shintoismus ist für Mitteleuropäer kaum nachvollziehbar – entstehen dabei regelrechte Kunstwerke. Ebenso wie ein Judoka einem Wirtshausschläger um Klassen überlegen ist, ist ein japanischer Winterschutz schon so verfeinert, daß ein Mitteleuropäer den Sinn mancher Maßnahmen gar nicht mehr erkennen kann.

Die Grundlage des japanischen Winterschutzes ist offensichtlich, den Pflanzen immer Luft zu ver-

Professioneller Winterschutz für eine Araukarie im Botanischen Garten Freiburg.

schaffen. Bei uns macht man alles möglichst dicht. Der Vorteil der japanischen Technik ist ganz klar: solange die Pflanzen reichlich Luft bekommen, härten sie optimal ab. Es spielt dann keine Rolle, wann der Winterschutz angebracht wurde. Zum anderen ist bei guter Luftzirkulation die Gefahr von Pilzkrankheiten sehr gering – ganz im Gegensatz zu hermetisch geschlossenen Behältnissen, wo ständig Kondenswasser auftritt, weil die Temperaturen stärker schwanken.

Zugegeben, der japanische Winterschutz ist sehr aufwendig, aber sicher nicht aufwendiger als das Ersetzen einer erfrorenen Pflanze, ganz zu schweigen von den Kosten.

Nun aber kurz zu den wichtigsten Techniken: Der Schutz gegen Schneebruch besteht darin, daß mehr oder weniger alle Äste mit Seilen am Leittrieb befestigt werden. Dabei muß unbedingt auf die Statik der Pflanze geachtet werden, sonst kippt sie komplett um oder bricht an der Basis ab. Ist kein Leittrieb bzw. Stamm vorhanden, müssen gegenüberliegende Haupttriebe miteinander verbunden werden, so daß ein Auseinanderbrechen an der Basis unmöglich ist. In jedem Fall wird die Pflanze schlanker, der Schnee rutscht nach innen und taut aufgrund seiner Masse ziemlich langsam ab. Einen besseren Winterschutz als Schnee gibt es kaum.

Bei manchen Pflanzen, beispielsweise Palmen, funktioniert dieses System nicht, man geht hier anders vor. Nachdem der Stamm durch eine herumgewickelte Reisstrohmatte geschützt ist – bei uns wird man eine Schilfmatte nehmen –, baut man wie bei einem Indianerzelt eine Pyramide aus Bambusstäben über die leicht zusammengebundene Krone. Dem Ganzen wird nun ein Hut aus Strohmatten aufgesetzt, ähnlich einer umgekehrten Schultüte. Dies sieht sehr dekorativ aus, wie ein futuristischer Pilz.

Natürlich muß man ihn noch gegen Winterstürme sichern. Da lange Bambusstangen hierzulande ausgesprochen schwer zu bekommen sind, weicht man am besten auf überdimensionale Bohnenstangen aus. Diese sind bei jedem Landwirt, der Wald bewirtschaftet, für ein Butterbrot zu erstehen. Dachlatten eignen sich zu diesem Zweck nicht, es sei denn, sie sind handverlesen. Bei großen Astlöchern brechen sie nämlich sehr leicht.

Auch bei schwächer wachsenden Immergrünen sei hier auf die japanische Methode verwiesen, der »Pilz« hat dann keinen Stiel. Oft genügt es, neben zu schützenden Pflanzen einen Pfosten in die Erde zu schlagen und mit diesem Zentrum die Matte um die Pflanze zu wickeln (siehe Foto). Dann wird oben straff zugebunden und unten angehäufelt. Wer handwerklich nicht allzu geschickt ist, sollte sich dabei helfen lassen. Es empfiehlt sich, die Pflanze vorher leicht zusammenzubinden.

Winterschutz bei großen, sparrigen, laubabwerfenden Gehölzen

Wo es sehr kalt wird, verläßt man sich nicht auf den Stammschutz durch Strohmatten, man verwendet Strohseile. Sie werden auch bei uns häufig gebraucht, beispielsweise zum Schutz hoher Bäume bei Straßenbaumaßnahmen. Für Privatleute sind sie gleichwohl schwer erhältlich. Die simpelste, aber leider luftundurchlässige Lösung ist Luftpolsterfolie, man erhält sie in jedem Gartenfachmarkt. Sollen Stämme geschützt werden, wird sie der Stammhöhe entsprechend zugeschnitten, zwei- bis dreimal um den Stamm gewickelt und mit Klebeband fixiert. Die Reste schneidet man in Streifen, rollt sie auf und wickelt sie um die Leitäste herum wieder ab. Für laubabwerfende Bäume ist dies der beste Schutz. Soweit verfügbar, ist ein Einwickeln mit Strohbündeln mindestens genauso wirksam.

Ein Sonderfall der Überwinterung im Freien: Der ungeheizte Glasanbau

Im Prinzip sind in Solarhäusern dieselben Frostschutzmaßnahmen wie im Freiland möglich, nur ist hier die Sache sehr viel schwieriger. Wie an anderer Stelle schon erwähnt, steigt bei vielen Pflanzen die Härte nicht nur durch fallende Temperaturen, sondern auch durch kürzerwerdende Tage. Leider nicht bei allen. Während Lorbeer auch abhärtet, ist das bei der Olive nicht der Fall, d. h. sie ist tagneutral. Sie ist im Glasanbau im Winter ebenso empfindlich wie im Sommer, es sei denn, man setzt die Pflanzen durch ständig geöffnete Lüftung den Außentemperaturen aus. Das wäre zwar im Interesse der Pflanzen, aber unter Energiespar-Gesichtspunkten absolut falsch. Gleichwohl sollte man zumindest ab Spätwinter bei Sonnenschein sehr wohl lüften, Temperaturen von oft über 30 °C führen sonst zu vorzeitigem Austrieb, und der ist in einem ungeheizten Glasanbau sicher nicht erwünscht!

Die Kübelpflanzen stehen nur im Sommer im Freien

Aus den Ausführungen über die Frosthärte der Pflanzen wurde hoffentlich eines deutlich: Ist das Winterquartier nicht optimal, sollte man die vorhandene Winterhärte der Pflanzen bis zum (vor)letzten ausnützen. So spät wie nur irgend möglich einräumen, so früh wie nur irgend möglich ausräumen. Bei allen relativ frostverträglichen Gehölzen, speziell laubabwerfenden und Immergrünen (nicht bei Halbsträuchern und Halbimmergrünen) kann man sich dann sogar die Grauschimmel-Vorbeugung weitgehend sparen, vorausgesetzt, Fallaub und kranke Pflanzenteile werden restlos entfernt. Halbsträucher, desgleichen Halbimmergrüne, die nicht am diesjährigen Trieb blühen, werden jetzt radikal zurückgeschnitten.

Auch die Ausnahme wurde erwähnt. Pflanzen, die optimal überwintert werden können, im Gewächshaus oder im Wintergarten, sollten früh eingeräumt, dürfen allerdings auch erst spät wieder ausgeräumt werden, da der Neutrieb dann meist schon eingesetzt hat. Man sollte nie den Schock des Einräumens mit gleichzeitigem Heizen auf Zimmertemperatur verbinden. Entsprechendes ist natürlich beim Ausräumen zu beachten.

Der erste Einräumstichtag ist der erste leichte Frost. Alle Tropenkinder müssen jetzt unter Dach. Genannt seien hier vor allem *Hibiscus rosa-sinensis*, Papyrus *(Cyperus papyrus)*, Bananen, *Tibouchina*, empfindliche *Citrus* und Kerzenstrauch *(Cassia didymobotrya)*, auch der Korallenstrauch *(Erythrina crista-galli)*.

Bei Engelstrompeten *(Datura)* kann man noch warten, bis der erste Frost die Blätter »gezischt« hat, sie werden sowieso stark zurückgeschnitten.

Gleichzeitig stellt man die Pflanzen, die bei drohenden Temperaturen von ca. –5 °C eingeräumt werden müssen, trocken, soweit es sich nicht um immergrüne Australier und Südafrikaner handelt. Speziell genannt seien Schmetterlingsblütler wie *Sesbania* oder *Cassia corymbosa*, aber auch die Bleiwurz *(Plumbago auriculata)* sollte jetzt kaum mehr Wasser bekommen. **Beim Stichtag –5 °C** wird alles eingeräumt, was nicht eventuell ganz draußen bleiben kann. Das sind vor allem die empfindlicheren mediterranen Immergrünen wie Johannisbrotbaum *(Ceratonia siliqua)* und Myrten *(Myrtus communis)*, aber auch alle Pflanzen aus Südafrika, Australien und Südamerika, soweit sie nicht oben oder im vorigen Kapitel erwähnt wurden. Auch für die robusteren Zitrusfrüchte ist es jetzt höchste Zeit.

Der Rest wird erst eingeräumt, wenn mit **Temperaturen unter –10 °C** oder mit längerem Dauerfrost gerechnet werden muß.

Ausräumen

Das Ausräumen der Kübelpflanzen erfolgt spiegelbildlich zum Einräumen – allerdings nur, wenn die im Spätherbst erworbene Frosthärte auch tatsächlich über Winter erhalten blieb.

Das ist allerdings nur äußerst selten der Fall, meist findet im – zu warmen – Winterquartier eine Enthärtung statt. Diese ist meist genauso groß wie die Abhärtung im Herbst, also etwa 2 °C bei der Hanfpalme *(Trachycarpus)* und Zwergpalme *(Chamaerops)*, etwa 5 °C bei Oleander, Erdbeerbaum, Lorbeer und Olive, 6–7 °C bei Bitterorange *(Poncirus)*, der Pinie und dem Mittelmeerschneeball. Die Enthärtung erreicht bei der echten Mittelmeerzypresse sogar 8–9 °C.

Als Prinzip kann man sich merken, daß die Kälteresistenz im Jahresverlauf um so stärker schwankt, je kälteresistenter eine Art im Mittwinter ist. Eine Ausnahme machen nur die genannten Palmen.

Etwas zu früh ausgeräumt – flächige Frostschäden. Oder zu spät ausgeräumt und deshalb Sonnenbrand? So genau weiß man das auch als Gärtner nicht, der Schaden ist derselbe.

Was bedeuten diese Zahlen für die Praxis? Gesetzt den Fall, man hat eine Hanfpalme bis –10 °C draußen stehen lassen. Dann wurde es merklich kälter. Familie A. hat sie dann in die ungeheizte Garage gestellt,. Familie B. ins Wohnzimmer. Wird das Wetter wieder milder, können beide ihre Hanfpalme wieder ins Freie stellen, Temperaturen bis –10 °C schaden weiter nicht, wenn der Ballen gegen längeres Durchfrieren geschützt ist. Die Härtung bzw. Enthärtung findet ja nur im Bereich +/–2 °C statt.

Der Mittelmeerschneeball – er ist ungefähr ähnlich hart wie die Hanfpalme – verhält sich hier ganz anders. Nach kurzer Garagenüberwinterung wieder ins Freie – kein Problem. Nach kurzer Wohnzimmerperiode ist an ein Ausräumen vorläufig nicht zu denken, die Frostresistenz ist um 6–7 °C gefallen. Bei Temperaturen von –10 °C, die der »Garagenschneeball« ohne weiteres wegsteckt, würde der »Wohnzimmerschneeball« mindestens Schäden 2. Grades erleiden. Und das bereits nach wenigen Tagen Aufenthalt im Wohnzimmer. Die Kälteverträglichkeit schwankt bei *Viburnum tinus* ähnlich stark wie bei der Olive.

Bleibt der »Wohnzimmerschneeball« drinnen – er ist längst nicht mehr schön da er alle Knospen abgeworfen hat –, wird er aufgrund der hohen Temperatur bald austreiben. Da der Neutrieb noch um etliche Grad empfindlicher ist als das alte Laub, ist jetzt schon gar nicht mehr an ein Ausräumen zu denken,

Clever: Als Anlehngewächshaus aus Dachlatten gebauter Winterschutz über einem Lichtschacht. Auch höhere Pflanzen lassen sich hier überwintern. Besonders vorteilhaft: Bei gutem Winterwetter wird der Anbau weggeklappt.

frühestens dann Mitte April. Dann ist der vergeilte Neutrieb aber schon mindestens 30 cm lang, seine Überlebenschance im Freiland ist gering. Solche Pflanzen stellt man dann möglichst in die Nähe des Komposthaufens, und wenn man sich dann erst lange genug über sie geärgert hat...Unser »Garagenschneeball« blüht dagegen immer noch und zeigt jetzt neben den Früchten auch einen gesunden, kompakten Neutrieb.

Jedem Leser müßte jetzt eigentlich klar sein, warum dem Kapitel über Frosthärte so viel Platz zugestanden wird.

Wo man seine Kübelpflanzen überwintern kann

...in der Garage

Beginnt man bei den robustesten Kübelpflanzen, also Feige, Granatapfel, Hanfpalme und ähnlichen, reicht oft eine ungeheizte Garage aus. Eine gewisse Heizung erfolgt durch die Abwärme des abends hereingefahrenen Autos. Da wohl in jeder Garage eine Steckdose vorhanden ist, kann man während extrem kalter Zeiten immer eine Notheizung – und sei es nur eine Infrarotbirne – einschalten. Meist reicht es schon, das Licht anzulassen.

Empfehlenswert sind hier zwei Mini-Max-Thermometer, eines auf der Außenseite, eines in der Garage. So läßt sich leicht feststellen, um wieviel wärmer es in der Garage ist. Falls kritische Temperaturen zu erwarten sind, kann man auch nach den Spätnachrichten noch schnell mal eben die Notheizung einschalten.

...in Lichtschächten

Eine vorzügliche Überwinterungsmöglichkeit auch für lichthungrige Immergrüne bieten Kellerlichtschächte, die oben mit Folie abgedeckt werden. Sind die Pflanzen höher als der Lichtschacht, entfernt man den Rost und baut aus Dachlatten und Folie ein provisorisches Anlehngewächshaus in beliebiger Höhe (siehe Foto). Im Lichtschacht des Heizungskellers überwintern auch frostempfindliche Arten.

...auf dem Balkon

Eine ähnliche Möglichkeit hat man auch in Wohnblöcken, man muß nur seinen Balkon zeitweise zum Wintergarten umbauen. Mit Hilfe von Bohrmaschine, Dübeln und Schrauben, Führungsleisten und Stegdoppelplatten läßt sich jeder Balkon an einem Samstagvormittag provisorisch verglasen. In noch

kürzerer Zeit ist alles wieder abgebaut, die Dübellöcher lassen sich im Falle eines Umzugs problemlos wieder füllen. Natürlich kann das Ärger mit der Hausverwaltung geben, trotzdem sollte man nicht unbedingt fragen, ob man das darf. Mann kann dem Hausmeister ja dann immer noch bei Kaffee und vielleicht einem Schnäpschen im neuen Wintergarten erläutern, wie leicht das alles wieder zu entfernen ist.
Und als praktisch begabte Menschen sehen Hausmeister das fast immer ein. Von neidischen Nachbarn kann man das leider nicht behaupten, es sei denn, daß sich ihre Nachbarn nach einem weiteren Kaffee mit Schnäpschen auch einen provisorischen Wintergarten zulegen.

Bei solchen Konstruktionen sollte man unbedingt ein Schiebefenster, ähnlich wie bei einer Glasvitrine, einbauen. Sonst wird es schnell extrem heiß, außerdem kann man sonst nicht mehr lüften. Passende Profile gibt's in jedem Baumarkt. Sollte hier jemals eine Notheizung notwendig sein, läßt man die Zimmertür einen Spalt offen oder kippt ein Fenster.

...im kühlen Keller

Das Standardwinterquartier für Kübelpflanzen sind Kellerräume. Es gibt völlig dunkle Keller, die gut geeignet und helle Keller, die schlecht geeignet sind. Was nun zutrifft, hängt von der Pflanze und von der Temperatur ab. Ist die Temperatur so, daß die Pflanze gerade nicht eingeht, aber auch nicht zu treiben anfängt, ist auch ein dunkler Keller ein ausgezeichnetes Winterquartier.

Auch heute noch werden in Orangerien oberitalienischer Schlösser Citrusfrüchte am Spalier einfach mit einem Bretterverschlag zugedeckt. Sogar in Rußland kann man auf diese Art großflächig Zitronen anbauen, sie wachsen in tiefen Mulden, im Winter überdeckt man sie mit waagerechten Brettern, darüber kommt Stroh.

Alle Pflanzen, die sich zur Ruhe bringen lassen, halten bei niederen Temperaturen überraschend lange ohne den geringsten Lichtstrahl aus.

...im warmen Keller

Warme, helle Keller sind hier viel schlechter. Was ein Mensch als hell empfindet, ist für die hier beschriebenen Pflanzen meist noch dunkel, sie bauen oft recht schnell ab, obwohl sie scheinbar weiterwachsen.

In dunklen, warmen Kellern lassen sich nur ganz wenige Pflanzen überwintern, und auch diese nur, wenn sie bei beginnendem Austrieb sofort hell und frostfrei aufgestellt werden. Es handelt sich hier vor allem um Halbsträucher wie Korallenstrauch *(Erythrina crista-galli* 'Compacta') oder Bleiwurz *(Plumbago capensis)*, aber auch um Knollen- und Rhizomgewächse wie Dahlien, Indisches Blumenrohr *(Canna)* oder den Zieringwer *(Hedychium)*.

> *Falls wirklich kein besseres Winterquartier aufzutreiben ist, sollte ein seriöser Gärtner hier eigentlich vor dem Kauf von Kübelpflanzen warnen.*

...im Treppenhaus

Für auch im Winter dekorative Immergrüne ist ein Platz im hellen Treppenhaus ideal. Wenn die Pflanzen wirklich schön sind, werden die meisten Vermieter diesen Winterstandort dulden. In sehr großen, anonymen Wohnanlagen ist allerdings die Gefahr, daß eine Pflanze gestohlen wird, nicht zu unterschätzen.

Keller sind durchaus als Winterquartier geeignet, solange sie nur kühl sind. Auf die Untersetzer sollte man allerdings lieber verzichten, soweit sie nicht nur dem Schutz des Bodenbelages dienen. Staunässe ist eine Hauptursache für Ausfälle im Winter. Faustregel: Es wird gegossen, wenn sich die Erde vom Topfrand löst!

...in Wohnräumen

Bei vielen Pflanzen ist auch die Überwinterung in der Wohnung möglich. In meist ungeheizten Gästezimmern kommen fast alle Arten problemlos über die Runden, soweit man sie nur möglichst spät einräumt. Laubabwerfende machen dann keinen Schmutz mehr. Man sollte aber eine Folie unterlegen oder einen Untersetzer verwenden, der Wasserverbrauch ist wegen der trockenen Raumluft relativ hoch. Dies verträgt sich mit den meist empfindlichen Teppichböden nicht.

In ständig warmen Zimmern lassen sich alle Sukkulenten (Kakteen, Agaven) überwintern, aber auch alle Palmen und palmenartigen Gewächse *(Yucca, Cordyline, Dasylirion* usw.), selbstverständlich auch ständig wärmeliebende Exoten wie Papyrus, Bananen, *Bougainvillea* oder Strelitzien. Gerade bei den Exoten sollte man aber daran denken, daß sie aufgrund der hohen Temperaturen ein gewaltiges Schein-Wachstum zeigen und oft schon vor Weihnachten an der Decke anstoßen. Ein beim Einräumen kompakter, vielleicht 2,5 m hoher Papyrus kann dann vier Wochen später 4 m lang sein, speziell wenn er viel zu wenig Licht hat.

...beim Gärtner

Wer wirklich keinen Platz zum Überwintern findet, seine Pflanzen gut versorgt wissen will und wem's auch nicht am nötigen Kleingeld fehlt, sollte sich bei den ortsansässigen Gärtnereien erkundigen. Inzwischen übernehmen zahlreiche Betriebe die winterliche Pflege, was nicht nur das Gießen, sondern auch Schnitt, Pflanzenschutz, Antreiben und eventuell notwendiges Umtopfen einschließt. Von vielen Gartenbauverbänden gibt es inzwischen vorgefertigte »Überwinterungs-Verträge«, in denen die Leistungen des Gärtners genau bezeichnet sind. Einige Gärtnereien bieten auch einen Abhol- und Lieferservice.

Ganz billig ist die Überwinterung beim Gärtner nicht, in Anbetracht der sachverständigen Pflege und der Überwinterungsdauer von meist 6 ½ Monaten aber immer noch äußerst preisgünstig, zumal sehr oft sogar eine Art Überwinterungsgarantie gegeben wird. Unter 100.- DM pro m^2 Stellfläche wird man nur in Ausnahmefällen davonkommen, zuzüglich Abholung und Anlieferung. Da sie ziemlich dicht stehen können, passen auf einen Quadratmeter ungefähr vier bis sechs größere Pflanzen.

Was Gärtner nicht gerne überwintern, sind heikle Kandidaten wie Stämmchen von Strauchmargeriten *(Argyranthemum frutescens)* und Lantanen *(Lantana camara)*, noch weniger beliebt sind Heliotrop *(Heliotropium peruwianum)* und Hibiskus *(Hibiscus rosa-Sinensis)*. Bei kühler Überwinterung rechnen hier selbst Profis mit Ausfällen bis zu 20 %.

Bei Pflanzen von Liebhabern, die oft erheblich durch tierische oder pilzliche Schäden belastet sind, ist die Ausfallquote noch höher. Wegen des großen Überwinterungsrisikos nehmen viele Gärtner auffällig kranke Pflanzen nicht, zumal die meisten Kunden nach den Eisheiligen wieder ein makelloses Prachtstück in Empfang nehmen wollen.

...im eigenen Gewächshaus

Die ideale Überwinterung erfolgt im eigenen Wintergarten oder Gewächshaus, vorausgesetzt, technische Mindestanforderungen sind erfüllt. Leider sind sie das häufig nicht, gerade bei Billigprodukten findet man notwendigste Dinge wie Lüftungsfenster oft nur als Sonderausstattung oder Zubehör, worauf natürlich meist verzichtet wird.

Nur ist die Lüftung eben fast so wichtig wie die Heizung. Während Zeiten mit hochsommerlichen Temperaturen ist ein Wintergarten, in dem nicht mindestens 20mal pro Stunde die Luft wechselt, nicht bewohnbar. Ist ein Luftwechsel von 20, so heißt das technisch, nicht gewährleistet, bietet sich als preisgünstige Lösung die thermostatgesteuerte Zwangsentlüftung (mit Ventilatoren) an.

Wer ein Winterquartier für frostempfindliche südliche Pflanzen braucht, sollte nicht auf Doppelverglasung (auch Stegdoppelplatten) verzichten, die höheren Anschaffungskosten sind schon nach kurzer Zeit durch die wesentlich geringeren Heizkosten wieder eingespart.

DER WINTER IN WINTERGARTEN UND SOLARHAUS

Bei der Bepflanzung von Wintergärten geht oft etwas daneben, und zwar vor allem dann, wenn vor der Bepflanzung die Temperaturen nicht festliegen oder die vorgesehenen Temperaturen nicht eingehalten werden. Wenn ein als »kalt« konzipierter Wintergarten plötzlich längere Zeit warm gehalten wird, kann es ein Chaos geben, wenn ein als »warm« geplanter Wintergarten längere Zeit kalt gehalten wird, ist die Katastrophe garantiert.

In der Regel ist hier nicht der Planer schuld, sondern der Wintergarten-Besitzer. So hat schon manch einer festgestellt, daß es sich auch im 5 °C-Wintergarten im Winter gut sitzen läßt, allerdings nicht bei 5 °C. Dann wird die Heizung eben hoch gedreht und bleibt auch hochgedreht. Umgekehrt gibt es den Fall, daß jemand im Winter in Urlaub fährt und nicht einsieht, warum er sein Haus mit warmem Wintergarten jetzt auf Zimmerwärme heizen soll. Schnell ist der Thermostat soweit heruntergedreht, daß gerade die Wasserleitungen nicht einfrieren.

Wird in einem als »kalt« geplanten Wintergarten die Temperatur hochgedreht, kommen viele Pflanzen aus dem Rhythmus. Das kann schon passieren, wenn man Kübelpflanzen von der Terrasse in den Wintergarten stellt und gleichzeitig zu heizen anfängt. Nicht nur Kamelien und Akazien, auch andere Winterblüher wie Mittelmeerschneeball, Erdbeerbaum und Mahonien werfen dann ihre Blüten zumindest teilweise ab, Akazien auch das Laub.

Warum das so ist? Zu Beginn der Heizperiode ist es meist kühl, trüb und feucht. Die Pflanzen haben sich auf eine Ruheperiode eingestellt. Durch plötzliches Heizen und geschlossene Lüftung nimmt die Luftfeuchte erheblich ab, die auf Winterruhe eingestellten Wurzeln können den plötzlich steigenden Wasserbedarf nicht mehr decken. Die »Solarkraftwerke« in den Blättern arbeiten wegen Lichtmangel auch nicht mit Vollast, oft ist die Energiebilanz sogar negativ – die Pflanze verbraucht mehr Energie als sie produziert. In diesem Falle befreit sich die Pflanze von allem, was ihr überflüssig erscheint, und das sind zuallererst die Blütenknospen. Dann folgt das alte Laub, zuletzt das junge. Womit die Standardfrage, warum Kübel- und Wintergartenpflanzen im Winter verstärkt Blätter verlieren, beantwortet ist.

Hier soll noch einmal wiederholt werden, daß abweichend von den zuvor genannten Regeln Kübelpflanzen, die im Winter blühen und über 10°C überwintert werden, möglichst früh einzuräumen sind, um den Schock zu verringern.

Bei allen nicht dauerblühenden Pflanzen verringert sich die Länge der Blütezeit im warmen Wintergarten ganz gewaltig.

Die »Mittwintersonne« – so nennen die französischen Gärtner die veredelten Akazien (»Mimosen«) – geht im gerade frostfreien Wintergarten erst nach etwa sechs Wochen unter, im zimmerwarmen spätestens nach spätestens 10 Tagen, falls sie dort überhaupt aufgeht.

Bei »kalt« geplanten Wintergärten taucht oft ein anderes Problem auf, von dem viele sicher noch nie etwas gehört haben. Manche Pflanzen sind nämlich auf niedere Wintertemperaturen angewiesen, sonst blühen sie nicht oder schlecht. Der Fachausdruck heißt in den meisten Teilen Mitteleuropas Vernalisation, etwas weiter östlich Jarowisation. Standardbeispiel ist hier der Apfel; ein Apfelanbau in den Tropen ist nicht möglich, da die Bäume nicht zur Blüte kommen. Leider gibt es so gut wie keine Fachartikel darüber, welche der hier besprochenen Pflanzen nie-

In Solarhäusern – also absolut ungeheizt – sind viele exotische Pflanzungen machbar. Die Schattierung wird nur nachts zugezogen, als Energieschirm.

Eine »klassische« Pflanze für den nicht frostfreien, alsonnigen Wintergarten: die Kamelie.

dere Wintertemperaturen brauchen, es gibt nur Erfahrungswerte. Kalt gehalten oder überwintert werden sollten alle laubabwerfenden Gehölze, alle Halbsträucher und Halbimmergrüne, viele Zwiebel- und Knollengewächse.

Als Standardbeispiel sei hier der großblumige gelbe Jasmin *(Jasminum mesnyi)* genannt. Bei Temperaturen um den Gefrierpunkt – auch –10 °C werden vertragen – verliert die Pflanze ihr gesamtes Laub. Kaum wird es im Spätwinter wieder wärmer, brechen aus den laublosen Trieben zahllose, fast Fünfmarkstück große, teilweise gefüllte Blüten. Wird die gleiche Pflanze bei +10 °C überwintert, ist sie immergrün, im folgenden Frühjahr und Sommer erscheinen aber nur wenige Blüten.

In zimmerwarmen Wintergärten findet man oft tropische Pflanzen, also viele typische Zimmerpflanzen. Auch wenn auf diese Pflanzen in diesem Buch kaum eingegangen wird, soll doch kurz erklärt werden, was ihnen bei zu niederen Temperaturen passiert. Wenn sie nicht sofort eingehen, holen sie sich eine Unterkühlung (»Chilling«). Die meisten Pflanzen überleben das nicht, auch wenn die Temperatur wieder auf Zimmerwärme hochgedreht wird.

Ausnahmen sind Pflanzen tropischer Hochlagen, auf deren Rhythmus aber erst beim 10 °C-Wintergarten eingegangen werden soll.

Nicht frostfreie Solarhäuser/Wintergärten

Ein spezifisches Problem nicht frostfreier Wintergärten und Solarhäuser ist, daß viele vor allem ostasiatische Immergrüne ihr Wachstum im Herbst bei uns nicht einstellen. Pflanzen wie die Zimmeraralie und die Wollmispel wachsen unter Wintergarten-Bedingungen vor allem im Herbst. Kommt dann ein kräftiger Frost, ist es um das junge Laub geschehen, zumindest die Blattränder sterben ab, bei beiden Pflanzen auch die Blüten.

Ähnliches gilt für Pflanzen aus anderen Erdteilen – genannt sei hier nur die mexikanische Orangenblume *(Choisya ternata)* –, die den Anforderungen nicht frostfreier Glashäuser entsprechen und sich integrieren lassen würden.

Weniger auffällig sind die Schäden bei Pflanzen mit kleinen Blättern, die bei geeigneten Wachstumsbedingungen überhaupt keine Ruheperiode kennen. So frieren zwar auch bei den frosthärtesten Eucalypten die Triebspitzen ab, was aber oft überhaupt nicht bemerkt wird, da sie sofort wieder ersetzt werden.

Die für Solarhäuser und nicht frostfreie Wintergärten geeigneten Pflanzen decken sich weitgehend mit den Arten, die mit bestem Winterschutz auch im Freien durchkommen können (siehe auch Kapitel »Ein Sonderfall der Überwinterung im Freien«).

Das zweite spezifische Problem nicht frostfreier Glashäuser ist der vorzeitige Austrieb. Dieser kann durch Lüften weit hinausgeschoben werden; ist er aber erst einmal im Gange, sollte der Wintergarten frostfrei gehalten werden. Ein Verlust des Austriebs bringt eine gesunde Pflanze zwar nicht um, fördert ihr Wachstum aber sicher nicht.

Der gerade frostfreie (5 °C) Wintergarten

Selbst im »gerade frostfreien« Wintergarten muß gelegentlich mit kurzen, leichten Frösten gerechnet werden – vor allem dann, wenn der Thermostat in Kopfhöhe und an der Hauswand hängt. Schon in Fußhöhe ist es oft 2 °C kälter, an den Außenwänden bis zu 5 °C. Gefährlich sind Nächte, die mit bedecktem Himmel beginnen, die Wolkendecke aber in den frühen Morgenstunden aufreißt. Die Abkühlung erfolgt dann so rasch, daß bei entsprechend großem Wintergarten Notheizungen (Frostwächter) den Temperaturabfall nicht mehr schnell genug auffangen können. Weichlaubige Pflanzen tropischer Hochlagen sehen nach solchen Störungen wie gekocht aus.

Nicht verschwiegen werden soll, daß es in nicht optimal isolierten 5 °C-Wintergärten durch das Fundament hereinfrieren kann. In diesem, aber auch wirklich nur diesem Fall ist es besser, wenn man die Pflanzen an der Außenseite in Kübeln läßt und nicht in Becken auspflanzt.

Die Pflanzenauswahl für 5 °C-Wintergärten ist riesig, fast alle in diesem Buch angesprochenen kann man hier verwenden, neben den Mittelmeerpflanzen vor allem auch die der Südhalbkugel (Australien/Neuseeland, Südafrika und Südamerika). Der gerade frostfreie Wintergarten ist auch für viele im Sommer draußen stehende Kübelpflanzen das ideale Quartier.

Von den weltweit verbreiteten Nutzpflanzen, deren Ursprung oft nicht mehr klar erkennbar ist, müssen hier vor allem die Citrusfrüchte erwähnt werden. Orangen, Zitronen und Mandarinen sollten alle zumindest gerade frostfrei überwintert werden, wobei eine Kumquat, eine Clementine, Satsuma oder Valencia-Orange durchaus einmal kurzfristig –10 °C überstehen kann. Dagegen sind bei Zitronen, Limonen und Pomelo schon bei –3 °C starke Schäden zu erwarten.

Auch für Sammler von Kakteen und anderen Sukkulenten reichen gerade frostfreie Wintergärten aus. Nur sollte man, um auf Nummer Sicher zu gehen, die robusteren Arten am Außenrand aufstellen. Man glaubt gar nicht, wie viele Sukkulenten das Durchfrieren aushalten.

Dem bekannten englischen Kakteensammler Allcock ist einmal wegen Heizungsausfall seine ganze Sammlung eingefroren. Er hat minutiös Buch darüber geführt, was durchkam und was nicht (wen es interessiert: Allcock: Freezable Cacti & Succulents, British Cactus & Succulent Journal 1984, 2(2), Seite 47–48).

Ohne viel über die Pflanze zu wissen, gibt es doch einige Faustzahlen, wann bei welchen Arten mit Schäden zu rechnen ist. So sagt man, daß alle Pflanzen, deren Verbreitung in Wüstengebiete reicht oder die aus Wüstengebieten stammen, für kurze Zeit Temperaturen bis –5 °C schadlos überstehen. Das gilt für empfindliche Agaven wie für Kakteen, für *Parkinsonia*, den Flaschenbaum *(Brachychiton)*, zahlreiche Eucalypten und Zylinderputzer *(Callistemon)*, für viele Kassien-Arten und Pfefferbäume *(Schinus)*. Womit nicht bestritten werden soll, daß es von den genannten Gattungen Arten gibt, die sehr viel niedrigere Temperaturen ertragen.

Der lauwarme Wintergarten

Pflanzen, die erst im lauwarmen Wintergarten gut gedeihen, stammen durchweg aus den wärmeren Subtropen. Lange gärtnerische Praxis hat gezeigt, daß es einen »Knackpunkt« gibt. Dieser liegt ungefähr bei 10 °C Bodentemperatur, allerdings nur für Gehölze und ähnlich robuste Pflanzen, beispielsweise Papyrus. Ein kurzfristiges Unterschreiten, z. B. nach dem Gießen mit kaltem Leitungswasser, wird zwar überlebt, bei langfristigem Unterschreiten dieser Schwelle muß jedoch mit Schäden gerechnet werden, besonders wenn der Boden naß ist.

Viele, spezielle Pflanzen tropischen Ursprungs, kommen jedoch mit 10 °C Bodentemperatur nicht aus.

Tropische Nutzpflanzen mit sehr hohen Ansprüchen an die Bodentemperatur sind nur etwas für zimmerwarme Wintergärten und hier nicht Thema. Mit Werken über Zimmerpflanzen kann man Regale füllen.

Pflanzen, die Bodentemperaturen unter +10 °C mittelfristig nicht überleben: Papyrus *(Cyperus papyrus)*, *Hibiscus rosa-sinensis*, *Bougainvillea buttiana*, Guaven *(Psidium guajava)*, *Bauhinia*, *Delonix*, *Caesalpinia pulcherrima*, diverse Bananen, *Cassia didymobotrya*, *Solanum wendlandii*, *Thevetia*, *Plumeria* etc. Ältere Pflanzen der genannten Gattungen können kalten Boden überleben, falls sie so trocken wie irgend möglich gehalten werden. Todesursache ist zumeist Wurzelfäule.

Das Manko der Pflanzen aus tropischen Gebirgen ist, daß sie keine Speicherorgane haben – sie brauchen das ja nicht. Gleichwohl müssen sie bei uns oft sechs Monate überdauern, ohne daß ein positives Wachstum möglich ist.

Positives Wachstum heißt in diesem Falle, daß die Pflanze an Masse zunimmt. Bei negativem Wachstum nimmt die Pflanzenmasse ab, die Pflanze wächst sozusagen rückwärts. Dies hat nichts mit Längenwachstum oder ähnlichem (neue Triebe, neue Blüten) zu tun. Vielmehr zehrt die Pflanze von den Re-

Manchem wird's bekannt vorkommen: Hinter der Akazie, dem Neuseeländer Flachs und dem Mittelmeerschneeball verbirgt sich eine Wintergarten-Beratungsecke von Flora Mediterranea. So kann's auch bei Ihnen im Mittwinter aussehen.

Klassische Orangerien dienten schon immer auch als Winterquartier für Kübelpflanzen. Wenn man nicht mit dem Platz sparen muß, kann das ganz dekorativ aussehen.

servestoffen in den alten Blättern, die dann postwendend abgeworfen werden.

Pflanzen tropischen Ursprungs, die eine meist trockenheitsbedingte Ruhepause gewöhnt sind, stehen im 10 °C-Wintergarten oft noch nach Januar voll im Laub, durch notwendiges Trockenhalten folgt dann eine Zwangspause. Was passiert dann?

Betrachten wir einmal eingehend den Biorhythmus einer empfindlichen Pflanze *(Cassia didymobotrya)* in einem 10 °C-Wintergarten. Der Kerzenstrauch kommt – mit Ausnahme der Triebspitzen – weitgehend ausgereift in den Winter und wird kaum mehr gegossen.

Angepaßt an die Trockenperiode in seiner Heimat beginnt er im Dezember die ersten Blätter zu verlieren. Ende Januar sind nur noch die kahlen Stengel da.

Wird das Fallaub nicht entfernt, können sich an der Stengelbasis erste kleine Fäulnisherde, meist Grauschimmel, bilden.

Das im Prinzip richtige, zaghafte Gießen fördert die Pilzkrankheit, aber man sieht noch keine Symptome, schon gar keinen Schimmelrasen (höchstens zwischen dem Fallaub).

Ende Februar, Anfang März wird es wieder warm, endlich Frühling. Im Wintergarten steigt die Temperatur schon auf über 30°C, es wird natürlich nicht gelüftet, die Pflanzen sollen ja angetrieben werden. Das tut auch unsere *Cassia*, nach einer Woche treibt sie aus allen Knopflöchern, die Bodentemperatur liegt ja während des Tages auch schon über 20 °C. Jetzt braucht sie natürlich reichlich Wasser. Das Leitungswasser hat aber jetzt erst 5 °C, unvorsichtig gegossen sinkt die Bodentemperatur sofort wieder auf Werte knapp über 10 °C, für

Cassia sicher kein Wachswetter. Den ersten »Schnupfen« hat die Pflanze jetzt weg, zumal der Boden nachts wieder auf 10 °C abkühlt.

Wie das Wetter so spielt, es wird trüb und regnerisch, der Wintergarten wird wieder auf 10 °C geheizt. Entsprechend pendelt sich die Bodentemperatur ein, wieder kein Wachswetter für *Cassia*, zumal sie naß steht.

Die frischen, zarten Triebe brechen zusammen, sie werden schwarz. Nun schlägt der Grauschimmel zu, die absterbenden weichen Triebe sind ein idealer Nährboden, über sie ist auch ein Angriff auf den Haupttrieb möglich.

Bei der nächsten Schönwetterperiode ein neuer Austrieb. Dann wieder schlechtes Wetter, das Spiel wiederholt sich. Dann wieder schönes Wetter, aber jetzt treibt die *Cassia* plötzlich nicht mehr oder nur noch zögerlich, mit wenigen Trieben.

Topft man die Pflanze aus, wird man feststellen, daß der Ballen nur noch durch abgestorbene Wurzeln zusammengehalten wird, oft bedeckt von einem Grauschimmelrasen. Die Pflanze ist tot.

Da der Name *Cassia* durch zahlreiche andere Pflanzennamen ersetzt werden kann, wird Ähnliches schon jedem Kübelpflanzenliebhaber oder Wintergartenbesitzer passiert sein.

Was ist hier nun falsch gelaufen? Nun, eine ganze Menge. Ist eine empfindliche Pflanze wie *Cassia didymobotrya* erst einmal in einer trockenheitsbedingten Winterruhe und setzt dann schönes Wetter ein, hat man zwei Möglichkeiten. Entweder wird gelüftet, so daß die Temperatur möglichst niedrig bleibt, die Winterruhe anhält und es nicht zu einem Austrieb kommt, oder man dreht nach erfolgtem Austrieb die Temperatur hoch, so daß die Pflanze weiterwachsen kann.

Daß man kritische Kandidaten nie mit kaltem Leitungswasser gießt, jedenfalls nicht im Winter, sollte auch bekannt sein. Nährböden für Grauschimmel und andere Pilzkrankheiten werden selbstverständlich entfernt, was auch für Fallaub und nicht ausgereifte Triebspitzen gilt. Zusätzlich kann man die Stengelbasis mit einem angeteigten, breit wirksamen pilztötenden Mittel einpinseln.

Gehen Kübel- und Wintergartenpflanzen im Winterhalbjahr kaputt, liegt das oft nicht an der falschen Überwinterung, sondern an der falschen Behandlung während des Austriebes.

In diesem Zusammenhang sollte man unbedingt erwähnen, daß vor allem junge Pflanzen empfindlicher Arten nicht zu spät um- oder eingetopft werden sollten, zumindest wenn sie kühl überwintert werden. Nicht nur, weil die Pflanze dadurch einen neuen Wachstumsschub erhält und die Ausreife verzögert wird, sondern weil die jungen Wurzeln ziemlich sicher absterben – für Bodenpilze optimale Eintrittspforten. Selbst wenn die Pflanze nicht eingeht, so treibt sie doch im Frühjahr verzögert aus. Sie muß ja erst neue Wurzeln bilden. Hier wurde schon viel Lehrgeld bezahlt. Deshalb auch: Keine Frosthärteexperimente mit Jungpflanzen! Im übrigen sind Jungpflanzen allein schon dadurch besonders gefährdet, weil sie sich zumeist in Bodennähe befinden. Und dort ist es bekanntlich am kältesten.

Der Wintergarten ist noch jung. Verschiedene *Passiflora*, gerade die im Vordergrund blühende *P.* 'Amethyst', werden diesen lauschigen Platz aber bald zur »Lichtung im Dschungel« machen.

PRAKTISCHE PFLEGE VON KÜBELPFLANZEN

Mit Ausnahme der Palmen sind die meisten Kübelpflanzen, vor allem die reichblühenden, keine pflegeleichten Möbelstücke. Sie befriedigen nur, wenn man ihre oft hohen Ansprüche an die Wachstumsfaktoren berücksichtigt und zum richtigen Zeitpunkt auch beherzt zur Schere greift.

SUBSTRATE

Ein wesentlicher Bestandteil des Standortes ist der Boden. Wie bereits angesprochen, wachsen in der Natur Pflanzen keineswegs immer auf dem für sie optimalen Boden, sondern dort, wo sie konkurrenzfähig sind.

Während die Schule der »alten Gärtner« noch auf eine Vielzahl von Erdmischungen schwört, für jede Pflanze eine andere, kommt eine moderne Gärtnerei mit zwei bis drei Fertigerden aus – auch wenn sie ein großes Sortiment kultiviert. Viele Großbaumschulen haben gar nur ein Containersubstrat, variiert wird nur die Düngung.

Für Stecklinge wird dagegen ungedüngte, sogenannte »0-Erde« verwendet. Diese ist höchstens mit Kalk auf einen bestimmten pH-Wert eingestellt.

Wie sieht die »optimale« Kübelpflanzenerde aus?

Ein gutes Substrat soll möglichst viel Wasser und Nährstoffe speichern können, gleichzeitig aber auch im wassergesättigten Zustand mindestens 25 % Luft enthalten. Es sollte möglichst strukturstabil sein und keine tierischen oder pilzlichen Schädlinge sowie Unkrautsamen enthalten.

Das Gewicht der Erde spielt vor allem bei im Freien aufgestellten Kübelpflanzen eine nicht zu unterschätzende rolle. Ist das Substrat leicht und vielleicht einmal auch trocken, der Kübel selbst nicht schwer oder mit geringer Aufstellfläche (Terracotta-Gefäße laufen oft unten konisch zu), fallen viele Pflanzen schon bei leichten Böen um.

Es gehört schon viel Enthusiasmus dazu, sich seine Erde selbst zu mischen. Notwendig ist es eigentlich nur, wenn man ganz spezielle Pflanzen ziehen möchte, deren Ansprüche durch Standardsubstrate nicht gedeckt werden.

Neben hohen Pflanzen sind vor allem Stämmchen gefährdet, wobei es gerade bei Blütengehölzen kaum ohne Bruch abgeht. Schnell ist die Krone eines Wandelröschens *(Lantana)*, einer Fuchsie oder einer Bleiwurz ruiniert, wogegen beim robust-unverwüstlichen Lorbeer wohl zuerst der Topf das Zeitliche segnet.

Warum die Nährstoffspeicherung so wichtig ist, wird vielfach unterschätzt. Für Pflanzenliebhaber, die verläßlich jede Woche ein- oder zweimal mit einer schwachen Nährlösung gießen – zusätzlich zum im Frühjahr bereits verabreichten Dauerdünger –, ist die Nährstoffspeicherung wirklich egal. Wer's aber nicht so genau nimmt, besonders mit der Dosierung (»Viel hilft viel!«) kommt um ein tonhaltiges Substrat nicht herum. Ton ist der beste Nährstoffspeicher. Gerade bei billigen Sand/Torf-Mischungen ohne Ton sind Überdüngungsschäden im Sommer sehr häufig, ebenso aber auch Nährstoffmangel.

Die Erde der Kübelpflanzengärtner

Sofern wir nicht auf selbstgemischte Substrate aus Gärtnerkompost und Torf zurückgreifen, verwenden wir für die meisten Pflanzen die sogenannten Einheitserden, bei denen der Tongehalt in der Regel bei 40 % liegt. Auch wenn diese Einheitserden teurer sind als die normalen »Kaufhaus-Blumenerden«, zahlt sich das mittelfristig doch aus.

Mit reinen Torfkultursubstraten (TKS 1 und 2) haben wir keine guten Erfahrungen gemacht. Man erzielt zwar recht schnelles Wachstum, doch leider zeigen die Pflanzen durch Kalimangel oft Hängetracht. Außerdem wiegt dieses Substrat zu wenig – bereits leichtere Windböen werfen die Kübel um.

Bei Pflanzen, die durch Staunässe im Winter gefährdet sind – beispielsweise *Polygala, Cassia* oder *Sollya* – mischen wir zur besseren Durchlüftung einen Anteil von ca. 20 % Perlite unter. Sand, Steinwolle oder Styromull sind ebenso geeignet, für wenig standfeste Pflanzen speziell auch Lava.

Substrate für den Wintergarten

Während wir für Kübel im Freien wegen der Standfestigkeit nur schwere Erden empfehlen, haben sich in Wintergärten bei Beckenbepflanzung eher leichte Erden, vor allem **Dachgartensubstrate**, bewährt. Diese sind nicht zuletzt wegen ihrer Zuschlagstoffe (Blähton, Blähschiefer, Perlite) ziemlich teuer, haben aber den nicht zu unterschätzenden Vorteil, daß

Staunässe so gut wie ausgeschlossen ist. Staunässe kommt leider gerade bei automatischer Bewässerung und schlechter Drainage häufig vor, wenn der Feuchtefühler an der Pflanze steckt, die das meiste Wasser verbraucht.

Dachgartenerden sind über lange Jahre hinweg strukturstabil, sie setzen sich kaum. Es kann einem also nicht passieren, daß die gesamte Bepflanzung nach ein paar Jahren 20 cm tiefer sitzt als der Bodenbelag – bei humosen Substraten die Regel.

Dachgartensubstrate sind mit wenigen Ausnahmen nur schwach gedüngt, was aber nicht unbedingt nachteilig ist. Nur kommt eben das beim Auspflanzen zwangsläufig explosionsartige Wachstum früher zum Stehen, weil der Nährstoffvorrat aufgebraucht ist. Nachdüngen kann man immer noch, bei Fertigerden mit Dauerdünger aber frühestens zu Beginn der nächsten Vegetationsperiode.

Nachteile der Fertigerden

Obwohl Fertigerden (Industrieerden) den selbstgemischten Substraten gewöhnlich weit überlegen sind, sollen ihre Nachteile hier natürlich nicht verschwiegen werden.

Auf das Risiko, die Erdenindustrie zu erzürnen: Sobald Torf oder Rindenhumus beigemischt sind, kann man mit ziemlicher Sicherheit mit Trauermücken rechnen. Sie sitzen in Massen auf der Bodenoberfläche, bei jedem Luftzug fliegen sie auf. Gefährlich sind vor allem die Maden, wenige Millimeter lange, weiße Würmchen im Boden. Sie fressen meist an abgestorbenen Stellen der Wurzel und des Wurzelhalses. Gesunden Pflanzen können sie nicht allzuviel anhaben, aber welche Kübelpflanze ist – in Anbetracht der Überwinterung – wirklich immer gesund?

Im übrigen sind Industrieerden weitgehend steril, weshalb man keine organischen Dünger verwenden kann – sie werden durch das fehlende Bodenleben nur sehr langsam aufgeschlossen.

Gefährliche Bodenpilze wie *Pythium*, *Phytophthora* und andere, die Erreger der sogenannten Umfallkrankheiten, lassen sich leider fast immer nachweisen.

Auch der Unkrautfreiheit sollte man das Etikett »fast« voranstellen.

Selbstgemischte Erden

Selbstverständlich kann man seine Erde auch selbst herstellen, das sind dann sogenannte **Praxismischungen.** Sie werden hauptsächlich aus Kompost, Landerde, Torf oder Rindenmull hergestellt. Die vielfältigen Zuschlagstoffe der »alten Schule« sind antiquiert, zumal Fichten- oder Kiefernnadelstreu, Mistbeet- und Maulwurfhügelerde in keinem Gartencenter erhältlich sind, man sich aber jede Menge Ärger mit Förstern und Landwirten einhandeln kann, wenn man diese Zutaten Wäldern und Feldern entnimmt. Im besten Fall wird man mit einem milden, verständnislosen Lächeln als »spinnender Stadtmensch« bezeichnet.

Der Privatgärtner sollte bei seinen Praxismischungen einen wesentlichen Bestandteil nicht vergessen: Landerde.

Erde ist zwar in gärtnerischen Komposten enthalten, weil dort viele Pflanzen mit Ballen weggeworfen werden, in Privatgärten wird aber fast ausschließlich organische Substanz kompostiert.

Solche Komposterde ist zwar ein vorzügliches Pflanzenfutter, sie ist aber nicht strukturstabil. Soweit nicht Wurzeln den Ballen abstützen, wird die Erde im Kübel sehr schnell weniger. Ähnliche Probleme wie mit reiner Komposterde gibt es auch mit käuflichen Substraten mit viel organischer Substanz, ganz egal ob auf Rinden- oder Torfbasis.

Wer einen Garten hat, kann die nötige Landerde seinem Garten entnehmen, bei Ein- und Umpflanzen von Gehölzen bleibt immer Erde übrig.

Selbsthergestellte Erden sind natürlich nicht frei von tierischen und pilzlichen Schädlingen, vor allem nicht frei von Unkrautsamen. Den entsprechenden Folgeaufwand muß man auch einkalkulieren, wenn man bei Wintergartenbeeten zwischen Industrieerde und Praxismischung schwankt. Man kann ihn größtenteils umgehen, wenn man die ganze Pflanzfläche vor der Pflanzung mit einer gelochten Folie abdeckt. Beim Pflanzen werden Kreuzschnitte in die Folie gemacht, der Wurzelballen dann wieder mit den vier Lappen zugedeckt. Dann wird eine eventuelle Tröpfchenbewässerung installiert, darüber kommt das Abdeckmaterial.

Auf jeden Fall sollte man bei größeren Erdmassen das selbstgemischte Substrat untersuchen lassen. Die nächste Adresse ist immer das Landwirtschaftsamt. Es zahlt sich meistens aus, nicht nur die Hauptnährstoffe, sondern auch die Spurenelemente feststellen zu lassen. Falls gewünscht, wird dann auch eine Düngungsempfehlung gegeben. So läßt sich mancher Mangel- oder Überschußschaden vermeiden.

Bei allen Praxismischungen sollte man immer einen strukturstabilen Trägerstoff untermischen, es sei denn, sie sind sehr sandig. Vorläufig am billigsten, nicht umweltschädlich und in jeder Baustoffhandlung auf Lager ist Perlite, ein aufgeschäumtes Mineral (Gestein). Im Innenbereich verwendet ist ein Zuschlag von ca. 30 % zur Komposterde nicht zuviel.

Ebenso geeignet ist Blähton. Lava und andere aufgeschäumte »Gesteine«.

Wozu nun die Zuschlagstoffe der »alten Gärtner«? Ganz einfach, sie waren früher in jeder Menge und meist umsonst erhältlich. Mistbeeterde fiel in fast jeder Gärtnerei an. Mit diesen Stoffen konnte man auf billigste Art den Luft-, Wasser- und Nährstoffhaushalt im Boden beeinflussen und gleichzeitig den pH-Wert regulieren.

Praxiserden im Wintergarten?

Gerade bei Wintergärten, wo man oft große Erdmengen braucht, ist der direkte Weg zum Erdenwerk oft sehr viel billiger als der Umweg übers Gartencenter und einfacher als selbstgemischte Praxiserde.

Ein preisgünstiger Kompromiß ist, die Becken bis auf die letzten ca. 20 cm mit gewöhnlicher Landerde zu füllen. Nachdem die Gehölze mit großem Ballen gesetzt sind – man läßt die Ballen dann 20 cm herausschauen –, werden die restlichen 20 cm mit Industrieerde aufgefüllt, dann der Rest gepflanzt. Auf diese Art kann man eine Vermischung des Bodens und zahlreiche Jätestunden sparen. Daß sich das alles setzt, muß von Anfang an berücksichtigt werden. Beim Gießen mit der Hand kann es Ärger geben, wenn anfänglich das Wasser vom Hügel auf die benachbarten Platten läuft.

Mit dem Abdeckmaterial wartet man hier am besten einige Wochen, ein paar Mal gegossen, hat sich die Erde schon erheblich gesetzt. Verwendet man reine Komposterde, kann die Erde innerhalb eines Jahres um bis zu 20 cm absacken. Das sieht scheußlich aus. An ein einfaches Auffüllen ist nicht zu denken, die Bodendecker würden dann ja begraben. Dachgartensubstrat setzt sich nahezu nicht, die Aufhügelung, also Setzungsreserve, kann weniger als 10 % der Beettiefe betragen

Abdecksubstrate für den Wintergarten

Die Erde frisch gepflanzter Wintergärten kann, muß aber nicht, mit einem zur Bepflanzung passenden Material abgedeckt werden. Organisches Material kann ohne weiteres in einer dicken Schicht aufgebracht werden, es muß nur weitestgehend unkrautfrei sein.

Für die meisten Pflanzungen nimmt man Torf, der aber – wenn er nicht dauernd von oben bewässert wird – sehr schnell austrocknet und staubt und eben wie trockener Torf aussieht. Wenn sie aus einer dichten Schonung stammt und dann weitgehend unkrautfrei ist, paßt auch eine Mulchschicht aus Nadelstreu für manche Pflanzungen ausgezeichnet.

Absolut unkrautfrei, billig bis kostenlos und zumindest außerhalb von Großstädten leicht erhältlich, ist Sägemehl. Es sieht zwar anfangs etwas künstlich aus, bekommt aber schon nach kurzer Zeit durch Algenbewuchs einen grünlichen Schimmer.

Wer von Anfang an auf Nummer Sicher gehen will, nimmt wenig zersetzten Rindenmull, des es überall im Gartencenter zu kaufen gibt.

Da das Auge »mitißt«, versteht sich von selbst, daß Sukkulente und ähnliche Pflanzen offen in schwarzer oder brauner, humoser Erde ausgepflanzt, einen Stilbruch darstellen. Selbstverständlich kann man diese Erde zum Auspflanzen nehmen, es empfiehlt sich ein mageres, strukturstabiles Dachgartensubstrat. Damit das aber stilecht wirkt, sollte die Oberfläche mit einem absolut humusfreien Material kaschiert werden. Gleichzeitig kann man zur Reliefprägung Felsbrocken auslegen, möglichst aus demselben Material wie die flächige Bodenabdeckung.

Ideal zum Gestalten von Wüsten- und Halbwüstengärten ist sogenannter Mineralbeton. Es handelt sich hier um ein nicht verbackenes Gemenge aus Sand, Steinen und Felsen in der typischen Ockerfarbe der Wüste. Man kann es über den Baustoffhandel beziehen. Kleinere Mengen werden aber meist nicht über größere Entfernungen transportiert, oder es wird dann teuer. Ansonsten ist Mineralbeton ausgesprochen billig, er wird mit Raupenfahrzeugen abgebaut, eventuell gewaschen und gesiebt, und direkt auf den LKW verladen.

Wer nicht an Mineralbeton kommt, sollte es mit Kalksteinschotter versuchen. Nachteilig ist nur, daß das Material in einer einheitlichen Körnung geliefert wird, was über größere Flächen langweilig aussieht. Engagierte Liebhaber sind dann schon mal bereit, einen Sonntagsausflug in ein Gebiet mit Kalkstein zu machen, um sich dort einige Brocken in den Kofferraum zu laden.

Wer die Möglichkeit hat, kann zur Gestaltung auch Nagelfluh – das ist eine Art natürlicher Beton – verwenden. Und, jetzt geht es aber schon in die Technik, man kann seinen Nagelfluh auch selbst machen. Dazu mixt man sich einen ganz normalen Beton, nimmt aber einen weißen Zement (von Dyckerhoff), möglichst in Verbindung mit einem Abbindeverzögerer, damit man Zeit zum Verarbeiten hat. Mit diesem Material wird die Landschaft modelliert, wobei der Unterbau durchaus aus Hohlblocksteinen oder ähnlichem bestehen kann. Das läßt man dann einen Tag abbinden und behandelt es am nächsten mit einer Wurzelbürste und viel Wasser, damit der Kies wieder zum Vorschein kommt.

Der pH-Wert

Er sagt, ob ein Boden (gilt auch für Wasser etc.) sauer oder alkalisch reagiert. Das Wort alkalisch wird meist mit »viel Kalk« im Wasser übersetzt, was so aber nicht stimmt. Vor allem in meeresnahen Gebieten ist es nicht Kalk, sondern Salz, was zu einem hohen pH führt.

Böden mit einem pH-Wert unter ca. 6,5 gelten als sauer, ab ca. 7,5 als alkalisch, dazwischen als neutral.

Die meisten Pflanzen gedeihen im neutralen oder leicht sauren Bereich am besten. Das hängt damit zusammen, daß in diesem Bereich die meisten Spurennährstoffe (vergleichbar den Vitaminen beim Menschen) am ausgewogensten verfügbar sind.

Moorbeetpflanzen und Kostverächter

Einige Arten haben jedoch – und hier ist der Naturstandort wichtig –, andere Ansprüche. Jedem Pflanzenfreund ist das Wort »Moorbeetpflanzen« ein Begriff. Diese Pflanzen gedeihen am besten auf saurem Boden, weshalb man bei ihrer Pflanzung meist viel Torf verwendet. Moorbeetpflanzen stammen fast durchwegs aus sehr niederschlagsreichen Gebieten, Pflanzen Australiens und Südafrikas allerdings ausgenommen, sie wachsen auf verwittertem Urgestein. Demgegenüber sind die meisten Pflanzen aus regenarmen, ariden Gebieten ziemlich kalkliebend oder doch kalkvertragend. Darüber mehr im speziellen Teil.

Erwähnt werden soll hier noch eine Gruppe, deren Pflege nur dem erfahrenen Liebhaber empfohlen werden kann. Speziell in der südlichen Hemisphäre gibt es eine ganze Reihe prächtiger Blütenpflanzen, die *nur* auf extrem nährstoffarmen Standorten gedeihen. Dünger ist für sie Gift, zumindest in den üblichen Konzentrationen. Genannt sei hier nur die Familie der Proteaceen, aber auch in anderen Familien gibt es heikle Ausreißer.

DÜNGUNG

Zum Wachstum der Pflanzen sind Nährstoffe nötig, für deren Nachschub durch Düngung gesorgt werden muß. Entsprechend der benötigten Mengen zählen Stickstoff, Phosphor, Kali, Kalk und das bisher vielfach unterschätzte Magnesium zu den Hauptnährstoffen, nur in kleinen und kleinsten Mengen benötigt werden Eisen und Bor, Kupfer, Mangan und Zink, Molybdän und möglicherweise Kobalt. Nur wenige Pflanzen sind auf andere Elemente angewiesen, beispielsweise die Bambusarten auf Silizium. Für einige weitere Stoffe wie Schwefel, Chlor oder Natrium braucht man nicht zusätzlich zu sorgen, da sie in ausreichendem Maße im Gießwasser, oder aber als technisch bedingter Ballaststoff im Dünger enthalten sind.

Wer bei einer so durchgewurzelten *Yucca* – wie vielfach empfohlen – den Ballen verkleinert, braucht sich nicht wundern, wenn sie nicht wächst. Ob die Handschuhe halten?

Welcher Nährstoff bewirkt was?

Es ist wohl hinreichend bekannt, daß **Stickstoff** vor allem das Blattwachstum, **Phosphor** die Blüte fördert. Dementsprechend sind Blattpflanzendünger besonders stickstoffreich, Blütenpflanzendünger haben mehr Phosphor. **Kali** ist bei Mischdüngern immer dabei, es fördert die Reife der Pflanzen.

Kalk, ein wesentlicher Bestandteil der Zellwand, ist oft in ausreichendem Maße in (Feststoff-)Düngern, sonst aber im Gießwasser enthalten. Oder auch nicht. Viele Pflanzenliebhaber glauben, sie täten ihren grünen Freunden nur Gutes, wenn sie ständig mit Regenwasser gießen. Das mag zwar für Azaleen und Kamelien zutreffen, beim ausgesprochen kalkliebenden Oleander ist das aber nicht so.

Massives, dauerhaftes Stahlspalier in schwerem Terracotta-Topf. Nicht nur in Italien eignen sich solche stabilen Konstruktionen als Raumteiler im Freien.

Bisher weithin unterschätzt wurde der Bedarf der Pflanzen an **Magnesium.** So ist bis heute in vielen Volldüngern kein oder zu wenig Magnesium enthalten. Dieses Element ist wesentlicher Bestandteil des Blattgrüns. Ein Mangel äußert sich zuerst in der Gelbscheckung der älteren Blätter. Ist das Blattgrün erst einmal abgebaut, ist der Blattfall zwangsläufig. Gerade bei vielen Immergrünen ist die Lebensdauer der Blätter stark von der Magnesiumversorgung abhängig. Nicht zuletzt deshalb gibt es spezielle »Tannendünger«. Sie enthalten besonders viel Magnesium, gewöhnlich als sogenanntes »Bittersalz«. Zu Magnesiummangel kommt es vor allem bei sehr kalkreichem Gießwasser.

Vom Liebhaber weitgehend unterschätzt werden die sogenannten **Spurenelemente.** Diese sind in vielen Düngern nicht enthalten, man sollte deshalb vor dem Kauf lesen, was sich in der Packung befindet. Hat man einen Standard-Haus- und Gartendünger ohne Spurenelemente, sollte man sich zusätzlich einen Spurenelement-Dünger zulegen oder besser den Dünger wechseln. Fehlen diese Nährstoffe nämlich, ist das junge Laub gelb und viel schmäler als das alte, oft sind auch nur die Blattnerven grün, die Flächen dazwischen aber gelb. Die Blattnervatur ähnelt dann einem entnadelten Weihnachtsbaum.

Die Zugabe von Spurenelementen nützt oft wenig, wenn der pH-Wert des Bodens nicht stimmt. Besonders bei alkalischen Böden können trotz reichem Bodenvorrat verschiedene Spurenelemente von der Pflanze nicht aufgenommen werden. Da man kurzfristig den pH-Wert des Bodens nicht grundlegend ändern kann und sollte, hilft dann nur noch eine **Blattspritzung.** Besonders Citrusgewächse leiden fast ständig unter Spurenelementmangel, wenn sie mit hartem Wasser gegossen werden. Bevor man sich einen Spurenelement-Dünger zulegt, sollte man eines nicht übersehen: **Häufige Ursache von Spurenelementmängeln ist Staunässe!**

Organische oder mineralische Dünger

Dies ist eine Gretchenfrage, die mit der Ideologie des Besitzers zusammenhängt. Der Pflanze ist es völlig egal, ob sie ihren Stickstoff aus Blutmehl, Harnstoff oder Kalkammonsalpeter bekommt, für die anderen Nährstoffe gilt dasselbe.

Welche Dünger man verwenden kann, hängt weitgehend vom Substrat ab. Um die Nährstoffe organischer Dünger in eine pflanzenverfügbare Form zu bringen, braucht es ein Bodenleben. Ohne Bakterien und andere Organismen sind organische Dünger für die Pflanzen nutzlos. Eine Hydrokultur mit organischen Düngern ist also nicht möglich.

Ähnlich sieht die Sache bei Industrie-Erden aus. Auch sie sind relativ wenig »lebendig«, sie sollen es ja auch gar nicht sein. Der Abbau organischer Dünger vollzieht sich hier sehr langsam, es kommt zu Nährstoffmängeln.

Keine Probleme mit dem Abbau organischer Dünger hat man bei Praxismischungen, also mit selbstgemischten Erden, in denen ja Gartenerde, humose Lauberde oder auch der an Bodenorganismen so reichhaltige Kompost enthalten sind. Nur ist die Nährstoff-Freisetzung hier schwer kalkulierbar, da sie von der tatsächlichen Aktivität der Organismen abhängt, die ihrerseits von vielen Faktoren beeinflußt wird, von Temperatur, Feuchte, Luftgehalt des Substrates usw.

Auf jeden Fall sollte der Dünger mit einer zumindest fingerdicken Erd- oder Torfschicht abgedeckt werden, damit eine für Bakterien geeignete feuchte Umgebung entsteht.

Traditionell arbeitende Betriebe in südlichen Ländern decken bei schwachzehrenden Pflanzen (z. B. *Citrus)* mit bestem Erfolg die Bodenoberfläche mit einer ordentlichen Packung Rindermist ab.

Stark im Umfang zunehmende Stämmchen – wie hier *Solanum rantonnetii* – dürfen nur locker angebunden werden. Auf Grund solcher Einschnürungen kann leicht die ganze Krone abbrechen.

Aus alt mach neu. Alte Oleander neigen zum Verkahlen. Ein Auslichtungsschnitt macht sie wieder zum Prachtstück.

Wie wird gedüngt?

Die konventionelle Düngung im Gartenbau besteht aus einer Grunddüngung, der Spitzennährstoffbedarf wird durch sogenannte Kopfdüngungen gedeckt. Zumindest bei Kübel- und Topfpflanzen gibt es keinen vernünftigen Grund, von dieser Praxis abzuweichen.

Die Grunddüngung besteht in einer reichlichen Gabe eines **Dauerdüngers**, dessen Endung auf -cote oder -san lautet, die Vorsilbe ist verschieden.

Speziell bei Kübelpflanzen sollte man höllisch darauf achten, daß man die richtige Formulierung erwischt. Es gibt diese Dünger nämlich in verschiedenen Versionen, wirksam zwischen 8–10 Wochen und 8–9 Monaten. Letztere darf keinesfalls bei laubabwerfenden Pflanzen wie Feigen oder Granatäpfeln eingesetzt werden, da diese sonst nicht ausreifen können. Auch bei immergrünen Pflanzen, die nicht optimal überwintert werden, ist die 5–6 Monats-Version besser. Im Wintergarten mit seiner langen Wachstumszeit empfiehlt sich die länger anhaltende Formulierung.

Bei selbst hergestellten, »lebenden« Erden (Praxismischungen) kann man auch mit organischen Dauerdüngern wie Hornspänen usw. Erfolge erzielen.

Wieviel man von diesen Düngern nehmen soll, kann nicht so einfach beantwortet werden. Es kommt immer auf die Pflanze an, das gewünschte Wachstum und die Bereitschaft zu regelmäßigem Nachdüngen.

Absolute Obergrenze ist bei sehr lange (8–9 Monate) wirkenden Düngern 5 g je l Topfvolumen, bei den nur relativ kurze Zeit anhaltenden 2–3 g. Man bedient sich hier der Tee- bzw. Eßlöffelmethode. Um Schwankungen auszuschließen, gibt man von jedem der verwendeten Dünger 10 Eß- bzw. Teelöffel auf eine Waage und teilt dann wieder durch 10. Dann weiß man genau, wieviel Gramm ein Löffel faßt.

Die Werte schreibt man sich auf und verwendet zur Düngung möglichst immer dieselben Löffel. Wer sich daran nicht hält, muß mit Nährstoffmängeln oder, viel schlimmer, mit Überdüngung rechnen. Pro Löffel sind nämlich die verschiedenen Dünger ganz unterschiedlich schwer. Dauerdünger sollte man ebenso wie organische Dünger mit einer dünnen Erd- oder Torfschicht abdecken: Wenn sie nicht feucht sind, gehen sie nicht in Lösung und wirken nicht.

Bei schnell wachsenden Kübelpflanzen, speziell Nachtschattengewächsen, aber auch bei Beckenpflanzung im Wintergarten, kann man sich die teuren Dauerdünger sparen. Eine große *Datura* wächst mit einer Handvoll Blaukorn alle 2 Wochen oft besser als mit dem fast zehnfach teureren Dauerdünger. Im Wintergarten muß man nach einer Blaukorndüngung, so der Boden mit Pflanzen bedeckt ist, kräftig mit einer Brause wässern, damit der Dünger in den Boden geschwemmt wird.

Blaukornvolldünger (oft sind sie grau) sind natürlich auch für alle anderen Pflanzen geeignet, nur ist die Handhabung aufwendiger und die Gefahr einer Überdüngung größer.

Die Nachdüngung, sie erfolgt in der Regel flüssig, ist jedem Pflanzenliebhaber ein Begriff.

BEWÄSSERUNG

Gleichgültig ob Kübelpflanzen auf der Terrasse oder im Wintergarten stehen, am besten gießt man sie mit der Hand, also mit Gießkanne oder Schlauch. Eine automatische Bewässerung mit Tropfschläuchen, die sich bei gleichmäßig bepflanzten Balkonkästen durchaus anbietet, ist bei Kübelpflanzen auf Grund des unterschiedlich starken Wachstums der verschiedenen Arten schwierig. Je nach System ist schon die Installation eine Tüftelei und nicht jedermanns Geschmack. So muß auch während der Vegetationsperiode ständig weitergetüftelt werden. Es ist leicht einzusehen, daß eine im Frühjahr ins Freie gestellte, zurückgeschnittene *Datura* noch kaum Wasser braucht, die vollbelaubte Palme dagegen schon. Während der Wasserkonsum der Palme nun aber fast ausschließlich von der Lufttemperatur abhängig ist, ist es neben der Temperatur bei raschwachsenden Pflanzen der Zuwachs. Eine im Spätsommer dann 2–3 m hohe *Datura* schluckt im Vergleich zum Frühjahr das Vielfache an Wasser, eine Palme nicht.

Die Ästhetik kommt auch zu kurz, kaum jemand wird Einzeltopf-Tröpfchenbewässerungssysteme auf Terrassen und in Wintergärten besonders attraktiv finden, sie lassen sich kaum verstecken.

Es gibt heute sehr preisgünstige Bewässerungscomputer, die einen Großteil der Gießarbeit erledigen können. Wer aber eine größere Zahl Kübelpflanzen mit unterschiedlichen Ansprüchen hat, muß trotzdem oft zur Kanne greifen.

Gießen mit der Hand

Hier sind Untersetzer äußerst vorteilhaft. Dies nicht nur, weil der Bodenbelag nicht verschmutzt, sondern auch weil die Bodenfeuchte erhöht, der Wasserverbrauch verringert werden kann. Der Ballen kann sich »vollsaufen«. Ohne Untersetzer ist das meist nicht möglich. Sind die Pflanzen einmal ein wenig trocken geworden, bildet sich schnell ein Spalt zwischen Ballen und Topfwand, Wasser und damit die Nährstoffe laufen durch die Löcher im Boden fast so schnell ab, wie sie oben zugeführt werden. Wenn man ein paar Mal in den Untersetzer gießt, ist der Spalt wieder geschlossen. *Nur* über den Untersetzer sollte man nicht gießen, schon gar nicht dann, wenn man auf den Ballen Dauerdünger gestreut hat. Bleibt dieser nämlich trocken, werden die Nährstoffe nicht in den Wurzelbereich gewaschen – sie wirken nicht.

Automatische Bewässerung

Werden ganze Beete oder Becken bepflanzt, ist eine automatische Bewässerung vorteilhaft. Am besten bewährt haben sich Systeme, die aus einem stabilen, aber sehr flexiblen Schlauch – nicht Folie! – bestehen und mit niederem Druck arbeiten. Die Tropfstellen in der Schlauchwand sollten möglichst dicht aneinanderliegen; besser verwendet man die neuen Schwitzschläuche. Systeme mit sogenannten Spaghetti's – also ganz dünnen, von einer Hauptleitung abzweigenden Schläuchen – eignen sich eher für Gärtnereien mit Einzeltopfbewässerung. Folienschläuche sind vorwiegend für Gemüsebeete sinnvoll.

Speziell wenn die Pflanzbeete eine unkonventionelle Form haben, bieten flexible Schläuche sehr viele Möglichkeiten. Schläuche, die nicht knicken, kann man S-förmig verlegen.

Der Abstand zwischen den Schlingen liegt bei einem halben bis einem Meter, so hauptsächlich große Pflanzen verwendet werden. Muß das System vom ersten Moment an allein die Bewässerung übernehmen, sollte die Abstände knapper bemessen werden, da sonst mit kleinen Ballen gepflanzte Bodendecker, die weit von der Wasserquelle entfernt sind, verdursten. Wenn aber, was empfehlenswert ist, mindestens die ersten 6–8 Wochen nach der Bepflanzung mit der Brause gegossen wird und alles einwurzeln kann, ist der genannte Abstand ausreichend. Im übrigen sollte man nicht schlagartig von Hand- auf automatische Bewässerung umschalten, sondern zumindest eine Gießkanne in der Nähe haben. Manche Pflanzen wurzeln nämlich langsamer ein als andere, besonders wenn die Struktur der Anzuchterde sehr viel anders als die der Beeterde ist. So können noch nach Wochen knochentrockene Topfballen in einem sonst gut feuchten Substrat stehen. Besonders bei Bodendeckern wie Kletterfeigen *(Ficus pumila)* muß man aufpassen und sie beim Pflanzen gut andrücken.

Wieviel Wasser brauchen die Pflanzen bei Tropfsystemen?

Da die Tropfschläuche gewöhnlich unter der aus Rinde oder Mineralbeton bestehenden Deckschicht liegen, häufig auch durch Bodendecker kaschiert sind, ist es schwierig, die Bodenfeuchte einzuschätzen. Die technisch einfachste Lösung ist, die Bewässerung einem Feuchtefühler (Tensiometer) zu überlassen. Über diesen wird ein automatisches Ventil (Magnetventil) zwischen Wasserleitung und Tropfschlauch bei Trockenheit geöffnet und bei ausreichender Feuchte wieder geschlossen. Ist ein Tensiometer erst einmal richtig eingestellt, hat man mit dem Gießen fast nichts mehr zu tun. Der Platz des Tensiofühlers sollte in der Nähe der am meisten Wasser brauchenden Pflanze sein, vorausgesetzt, die Erde ist gut drainiert.

Da sich der Wasserverbrauch im Lauf eines Sommers je nach der Wachstumsgeschwindigkeit der Pflanzen ändern kann, sollte das Anschlußkabel ausreichend lang und nicht fixiert sein, so daß man den Standort wechseln kann.

Die Installation von Magnetventil, Tensiofühler und meist notwendigem Druckreduzierer ist nicht schwierig. Wer mit der Gebrauchsanweisung nicht klarkommt, kennt zumindest jemand, dem das von der Hand geht. Der Vorteil der Methode ist, daß man selbst bei monatelanger Abwesenheit das Gießen der praktisch störungsfreien Anlage überlassen kann.

Anstaubewässerung

Die zweifellos raffinierteste, gleichzeitig aber auch teuerste Bewässerungsmethode in Wintergärten ist der Anstau. Während bei Tröpfchenbewässerung die Becken in aller Regel nicht geschlossen sind und meist nur über eine simple Kiesdrainage verfügen, sind beim Anstau die Becken unten dicht. Es müssen Revisionsschächte für Zu- und Ablauf vorhanden sein, eine Drainschicht zur leichten Wasserverteilung, darüber ein Vlies, dann das Substrat.

Außer, daß sämtliche Armaturen unsichtbar angebracht werden können, ist gegenüber der Tröpfchenbewässerung kein großer Vorteil erkennbar. Das System ist störungsanfälliger, es braucht viel länger, bis sich die Pflanzen aus dem Anstaureservoir versorgen können. Demzufolge muß nicht 6–8 Wochen wie bei der Tröpfchenbewässerung, sondern meist eine ganze Vegetationsperiode zusätzlich von oben gegossen werden.

Trotz der Nachteile des Anstaus findet man diese Methode sehr häufig. Das liegt wohl vor allem daran, daß weder Architekt noch Bauherr die preisgünstigere Tröpfchenbewässerung kennen. Zum anderen aber sind inzwischen viele Bauten, speziell Großbauten, nach unten durch Betonplatten versiegelt, oder der Wintergarten befindet sich in einem der oberen Stockwerke und hat keinen direkten Anschluß zum Untergrund. Dann bietet sich ein Anstau an. Die Methode näher zu beschreiben ist hier nicht weiter sinnvoll, ausgeführt werden kann sie nur durch Fachunternehmen. Mit Anlaufschwierigkeiten muß man rechnen.

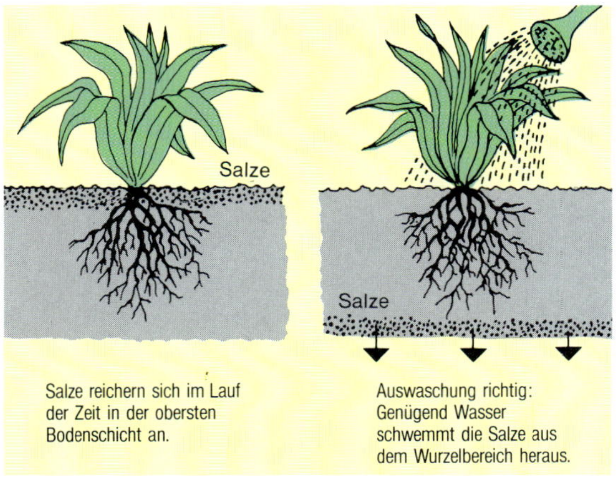

Beim Auswaschen darf auf keinen Fall gespart werden: Wird nur die Hälfte der benötigten Wassermenge gegossen, bleiben die schädlichen Salze genau in der Hauptwurzelzone hängen (siehe Text Seite 69).

Nachteile automatischer Bewässerungssysteme

Nun aber zu den Tücken der automatisierten Systeme. Wie bekommt man den Dünger dorthin, wo er gebraucht wird – an die Pflanzenwurzeln?

Bei der Tröpfchenbewässerung gibt es ziemlich preisgünstige Geräte, die man in die Zuleitung schließen kann. Sehr genau arbeiten sie nicht, was aber – so lange nicht über längere Zeit zuviel Dünger gegeben wird – vorläufig ohne Bedeutung ist. Bei der Anstaubewässerung kann man eigentlich nur über den Daumen gepeilt Flüssigdünger oder wasserlösliche Dünger in den Revisionsschacht für die Wasserkontrolle werfen, ohne zusätzliche Wasseruhr hat man ja meist keine Vorstellung, wieviel Wasser tatsächlich verbraucht wurde. Man kann also kaum gezielt dosieren.

Egal ob Tröpfchen- oder Anstaubewässerung, wer im Sommerhalbjahr monatlich etwa einmal, im Winterhalbjahr alle zwei bis drei Monate durchdringend mit der Brause gießt, kann mit diesem

Kompromiß alt werden. Wer das nicht tut, kann zwar auch alt werden, nicht aber die flachwurzelnden Pflanzen.

Das liegt an der Salzdynamik. Das Wasser ist Träger der Nährsalze. Nicht alles Wasser wird von den Wurzeln aufgenommen, ein guter Teil verdunstet an der Bodenoberfläche. Die Salze bleiben zurück. Wenn das länger so geht, sterben die flachen Wurzeln ab, weil sie aus dem stark salzhaltigen Oberflächenwasser kein nutzbares Wasser mehr entnehmen können. Über einen längeren Zeitraum bildet die Pflanze ein immer tieferes Wurzelgeflecht, bis sie nicht mehr kann. Dann stirbt sie wegen Trockenschäden ab, auch wenn uns der Boden feucht erscheint. Die Gefahr von Trockenschäden durch langsam zunehmenden Salzstreß zeigen die meisten Pflanzen durch immer kleiner werdende Blätter und vor allem durch braune Blattränder an. Im fortgeschrittenen Stadium hilft nur noch eines:

Auswaschen. Mit Schlauch und Brause (mit einer Gießkanne braucht man gar nicht anfangen) gießt man etwa so viel Wasser auf die Beete, wie die Hälfte der durchwurzelten Schicht ausmacht. Bei 60 cm Substrathöhe sind das 30 cm, also 300 Liter pro m^2. Dann ist das überschüssige Salz aus der Wurzelzone ausgewaschen.

Wer hier spart und denkt, 100 Liter pro m^2 reichen auch, ist selbst schuld, wenn er in den nächsten Tagen einen grausamen Herbst erlebt. Alle Pflanzen, auch die Immergrünen, verlieren fast schlagartig das gesamte Laub, die Blätter von Palmen und Palmenartigen werden von der Spitze her braun oder grau und vertrocknen sichtlich. Nur Agaven, Yuccas und anderen Sukkulenten sieht man vorläufig nichts an.

Durch die zu geringe Wassergabe hat man alle an der Bodenoberfläche auskristallierten Salze gelöst und in den Wurzelraum geschwemmt. Genausogut hätte man mit konzentriertem Meerwasser gießen können. Die Pflanzen können dann überhaupt kein Wasser mehr aufnehmen und stoßen deshalb alle Blätter ab. Nur Sukkulente, die auf eine dauernde Wasseraufnahme aus dem Boden nicht angewiesen sind, halten sowas aus. Zumal es in ihrer Heimat durchaus vorkommen kann, daß es zwei oder drei Jahre nicht regnet, der Effekt also derselbe ist.

Wenn man diese Zusammenhänge kennt und sowieso alle paar Wochen von oben wässern sollte, könnte man ja gleich mit billigem Blaukornvolldünger arbeiten und dann reichlich wässern. Ja, kann man, zwar ist die Ausnützung des Düngers nicht ganz so gut, demgegenüber aber der Vorteil, die Düngermenge aufs Gramm genau dosieren und auch einmal einzelne Pflanzen düngen zu können. Mit den teureren flüssigen oder voll wasserlöslichen Düngern kann man das natürlich auch, man verteilt hochkonzentrierte Nährstofflösung und braust nachher mit reichlich frischem Wasser ab.

Spurenelementmängel sind oft Folge ungeeigneten Gießwassers, falscher Erde oder unausgewogener Dünger. Besonders die ganzen *Citrus*-Gewächse sind sehr empfindlich. Hier fehlt Eisen und Mangan.

Gießwasserqualität

Schon bei der Düngung wurde angesprochen, daß die Qualität des Gießwassers nicht ohne Bedeutung ist. Jede Hausfrau weiß, ob ihr Wasser hart oder weich ist. Kalkablagerungen in Töpfen sprechen Bände, die Waschmittelzugabe muß entsprechend dosiert werden.

Das im Durchschnitt ideale Gießwasser hat eine Härte von 10 °dH, was im Sprachgebrauch als weich gilt. Regenwasser ist noch weicher, aber für viele Pflanzen zum Gießen nicht besser. (Die Wasserhärte kann man bei den Stadtwerken oder dem nächsten Wasserwerk erfragen).

Mit weichem Wasser gibt es gewöhnlich keine Probleme, höchstens bei ausgesprochen kalkliebenden Pflanzen aus dem Mittelmeergebiet oder dem südwestlichen Nordamerika.

Mit hartem Wasser ist das anders, viele Pflanzen reagieren schnell mit Blattaufhellungen aufgrund von relativem Spurenelementmangel (Chlorosen). Wasser kann man enthärten. Die üblichen Wasserenthärter (Ionenaustauscher) liefern aber kein gutes Gießwasser, über längere Zeit wird bei tonhaltigen Substraten die Bodenstruktur zerstört.

Folgendes kann man tun: Leitungswasser mit Regenwasser verschneiden oder abwechselnd mit dem einen und anderen gießen. Hausmacher-Methoden sind Torfbeutel, Abstehen lassen, einige Spritzer Essig – durchaus funktionsfähig. Professionell wird das Problem dadurch gelöst, daß man mit 1 cm^3 technischer Schwefelsäure auf 10 Liter Wasser die Wasserhärte um 7°dH reduziert. Die Zugabe erfolgt über den Düngermischer. Technische Schwefelsäure ist nichts, vor dem man erschrecken müßte, jeder hat diese Säure in seiner Autobatterie. Man sollte nur aufpassen, daß man sich nicht bekleckert.

PFLANZENSCHUTZ

Auch Kübel- und Wintergartenpflanzen sind nicht resistent gegen Krankheiten und Schädlinge. Während noch vor einigen Jahrzehnten viele fremdländische Arten als immun gegen unsere Krankheiten und Schädlinge galten, weil auch pflanzenspezifische Schadorganismen – da nicht mit eingeschleppt – fehlten, ist diese Zeit durch das Jet-Zeitalter mit vielfältigem Pflanzentausch beendet. Man kann jetzt nur noch von wenig, mäßig und stark anfälligen Pflanzen reden.

Das Problem bei südlichen Pflanzen sind vor allem Pilzkrankheiten. Soweit es sich bei den befallenen Arten nicht um Nutzpflanzen handelt, sind die spezifischen Krankheiten bei uns weitgehend unbekannt, trotz offensichtlicher Schäden läßt sich der Erreger oft auch in Universitätsinstituten nicht identifizieren. Eine gezielte Behandlung ist somit nicht möglich.

Im übrigen ist es interessant zu beobachten, daß die teilweise fachfremden Journalisten von Publikumszeitschriften immer eine Antwort parat haben, während die meist promovierten Berater der Gartenbaufachzeitschriften ganz oft passen müssen..

Unspezifische Schäden

Unspezifische Schäden können an allen Pflanzenteilen vorkommen. Erstrecken sie sich auf die ganze Pflanze und sind es keine Verbräunungen aufgrund von Frost oder Sonnenbrand, stimmt meistens im Bereich der Wurzel etwas nicht. Bei allgemeiner Welke oder wenn die Pflanze nicht austreiben will, topft man solche Pflanzen erst einmal aus und schaut sich das Wurzelwerk an. Ist es schwarz und leblos und läßt sich leicht abbröseln, liegt der Verdacht auf **Staunässe** nahe. Eine häufige Art von Staunässeschäden findet man bei Pflanzen, die mit zu feuchtem Boden eingeräumt wurden und wegen kühler oder dunkler Überwinterung das Überschußwasser mangels Laub nicht mehr verdunsten konnten. Oder man hat sie im Winterquartier zu oft und zu kräftig gegossen. Besonders bei wärmeliebenden Schmetterlingsblütlern wie *Cassia* sind solche Schäden häufig. Ähnliche Symptome findet man auch bei extremer Überdüngung. Solche Pflanzen sind oft nicht mehr zu retten.

Unspezifische Schäden zeichnen sich oft durch Gleichförmigkeit aus. Hier waren es jedoch wohl eher Thrips oder Spinnmilben

Sind die Wurzeln aber soweit in Ordnung, kann des Rätsels Lösung in einem unausgewogenen Nährstoffverhältnis im Substrat liegen. Sind absolut zuviel Nährstoff-Salze enthalten, äußert sich das durch absterbende Blattränder. Man sollte dann kräftig gießen und solange nicht mehr düngen, bis sich wieder ein gesunder Austrieb zeigt.

Sind die Blätter regelmäßig gefleckt, gelbstichig oder klein, handelt es sich zumeist um Spurenelementmangel. Dazu mehr im Kapitel Düngung und Wasserqualität. Oft ist das Wasser zu hart.

Kommen die Schäden nur an einzelnen Blättern oder Trieben vor, sind die Blätter vielleicht plötzlich gebuchtet oder wachsen Triebe krumm, kann eine mechanische Beschädigung während des früheren Wachstums schuld sein. Einzelne Zellen können sich, da sie abgestorben sind, nicht mehr teilen, weshalb es zu Verkrümmungen kommt. Manchmal sind längst vergessene Blattläuse am Neutrieb die Ursache.

Nicht vergessen darf man, daß auch der Komplex »Waldsterben« nicht spurlos an den Pflanzen vorbeigeht. Besonders in Ballungsgebieten werfen viele laubabwerfende Arten ihre Blätter immer früher. Bei Immergrünen kann es zu eigenartig gewölbten Blättern und anderen, zumeist arttypischen Eigenheiten kommen.

Tierische Schädlinge

In Anbetracht des neuen Pflanzenschutzgesetzes kann man sich dieses Kapitel eigentlich sparen. Seit es mit der Selbstbedienung zu Ende ist und Pflanzenschutzmittel nur noch vom Fachverkäufer abgegeben werden dürfen, sollte man sich dort beraten lassen. Die wichtigsten Schädlinge sind bei allen Pflanzen gleich, und sollte doch einmal ein Exot darunter sein, läßt er sich ebenso wie die entsprechenden einheimischen Verwandten bekämpfen.

Man sollte sich aber bei Spritzmitteln gegen tierische Schädlinge immer nur die kleinste Packung kaufen, dafür jedoch 2 oder 3 gegen dieselben Schädlinge wirkende Mittel auf Lager haben und bei jeder Spritzung ein anderes Mittel verwenden. So verhindert man, daß sich Resistenzen entwickeln.

Gerade Weiße Fliegen und Blattläuse sind inzwischen schon gegen viele Wirkstoffe resistent, so daß man sie durch wiederholte Anwendung desselben Mittels nicht wegbekommt.

In Wintergärten sollte man mit Gift möglichst nicht hantieren. Ungeachtet dessen gedeihen hier die Schädlinge viel besser als draußen. Entweder entschließt man sich hier für Produkte, die für Warmblütler nicht giftig sind oder man akzeptiert einen gewissen Schädlingsbefall und arbeitet rein biologisch. Raubmilben gegen Spinnmilben, Schlupfwespen gegen Weiße Fliege, Florfliegen gegen Blattläuse – die entsprechenden Gutscheine bzw. Packungen einer Firma kann man sich überall kaufen, wo es Pflanzenschutzmittel gibt. Dort gibt es auch Gelbtafeln gegen verschiedene Mücken sowie Weiße Fliegen und *Bacillus thuringiensis*-Präparate gegen Raupen.

In vielen Wintergärten müssen die *Nützlinge* allerdings jedes Jahr eingesetzt werden, da sie zur Überwinterung annähernd Wohnraumtemperatur brauchen. Selbstverständlich kann man auch versuchen, die Schädlinge und die Nützlinge mit Hilfe der Zimmerpflanzen über den Winter zu bringen, wobei die Betonung auf Schädling liegt. Sonst hat der Nützling nämlich nichts zu verspeisen.

Nun aber zum Hauptproblem der Wintergartenbesitzer, den Schildläusen. Glücklicherweise sitzen sie fast nur auf hartblättrigen Gehölzen. Entweder spritzt man – aber nur die betroffenen Pflanzen – oder man arbeitet mit den in jedem Blumengeschäft erhältlichen **Pflanzenpflegesprays.**

Unter diesen aus rein pflanzlichen Ölen bestehenden Sprays ersticken auch die Eier aller anderen Schädlinge zu fast 100 %. Leider auch die der Nützlinge, so daß man mit Pflanzenpflegespray wirklich nur an Hartlaubgewächse herangehen soll oder an laubabwerfende Pflanzen ohne Laub. Dies um so mehr, als einige weichlaubige Pflanzen diese Öle nicht vertragen. Entsprechendes gilt für Spritzmittel wie Sommeröl.

Pilzkrankheiten und pilztötende Mittel (Fungizide)

Außer Echtem Mehltau und Grauschimmel, auch Sternrußtau infolge Blattlausbefalls, sind die meisten Pilzkrankheiten auch erfahrenen Pflanzenliebhabern nicht vertraut. Daß dunkle oder helle Flecken auf den Blättern, Absterben von Triebteilen, ganzen Trieben oder gar Pflanzen, oft auffällig rot aus der Rinde brechenden Sporenlagern auf eine Pilzkrankheit hinweisen, ist klar. Um welche, ist gewöhnlich unbekannt, speziell wenn es sich um nicht winterharte, exotische Pflanzen handelt.

Das Gebiet ist zu umfassend, um es hier überhaupt nur anschneiden zu wollen. Es bleibt also nur die Möglichkeit, stark befallene Pflanzenteile zu entfernen und/oder mit der »Schrotschuß-Methode« vor-

Links: Schildläuse findet man meist nur auf Hartlaubpflanzen. Wiederholte Mineralölspritzungen oder häufiger Einsatz von Blattglanzspray machen ihnen mittelfristig den Garaus.

Mitte: Rußtau ist ein sicheres Zeichen für Blattsauger.

Rechts: Die Weiße Fliege ist wegen ihrer vielfältigen Resistenzen und schweren Bekämpfbarkeit zur Zeit wohl der Feind Nr. 1 der Zierpflanzengärtner.

Fast krankheitsfreie und wenig schädlingsanfällige Pflanzen

Acacia-Arten	*Carpobrotus*	*Gelsemium*	*Phyllostachys*-Arten
Acca sellowiana	*Casuarina equisetifolia*	*Grevillea robusta platycladum*	*Pistacia lentiscus*
Agapanthus	*Ceratonia siliqua*		*Pittosporum*-Arten
Agave-Arten	*Ceratostigma*	*Jasminum*-Arten	*Plumbago*
Aloë-Arten	*Clerodendrum bungei*	*Lagenaria patersonii*	*Podranea*
Anemopaegma chamberlaynii	*Colletia cruciata*	*Laurus nobilis*	*Polygala*
	Cordyline-Arten	*Luma apiculata*	*Poncirus trifoliata*
Araujia	*Correa*	*Mackaya*	*Pseudosasa japonica*
Arbutus-Arten	*Corokia*-Arten	*Mahonia*-Arten	*Punica granatum*
Aucuba japonica	*Cupressus*-Arten	*Metrosideros excelsa*	*Rhaphiolepis*-Arten
Azara-Arten	*Cycas*-Arten	*Nandina domestica*	*Rosmarinus*
Beschorneria	*Cyperus papyrus*	*Olea europaea*	*Russelia*
Bignonia capreolata	*Dasylirion*-Arten	*Opuntia*	*Schinus*-Arten
Bougainvillea	*Dicksonia antarctica*	*Osmanthus*-Arten	*Sophora tetraptera*
Calliandra-Arten	*Eucalyptus*-Arten	*Passiflora diverse*-Arten	*Tibouchina*
Callistemon-Arten	*Fremontodendron*	Palmen (diverse Arten)	*Trachelospermum*-Arten
Capparis	*Hibbertia Scandens*	*Phormium tenax*	*Viburnum tinus*
Carissa	*Homalocladium*	*Phaedranthus*	*Yucca*-Arten

zugehen: Man nimmt ein breitwirksames Mittel und hofft, daß es hilft. Welche Mittel im Moment gerade zugelassen sind, weiß der Fachhandel. Namen zu nennen hat wenig Sinn, bis dieses Buch im Handel ist, stimmt schon die Hälfte nicht mehr. Pflanzenschutzmittel-Empfehlungen sind äußerst kurzlebig.

Trotzdem noch zwei Tips. Pflanzen, die unter ungünstigen Umständen überwintert werden müssen, sei es im kühlen feuchten Keller oder dicht an dicht, sollten, soweit man sie nicht radikal zurückschneiden kann, im Herbst mehrfach gegen Grauschimmel gespritzt werden. Auch hier empfiehlt es sich, verschiedene Mittel zu verwenden. Oft ist es aber besser, rigoros zurückzuschneiden und alles Fallaub ständig zu entfernen.

Der Standardsatz, daß Winterquartiere gut belüftet sein müssen – sie sind es oft nicht – hat den Grauschimmel als Ursprung. Man glaubt es kaum, aber er kann auch dicke, verholzte Triebe zum Absterben bringen.

Ein ganzer Komplex sind die sogenannten Bodenpilze. Sie sind dafür zuständig, daß Sämlinge plötzlich umfallen (Umfallkrankheit, Schwarzbeinigkeit), sie können aber auch Solitärpflanzen umbringen, speziell wenn diese zu naß stehen. Vor der Überwinterung – wenn der Winterstandort ungünstig ist – hilft hier nur eine vorbeugende Behandlung, zumal man die Mittel meist gießt und sie in die Pflanze eindringen müssen, um sie wirksam schützen zu können. Leider sind die Bodenpilze nicht so nahe miteinander verwandt, daß man mit einem Mittel auskommt. Auf jeden Fall braucht man ein sogenanntes systemisches Pflanzenschutzpräparat gegen die Gruppe der **Falschen Mehltaupilze**, zum zweiten eines gegen **Halmbruchkrankheiten**.

Letztere, im Getreidebau weit verbreitet, gibt es am Privatkunden-Pflanzenschutzmitteltresen nicht, da sie aus finanziellen Gründen für den Gartenbau nicht zugelassen sind. (Eine Pflanzenschutzmittelzulassung ist extrem teuer.) Man erhält sie in jedem landwirtschaftlichen Lagerhaus (BayWa, Raiffeisen usw.). Allerdings gibt es nur Großpackungen.

Eriobotrya-Schorf braucht zur Verbreitung tropfbar flüssiges Wasser, kann deshalb im Wintergarten kaum auftreten. Im Freien ruiniert er eine Pflanze in kürzester Zeit, wenn nicht mit einem Rosenspritzmittel gegen ihn angegangen wird.

RUND UM DIE PFLANZGEFÄSSE

Ähnlich dem Rahmen eines Bildes vermag ein dekorativer Kübel einer schönen Pflanze den letzten »Pfiff« zu verleihen – Töpfe aus Terracotta, Eichenholz, chinesischer Keramik oder gar Gußeisen locken den Gartenliebhaber. Doch nicht immer gestattet der Geldbeutel die optimale Lösung – kann doch gerade ein Topf für größere Pflanzen weit mehr kosten als die Pflanze selbst.

Es muß nicht immer teuer sein

Vorerst einige preisgünstige Möglichkeiten. In der Regel werden Kübelpflanzen im **Plastikcontainer** geliefert. Nachteilig sind hier das geringe Gewicht – die Kübel werden vom Wind schnell umgeworfen –, die auf der Sonnenseite rasch zu hohen Temperaturen im Wurzelbereich – wir haben im Randbereich von schwarzen Plastikcontainern bereits über 60 °C gemessen –, und die Gefahr des Übergießens im Winter – die Kübelwände verdunsten kein Wasser. Auf der anderen Seite muß man jedoch im Sommer weit seltener wässern als bei porösen Tontöpfen. Mit einigen simplen und billigen Methoden kann man jedoch zwei Nachteile auf einmal bannen: die Verbrennungsgefahr im Wurzelbereich und das vergleichsweise unschöne Aussehen der Plastiktöpfe verschwinden durch herabhängende Ampelpflanzen. Neben vielen Einjährigen wie *Sanvitalia, Lobelia* oder *Plectranthus* eignen sich hier ausdauernde Hängepflanzen wie Efeu oder Immergrün, *Lantana montevidensis, Abutilon megapotamicum, Ficus pumila* oder Tradescantien.

Man kann auch die Töpfe mit passend zugeschnittenen Strohmatten kaschieren, oder, gar nicht dumm, anstreichen. Nur sollte man nachfragen, ob die Farbe auf Kunststoffkübeln (meist aus Polyethylen, PE) hält.

Viele Kübelpflanzen werden inzwischen in von uns »Pseudoterracotta« getauften Töpfen angeboten, das sind Plastikkübel in Terracottaform und in Terracottafarbe – auch keine schlechte Lösung.

Pflanzenliebhaber mit einer Vielzahl von Töpfen können die größeren Kübel durch davor gestellte kleinere Töpfe geschickt verstecken, so sind die unschönen Plastiktöpfe kaum mehr zu sehen.

Klassisch schön: Ton

Wer dazu neigt, seine Pflanzen eher zu viel zu gießen, wird besser Tontöpfe wählen – überschüssiges Wasser verdunstet durch die Topfwände. Nimmt man mit industriell gefertigten Terracotta-Töpfen vorlieb, kommt man relativ preisgünstig davon. Am stilvollsten sind hier die völlig unverzierten Stücke, bei

Ostasiatische Terrakotta in gedeckten Farben wirkt nie aufdringlich. Falls auch der Boden glasiert ist, muß meist ein Abzugsloch gebohrt oder sehr, sehr vorsichtig gegossen werden.

Für Liebhaber mediterranen Flairs ein gewohnter Anblick – die Pflanzgefäße der Südländer.

den aufwendigen Verzierungen fallen Unsauberkeiten beim maschinellen Pressen zu sehr ins Auge. Töpfe mit annähernd senkrechten Wänden stehen vor allem auf zugigen Balkons oder Terrassen wesentlich stabiler als unten konisch zulaufende.

Topft man in üblichen Containern gezogene Pflanzen in gängige, konisch zulaufende »Florentiner«-Terracotta, gibt es entweder Probleme mit dem (Wurzel-)Ballen oder man muß zu sehr großen Kübeln greifen, die dann schnell teurer werden können als die Pflanze selbst.

Noch stilvoller als gepreßte Massenware ist natürlich handgeformte Terracotta, selbstredend auch viel teurer. Hier sind besonders die viereckigen Töpfe hervorzuheben, gerade bei schmalen Balkonen und Terrassen lassen sie sich, wenn nur schlanke Pflanzen drin wachsen, leichter unterbringen. Außerdem sind sie sehr standfest.

Tontöpfe haben einige Schattenseiten. Häßliche Kalkablagerungen lassen sich nur mit viel Mühe und Essig oder anderen milden Säuren abschrubben und kehren doch bald wieder. Viele sehr »durstige« Kübelpflanzen wie Engelstrompeten oder Hammersträucher sind im Sommer kaum feucht zu halten. Hier verwendet man Terracotta am besten nur als Übertöpfe für die weiterhin in Plastikcontainern stehenden Pflanzen.

Und nicht zuletzt – Ton bricht leicht. Wer nach einem Sturm oder nach Frost einmal die Terracotta auf seiner Terrasse inspiziert hat, kann ein Lied davon singen. Ist der Topf jedoch nicht in tausend Scherben zersprungen – meist bricht er in wenige, große Stücke –, kann mit etwas handwerklichem Geschick, einem starken Seil und Spezialklebern Abhilfe geschaffen werden.

Die beste Verbindung bringen Zweikomponentenkleber, man muß nur zuvor die Gebrauchsanweisung lesen. Nach dem Kleben und Zusammensetzen der Bruchstücke wird der Topf mit Hilfe eines Seiles oder Drahtes zusammengepreßt. Bei kleinen Gefäßen tun Einweckgummis gute Dienste. Kleber-Reste, die herausquellen, werden gleich abgewischt. Am Schluß glättet man die reparierten Brüche mit Sandpapier. Bei glasierten Töpfen klappt das weniger gut, meist bleiben Narben.

Glasierte Keramik

birgt die Gefahr des Vernässens, die Topfwände sind wasserundurchlässig, gewöhnlich ist auch kein Loch im Topfboden. Als Übertopf verwendet ist das kaum ein Problem, wenn die Pflanze alle 2 Wochen zur Kontrolle herausgehoben wird. Nicht nur im Winter sind die Pflanzen gegen im Übertopf stehendes Wasser sehr empfindlich! Wird die Pflanze direkt in einen glasierten Topf gesetzt, sollte man unbedingt vorher ein Loch, bei sehr großen Töpfen auch mehrere Löcher, bohren. Bei unten nicht glasierten Böden beginnt man mit kleinen Bohrergrößen und wechselt nach und nach zu der gewünschten Lochgröße, damit der Topf nicht springt. Ist der Topf unten auch glasiert, muß man die Glasur mit einem Nagel oder Körner durch ganz zarte Hammerschläge »ankratzen«, sonst rutscht man ab.

Ornamentale Töpfe, durch verschiedene Beimengungen oder Tonarten mit Drachenmustern und ähnlichem versehen, sind schwierig zu bepflanzen. Am ehesten eignen sich Bambus oder andere immergrüne Ostasiaten wie *Fatsia* und *Aucuba*, auf keinen Fall aber aufdringliche Blütenpflanzen.

Eternittröge und Gußeisenkübel

Die heute ohne gesundheitsschädliche Asbestfasern hergestellten Eternitgefäße zeichnen sich vor allem durch eine enorm lange Lebensdauer aus. Mausgraue Tröge kaschiert man entweder – wie bei Plastiktöpfen – mit herunterhängenden Pflanzen oder man bestellt sich Kübel in Grün, Gelb oder Braun.

Selten und exclusiv sind Gußeisenkübel – oft Einzelanfertigungen. Sie finden vor allem im öffentlichen Grün in Fußgängerzonen oder Schloßparks Verwendung. Diese diebstahlssicheren Gefäße sind ebenso für Cafés oder vor Geschäftseingängen sinnvoll. So schön nostalgisch sie sind, erfordern sie doch ein ganz modernes, gut ausgestattetes Bankkonto.

Kübel mit Wasserspeicher

gibt es in den verschiedensten Designs und mit unterschiedlichen Systemen zur Wasserspeicherung. Eines gemeinsam haben jedoch alle: sie sind teuer. Praktisch sind diese Kübel vor allem dann, wenn man wenig Zeit hat oder öfter verreisen muß. Es gibt

Rechts: Eine Europalette mit untergeschraubten Möbelrollen – damit lassen sich auch schwerste Kübelpflanzen transportieren.

Gegenüberliegende Seite: Stilvolle Pflanzgefäße, vor allem aus Terracotta, geben Kübelpflanzen oft erst den gewissen Pfiff.

keine Probleme mit herauslaufendem Drainwasser oder der Suche nach ausreichend großen Untersetzern – nicht zu unterschätzende Vorteile vor allem in Wintergärten mit empfindlichem Bodenbelag oder Möbeln, die nicht direkt im Wasser stehen sollten.

Holzkübel

gehören zu den fast idealen Pflanzgefäßen – sie sind nahezu unzerbrechlich und schön anzusehen. Allerdings verrottet nach einigen Jahren der Boden. Sehr schön sind vom Schreiner gefertigte oder selbst gebaute viereckige Holztröge, wie man sie zum Beispiel in den Herrenhäuser Gärten in Hannover finden kann. Sie stehen auf Füßen, der Boden bleibt trocken und hält deshalb viel länger.

Tricks zum Transport schwerer Kübelpflanzen

Sind keine Treppen im Wege, geht's noch relativ einfach. Um die Reibung beim ziehen zu vermindern und um – gerade bei Kübeln ohne Henkel – einen Angriffspunkt zu haben, wird der Topf unterlegt. Auf rauhen und glatten Flächen gleichermaßen praktisch ist beispielsweise ein sehr stabiler Karton. Man zerlegt den Karton zu einer flachen Platte und rollt ein Ende zu einem stabilen Griff zusammen. Auf das andere Ende wird der Kübel gestellt. Man kann auch einen alten Sack nehmen.

Unten: Muß denn immer alles geschniegelt aussehen? Ein Schläfchen wäre oft gesünder. In puncto Lebensart gehört Mitteleuropa sicher zu den Entwicklungsländern.

Ein weiterer Trick: einige stabile Rollen unter den Topf gelegt, eine Rolle zusätzlich vor dem Topf und los kann es gehen. Bei Kurven werden die Rollen fächerartig gelegt.

Bei Holzkübeln können stabile Laufrollen daruntergeschraubt werden. Mit Rollen läßt sich auch eine dicke Platte zum Transportkarren (siehe Bild oben) aufrüsten. Für ganz schwere Pflanzen fertigt man jeweils ein Exemplar an, das dauernd drunter bleiben kann.

Bei mehreren schweren Kübelpflanzen kann sich die Anschaffung eines Sackkarrens lohnen, besonders bei Treppen, da wird's schwierig. Legt man zwei Bohlen über die Stufen, muß man auf jeden Fall die Kübel vorm Abrutschen sichern, am besten arbeitet man zu zweit. Es gibt auch Sackkarren, die Treppen »steigen« können – sie haben drei Paar Räder. Sie sind teuer und stehen meist nur in der Gegend rum. Ein 10- oder 20-DM-Schein, ein kräftiger Hausmeister, Postbote oder Nachbar sind preisgünstiger.

Einen sehr banalen, aber doch wichtigen Tip am Schluß: Einige Tage oder sogar Wochen vor dem Umräumen nicht mehr gießen! Wasser ist schwer!

Am Ende der »Praktischen Pflege von Kübelpflanzen« ein Gedanke, der uns oft beim Schlendern durch südliche Orte und Landschaften beschleicht: Wie oft vergessen wir arbeitsamen Mitteleuropäer, mit den südlichen Pflanzen auch ein wenig **südliche Mentalität** mit heimzubringen – das würde uns sicher nicht abträglich sein.

BEGRÜNUNG VON WINTER-GÄRTEN

Kübelpflanzenbesitzer mit eigenem Heim werden meist mittelfristig zu Wintergartenbesitzern. Erst mit einem Wintergarten oder Solarhaus kann man die Palette ausschöpfen – viele Kübelpflanzen haben ihre Höhepunkte zu Zeiten, wo sie nicht mehr oder noch nicht ins Freie gestellt werden können.

TECHNIK UND PFLANZEN

Wer sich einen Wintergarten einrichten will und Beratung vom Fachmann wünscht, wird oft Schwierigkeiten haben – ganz gleich, ob er einen Hochbau- oder Gartenarchitekten anspricht. Noch ist das Wissen um Wintergärten und speziell deren Bepflanzung sehr gering, kaum ein Architekt kann von »Erfahrung« reden. Er kann höchstens in irgendwelchen »schlauen Büchern« nachschauen. Das ist für ihn ein neues Gebiet, oft verliert er den Blick für das Wesentliche. Die Konstruktion von Wintergärten ist zwar nicht unser Aufgabengebiet, trotzdem ein Beispiel:

Schattierung im Wintergarten?

Es ist immer wieder amüsant, wenn man Wintergärten mit Innenschattierungen sieht. Auf die Frage nach deren Sinn erhält man regelmäßig die Antwort: »Damit die Pflanzen nicht verbrennen.« Wenn man bedenkt, daß Schattierungen in aller Regel das Mehrfache der unter ihnen stehenden Pflanzen kosten, soll das schon ein paar Zeilen wert sein.

Daß in einem (ungeheizten!) Solarhaus Bananen gedeihen, mag man nicht glauben. Mit gutem Winterschutz über dem Wurzelstock kommt die Japanische Faserbanane (*Musa barjoo*) jedoch über den Winter, der erfrorene Blattschopf wird im Frühjahr rasch ersetzt.

Viele Wintergarten-Hersteller wissen besser als die Gärtner, wie sie ihr Geld verdienen. Solange es um die Pflanzen im Sommer geht, ist jedoch eine Schattierung völlig überflüssig. Es sei denn, man möchte schattenliebende Pflanzen ziehen – beispielsweise Zimmerpflanzen aus dem tropischen Unterholz.

Viele mögen jetzt irritiert den Kopf schütteln, wenn es hier heißt, daß der Sinn einer Schattierung vor allem darin besteht, die Energieabgabe von innen nach außen zu bremsen. Die Schattierung sei deshalb vor allem in Winternächten zu schließen. Fast alle modernen Gärtnereien haben solche Vorrichtungen, man nennt das dann »Energieschirm«.

Wieso die geschäftstüchtigen Wintergarten-Verkäufer mit dem Schattierungsmärchen noch durchkommen, ist ein Rätsel. Fast jeder Wintergarten-Besitzer fährt gerne in den Süden, läßt sich in der viel intensiver strahlenden Sonne bräunen und bewundert gleichzeitig die vorzüglich gedeihenden Pflanzen. Schattiert wird nur für den Urlauber, nicht für die Pflanzen.

Im übrigen soll hier mit der Legende aufgeräumt werden, man könne mit einer Innenschattierung die Temperaturen merklich senken. Das stimmt nicht, dazu braucht man eine Außenschattierung. Diese ist aber viel teurer und störanfällig.

Ganz grundsätzlich muß die Temperatur im Wintergarten mit einer ausreichend bemessenen **Lüftung** niedrig gehalten werden. Wird's trotz offener Lüftung im Sommer zu heiß, ist bei der Lüftungs-Planung geschlampt worden! Dann hilft nur noch ein Ventilator.

PRAXIS DER WINTERGARTEN-BEPFLANZUNG

Wer die vorigen Kapitel gelesen hat, kennt die Hintergründe. Hier noch einmal das wichtigste in Steckbriefform. Wir haben das aus unserer täglichen Praxis mit der Begrünung von Wintergärten herausgefiltert.

Neben Licht und Temperatur schränken weitere Faktoren die Pflanzenauswahl ein: die Qualität des Gießwassers, der Zeitaufwand, den der zukünftige Besitzer in die Pflege zu investieren bereit ist, und nicht zuletzt der Preis der Bepflanzung. Gleichwohl, für die Pflanzplanung sind diese Faktoren vorläufig zweitrangig. Bei konventionellen Glasanbauten ist in der Regel das Licht nicht der begrenzende Faktor, einschränkend wirkt vor allem die zukünftige Temperatur. Wesentlich ist die niedrigste Bodentemperatur im kältesten Eck im Winter und die höchste Temperatur im First im Sommer.

Selbstverständlich ist auch die Durchschnittstemperatur während jeder Jahreszeit wichtig. Über einen günstig angebrachten Temperaturfühler läßt sich nur die Durchschnittstemperatur steuern, nicht aber die Minima und Maxima in den äußersten ecken des Glasanbaues. Ungünstig angebrachte Temperaturfühler können Temperaturunterschiede von über 10 °C in einem Wintergarten verursachen. Diese können nicht nur im Winter aufgrund von Frost verheerend wirken, sondern vor allem auch im Sommer, da oft die Lüftungswirkung nicht ausreicht. Die Lüftung – am besten unterstützt durch eine Zwangsentlüftung – ist ein Punkt, an dem kein Bauherr sparen sollte, lieber läßt er die in der Regel unnötige Schattierung weg.

Vereinfachend kann man temperaturbezogen bei Glashauspflanzungen drei Typen unterscheiden:

- der ungeheizte Glasanbau (zumeist Solarhaus)
- der (sicher) gerade frostfreie Wintergarten
- der ständig warme Glasanbau (Durchschnittstemperatur im Winter nachts nicht unter 15 °C, kurzzeitige Minimaltemperaturen nicht unter 10 °C).

Von erheblicher Bedeutung ist, ob die Pflanzen im Kübel stehen oder ausgepflanzt werden (Bodentemperatur!).

Der ungeheizte Glasanbau

Vorläufig noch ziemlich selten, dafür aber zumeist großflächig projektiert, ist das ungeheizte Glashaus. Je nach Anbau bzw. Einbau in den Baukörper sind die für das Pflanzenwachstum entscheidenden Temperaturen sehr verschieden. Im Extremfall können sie bei ungünstig gelegenen Wintergärten im Winter bis unter die Außentemperatur fallen, andere ungeheizte Glasanbauten, beispielsweise überdachte Innenhöfe, sind dagegen meist frostfrei.

Falls es nicht möglich ist, mit Hilfe eines Mini-Max-Thermometers die Temperaturen im unbepflanzten Glasanbau in Beziehung zu den Außentemperaturen zu setzen, sollte man kein Risiko eingehen. Je ungeschützter der Standort des ungeheizten Glasanbaues ist, desto eher sollte auf winterharte Gehölze zurückgegriffen werden. Allerdings sollte man sich dabei nicht auf das Angebot des nächsten Gartencenters beschränken, sondern besser eine gut sortierte Baumschule zu Rate ziehen. Da viele seltene Gehölze, unter anderem auch verschiedene Bambusarten, von der Witterung unbeeinflußt unter Glas sehr viel besser gedeihen als im Freien, ist deshalb in Glasanbauten durchaus eine exotische Atmosphäre machbar, wie man sie sich im Freien nicht vorstellen kann.

Bei Glasanbauten, die an einen noch unbewohnten Neubau angeschlossen sind, ist zu berücksichtigen, daß sich das Wintergartenklima nach dem Einzug durch die Wünsche der Bewohner sehr schnell ändern kann. Aus manchem »ungeheizten Solarhaus« ist dann rasch ein zimmerwarmer Wintergarten geworden.

Ostasiatische oder mediterrane Bepflanzung

Ist bei ungeheizten Glasanbauten damit zu rechnen, daß die Minimaltemperaturen im Winter wesentlich über den Außentemperaturen liegen, kann man auf zwei weitere Gehölzgruppen zurückgreifen. Für weniger sonnige Lagen empfehlen sich hier vor allem die ostasiatischen Immergrünen wie *Aucuba, Fatsia*, die Hanfpalme *(Trachycarpus)* oder gar Kamelien. Ist der Standort vollsonnig, gedeihen Pflanzen des Mittelmeerraumes besser. Als laubabwerfende Glashausbäume seien hier vor allem Feige und Lagerstroemie genannt, als immergrüne die Olive. Wichtige immergrüne Büsche sind beispielsweise der Mastixstrauch *(Pistacia lentiscus)*, Lorbeer, der Mittelmeerschneeball *(Viburnum tinus)* oder auch der Oleander. Hier gedeiht auch die Zwergpalme *(Chamaerops humilis)* vorzüglich.

Der gerade frostfreie Wintergarten

Der Übergang zum gerade frostfreien Wintergarten – Temperaturen bis –5 °C werden von den Pflanzen kurzzeitig überstanden – kann durch drei andere, im folgenden beschriebene Alternativen abgedeckt werden. Ebenso vorzüglich gedeihen hier auch die oben aufgeführten Bepflanzungen für den nicht frostfreien Glasanbau. Die Auswahl der geeigneten Pflanzen nimmt bei einem mit Sicherheit frostfreien Wintergarten zu.

Trockensteppenpflanzung

Nicht ganz billig, aber völlig problemlos im Unterhalt, läßt sich hier eine Trockensteppenpflanzung, wie man sie – in Natura – in den südlichen USA und Nordmexiko findet, installieren. Pflanzungen dieser Art sind geprägt von Palmen wie *Washingtonia*, verschiedenen, auch stammbildenden *Yucca*-Arten *(Y. aloifolia, Y. gloriosa)*, von Kakteen und anderen Sukkulenten. Die Verwendung von Steinen, Nagelfluh oder Mineralbeton ist obligatorisch. Pflanzungen dieser Art empfehlen sich vor allem dort, wo kei-

Stellen sie sich die Gretchenfrage: »Möchte ich in diesem Wintergarten leben?« Es sei jedem vergönnt, die Plattenfugen mit der Zahnbürste zu säubern oder die Stühle akkurat aufzustellen. Was soll dann aber die blühende *Datura* im Hintergrund, die jeden Tag -zig Blüten und Blätter wirft, die im Winter ständig rieselnde Akazie über dem Sitzplatz und die hier makellos abgestaubte Wollmispel?

ne sachverständige Pflege gewährleistet ist, die Temperaturen schlecht eingeschätzt werden können, aufgrund nicht ausreichender Lüftung im Sommer mit Hitzestaus gerechnet werden muß oder wo ein ganzjährig gleichmäßig attraktives Bild geschaffen werden soll. Nicht empfehlenswert ist diese klassisch schöne Gestaltung, wenn Kleinkinder im Haushalt leben. Einige wesentliche Arten *(Yucca, Agave)* sind verletzungsträchtig.

Australpflanzung

Die zweite für diesen Temperaturbereich geeignete Alternative läßt sich als Australpflanzung klassifizieren, hier passen auch – aufgrund der nahen Verwandtschaft – etliche Vertreter der südafrikanischen Pflanzenwelt dazu, selbst einige Südamerikaner aus dem Regenschatten der Anden.

Für das Gedeihen dieser Arten sind drei Voraussetzungen zu beachten. Mit Ausnahme einiger Schmetterlingsblütler sind sie zumeist kalkfliehend, vertragen also auf Dauer kein hartes Gießwasser. Zum zweiten dürfen sie bei niederen Temperaturen im Winter keinesfalls zu naß stehen, sonst werden die Wurzeln krank.

Zum dritten sind die Pflanzen höchst lichtbedürftig. Mit manchen Glasarten wird man daher kein Glück haben.

Obwohl Pflanzungen dieser Art in der Pflege nicht ganz einfach sind und deshalb nur bei Pflanzenliebhabern angelegt werden sollten, werden sie wegen ihres Blütenreichtums und ihrer geringen Schädlingsanfälligkeit doch sehr geschätzt. Diese Pflanzungen müssen genau geplant sein, die meisten geeigneten Arten würden ein späteres Umsetzen schnell krummnehmen. Sie sind empfindlich gegen Wurzelverluste.

Pflanzen tropischer Hochlagen

Ist der Glasanbau im Winter zwar kalt, aber sicher frostfrei, bieten sich zahlreiche weitere Pflanzkombinationen an. Unter anderem können fast alle Pflanzen tropischer Hochlagen mit ausgesprochenem Tageszeitenklima gepflanzt werden. In diesem Fall wichtigste Familie sind die Nachtschattengewächse, gleichfalls verschiedene Passionsblumen. Pflanzungen mit Vertretern dieser Gattungen sind überaus beliebt, weil sie preisgünstig sind und in einer Vegetationsperiode »dicht« machen. Die Blütenfülle ist garantiert.
Im ersten Winter, spätestens aber während der zweiten Vegetationsperiode, kommt das böse Erwachen. Der Arbeitsanfall wird riesig. Düngung und Bewässerung bekommt man mit technischen Mitteln noch in den Griff, Ärger macht vor allem der Zwang zu ständigem Schnitt und ständigem Pflanzenschutz.

Neben dem technischen Aufwand ist noch viel Zeit zur Reinigung (abgefallene Blüten und Früchte, gelbe Blätter) anzusetzen. Im Winter verlieren die meisten geeigneten Arten fast das ganze Laub.

Der ständig warme Glasanbau

Steigen die Minimal- und Durchschnittstemperaturen im Winter auf 10°C oder darüber, verändert sich das zur Bepflanzung des Glasanbaues geeignete Sortiment ganz erheblich.

Während ein Großteil der bisher genannten Pflanzen weniger geeignet ist, sei es, weil sie eine Ruhepause brauchen, oder weil zum Blütenansatz niedere Temperaturen erforderlich sind, kann man jetzt schon viele Pflanzen tropischen Ursprungs verwenden. Leitpflanzen des warmen Glasanbaues können nun Bananen oder großblumige *Bougainvillea* sein, auch Papyrus ist für diese Bereiche ganz vorzüglich geeignet. Mangel an Begleitpflanzen besteht nicht, da bei Temperaturen ständig über 10 °C viele typische Zimmerpflanzen gedeihen. Je höher die winterlichen Durchschnitts- bzw. Minimaltemperaturen sind, desto eher ist man – bei Zimmerpflanzen – auf eine Schattierung angewiesen.

Die handelsüblichen Tropenpflanzen stammen nämlich sehr oft aus dem Unterholz der Urwälder, gleichfalls ist in ihrer Heimat aufgrund der hohen Luftfeuchte die Einstrahlung wesentlich geringer als in den trockenen Subtropen. Fast alle tropischen Pflanzen ertragen nur vergleichsweise geringe Temperatur- und Belichtungsschwankungen, was man bei der Klimatisierung des Glasanbaues unbedingt berücksichtigen sollte.

In Anbetracht der zahllosen Klimavariationen gibt es kein Standardrezept für eine erfolgreiche Wintergartenbepflanzung. Auch bei bester Vorbereitung muß man mit einem gewissen Ausfall rechnen.

Ein Glasanbau zum Wohnen. Die Konstruktion läßt jedoch vermuten, daß dieser Pflanzenliebhaber im Winter erheblichen Ärger mit Kondenswasser bekommen wird.

Hält man *Bougainvillea* in einem ständig warmen Wintergarten, kommen manche Sorten nicht mehr zur Blüte.

FALLBEISPIELE WINTERGÄRTEN

1. Ein ungeheizter Wintergarten mit Kübelpflanzen

Mögliche Fröste bis –5 °C, ständig eine blühende Pflanze und eine unproblematische Begrünung in Einzeltöpfen – diese nicht eben einfachen Wünsche wurden mit einer Auswahl ostasiatischer Gehölze im Nordteil und mediterraner Gehölze im Südteil erfüllt.

Grundstücksgrenzen und Bauvorschriften, vor allem aber das Gelände waren Anlaß, daß Familie S. ihren Wintergarten – ziemlich ungewöhnlich – der Ostseite ihres Hauses angliedern mußte. Der voll geflieste Boden lies nur die Verwendung von Einzelpflanzen in Töpfen oder Übertöpfen zu.

Der Wintergarten, im Rhein-Main-Gebiet bei Frankfurt gelegen, sollte nicht beheizt werden. Durch die Eindeckung mit Spezialisolierglas und die Anlehnung an den ständig warmen Wohnbereich konnten aber Temperaturen von unter –5 °C ausgeschlossen, notfalls aufgefangen werden.

Die Bauherren wünschten sich eine pflegeleichte, unproblematische Bepflanzung – sie wollten vor allem in üppigem Grün wohnen. Außerdem sollte immer mindestens eine Pflanze blühen.

Wegen der niederen Temperaturen war der letzte Wunsch am schwierigsten zu erfüllen. So wählte man als erstes die Blütenpflanzen aus. Gemeinsam kam man zu folgender Zusammenstellung: Langzeitblüher für das Sommerhalbjahr: zwei Oleander, für das Winterhalbjahr ein Mittelmeerschneeball-Stämmchen *(Viburnum tinus)*. In Anbetracht der Einzelaufstellung mußten es – wie alle anderen Pflanzen auch – besonders gut gewachsene Exemplare sein. Oleander wie Mittelmeerschneeball wurden im südlichen Teil des Wintergartens plaziert, da eine dichte Nadelgehölzgruppe den Nordteil zu sehr beschattete.Durch Oleander und Mittelmeerschneeball geprägt, bot sich im Wintergarten-Südteil eine Ergänzung durch Immergrüne aus dem Mittelmeergebiet an. Zwischen die beiden Oleander wurde – um den Durchblick vom Wohnraum möglichst wenig zu verstellen – ein *Pittosporum*-Halbstamm gestellt, am Boden flankiert von zwei Zwerg-*Pittosporum (P. tobira* 'Nana'). Drei kleine Mastixsträucher *(Pistacia lentiscus)* rahmen das Stämmchen des Mittelmeerschneeballs ein. Der Lorbeer lehnt sich an die benachbarte Koniferen-Gruppe im Garten, zu ihm gesellt sich ein Rosmarin. Zwar nicht stilecht – sie mußte aber einen Platz finden, da der Bauherr sie vor Jahren aus dem Urlaub mitgebracht hatte – wurde zwischen der Lorbeergruppe und dem Mittelmeerschneeball eine *Yucca gloriosa* aufgestellt. Während der frostfreien Zeit ergänzt noch eine ganze Reihe Zimmerpflanzen, die hier zur Som-

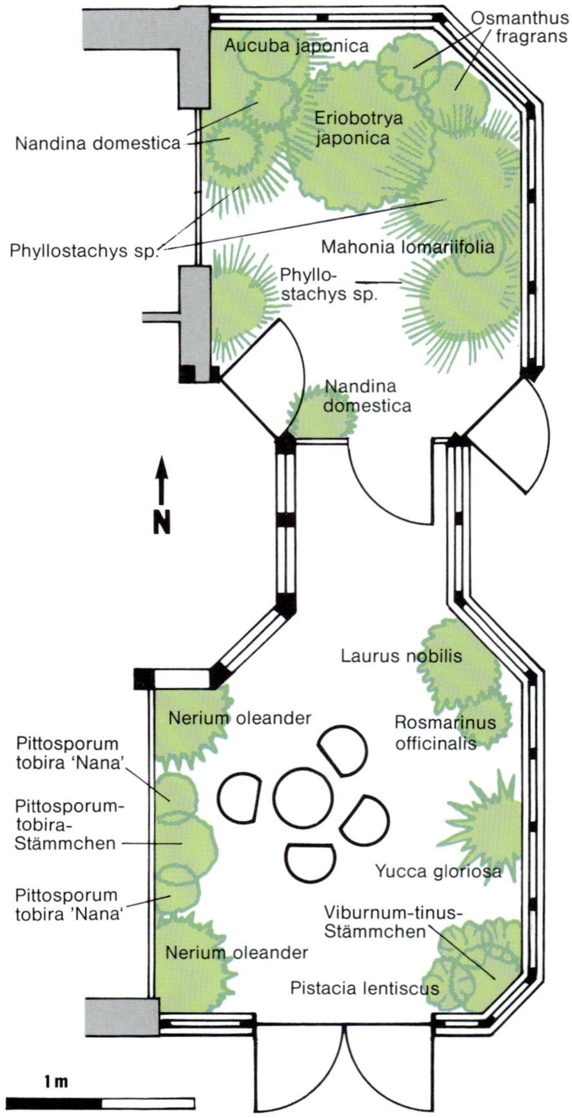

merfrische aufgestellt werden, das Bild. Der nördliche Wintergarten-Teil war in der Planung etwas problematischer. Durch die hohe Nadelgehölzgruppe im Osten und das Haus im Westen hatte er eigentlich ziemlich wenig Licht, gleichwohl lag er während der heißesten Mittagsstunden in voller Sonne. Da der nachträgliche Einbau einer Schattierung äußerst kostspielig geworden wäre, muß nun höher wachsender Bambus für lichten Schatten sorgen. Die großblättrige Wollmispel *(Eriobotrya japonica)*, ein Halbstamm, wurde so plaziert, daß die Pflanzen an der Nordseite des Wintergartens auch während der Monate mit hohem Sonnenstand beschattet waren. Den Bambus und der Wollmispel entsprechend finden im Nordteil des Wintergartens vorwiegend ostasiatische Gehölze wie *Aucuba* und *Nandina* Platz, später kamen – wegen des Duftes – noch ein *Osmanthus* und, wegen der Winterblüte und den herrlichen, stahlblau bereiften Früchten, eine *Mahonia lomariifolia* dazu.

2. Ein kleiner Wintergarten

Entgegen landläufiger Meinung sind kleine Wintergärten eher schwieriger zu gestalten als große. Vor allem dann, wenn ein Großteil der Pflanzen bereits vorhanden ist und der Planer diese nun kombinieren und »irgendwie« verbinden soll.

Der Gestalter ging nun so vor, daß weitgehend alles Vorhandene, was zusammenpaßte, im Nordteil gepflanzt wurde: unter eine laubabwerfende Kakipflaume *(Diospyros kaki)* zwei Kamelien, dazu zwei blaublühende *Ceratostigma*. Um ein baulich unästhetisches Eck zu verdecken, wurde – auch wegen der langen Blütezeit – ein gelber, duftender Jasmin *(Jasminum humile* 'Revolutum') dazugekauft. Die Unterpflanzung besteht aus dem auch im Schatten gedeihenden Schlangenbart *(Ophiopogon japonicum)*. Im südafrikanisch bepflanzten Südteil dominiert der Dreiviertelstamm der Bleiwurz *(Plumbago auriculata)*, deren Triebe aber jährlich gekappt werden müssen. Ein gleich nebenan stehender Pfeiler wird durch einen immergrünen Sommerefeu *(Senecio mikanioides)* verdeckt. Knie- bis hüfthoch werden *Polygala* und *Agapanthus*, zusammen mit der Strelitzie *(Strelitzia reginae)* sorgen sie für Dauerblüte. Die Pflanzung wirkt durch die sehr lange blühenden Gehölze recht bunt. Ausgleich schafft deshalb ein dichter Teppich aus Bubiköpfchen *(Soleirolia soleirolii)*.

Der Wunsch nach einer Zitrone konnte auch befriedigt werden. Da sie aber vor allem im Winter sehr viel weniger Wasser braucht als die anderen Pflanzen, wurde sie im Kübel aufgestellt.

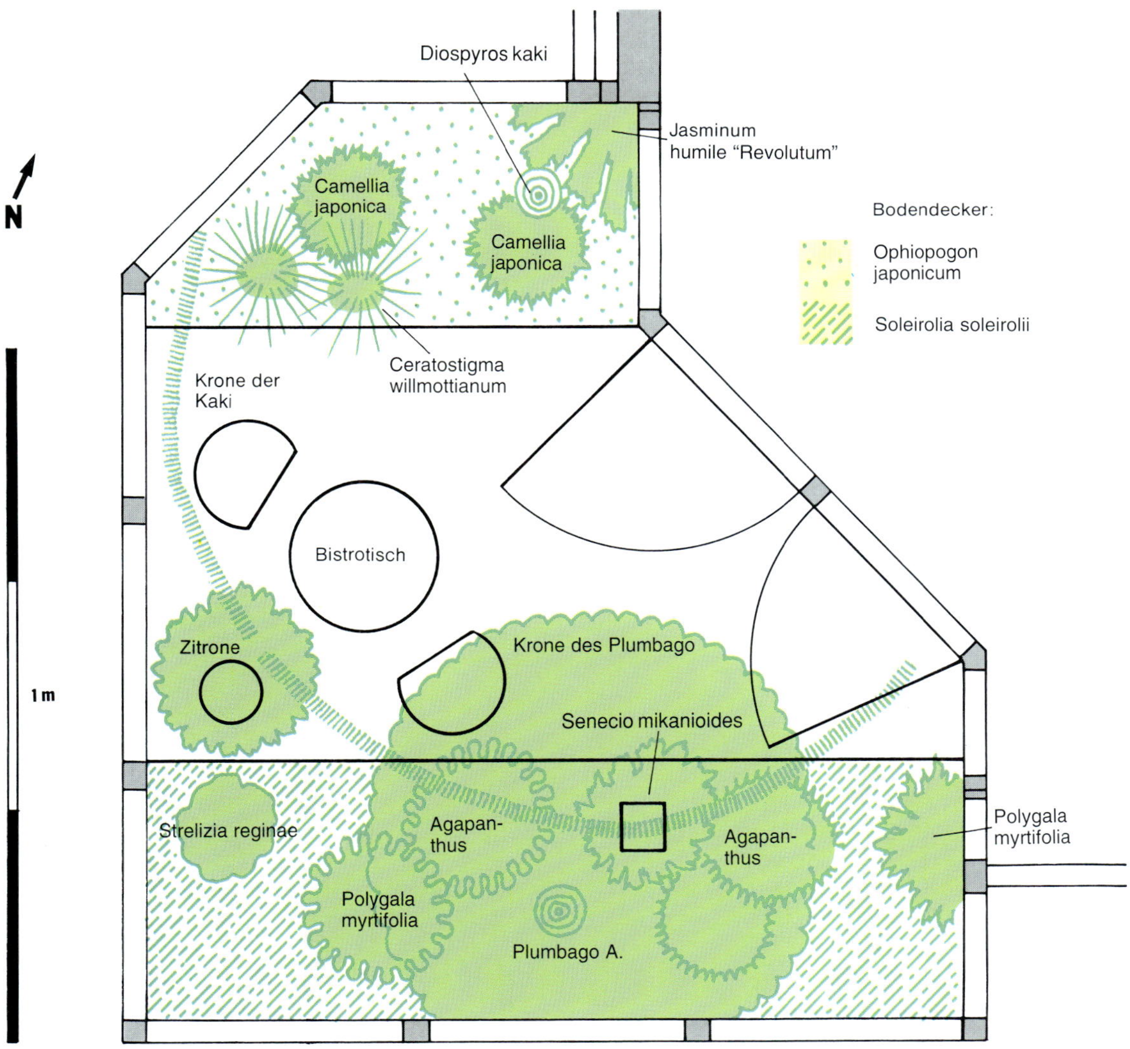

Eine Herausforderung für Pflanzplaner: Kleine Wintergärten. Nur allzu oft wird das Wachstumspotential vieler – speziell ausgepflanzter – Arten gewaltig unterschätzt.

3. Ein ungeheiztes Solarhaus

Um ein waschechtes Solarhaus handelt es sich bei dem Glasanbau einer norddeutschen Softwarefirma. Mitten in der Stadt und stark in den Baukörper integriert war mit Temperaturen unter –10 °C nicht zu rechnen. Die großvolumige Anlage sollte nicht teuer, aber repräsentativ eingerichtet werden. Im letzten Moment konnte der Planer verhindern, daß der ganze Boden versiegelt wurde, so war eine Beckenpflanzung mit der entsprechend größeren Pflanzenauswahl möglich.

Um schnell Wirkung zu erzielen, wurde auf mediterrane bzw. ostasiatische, ziemlich frostharte Solitärpflanzen zurückgegriffen, eine Feige *(Ficus carica)* und einen Schlafbaum *(Albizia julibrissin)*, dazwischen ein großer Granatapfelbusch *(Punica granatum)*. Da sie alle drei laubabwerfend sind, verringern sie im Winter das Licht in den angrenzenden Arbeitsräumen nur wenig, geben jedoch im Sommer Schatten. Schatten zur nachmittäglichen Kaffeepause liefert auch die immergrüne Wollmispel *(Eriobotrya japonica)*.

Damit dieser exakt nach Süden orientierte Teil im Winter nicht kahl aussieht, wurden als Unterpflanzung nur Immergrüne vorgesehen. Prächtiges Zentrum ist eine niedere, vieltriebige Zwergpalme *(Chamaerops humilis)*, dazu einige Mastixsträucher *(Pistacia lentiscus)*. Zahlreiche Rosmarinpflanzen erfüllen bei Sonne den ganzen Raum mit einem starken

Im letzten Moment konnte bei diesem absolut ungeheizten Solaranbau verhindert werden, daß der ganze Boden versiegelt wurde. Für die Beckenpflanzung stand so eine weit größere Pflanzenauswahl zur Verfügung.

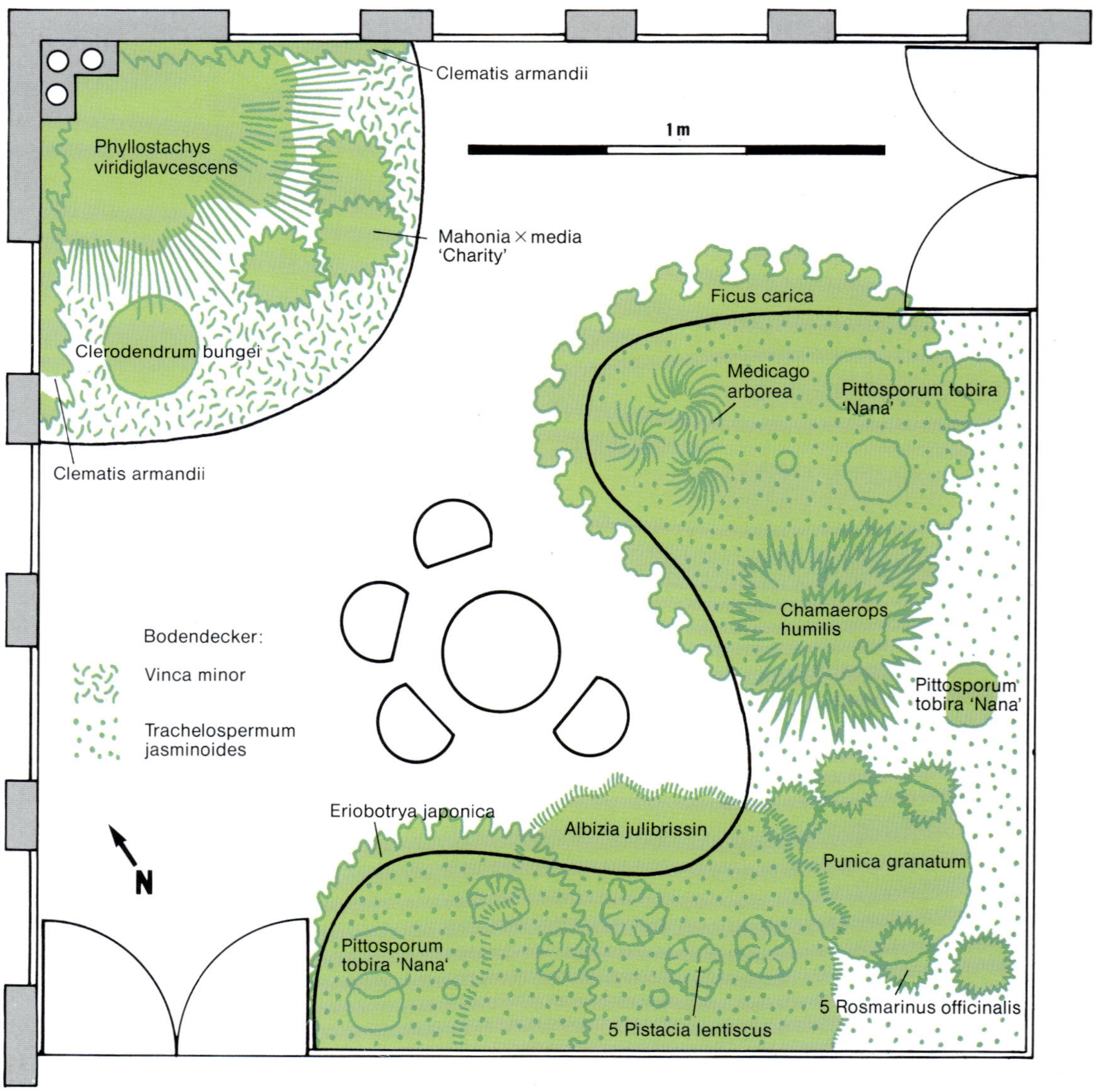

Duft nach Urlaub. Kaum sind sie verblüht, bildet ein Tuff von gelbem Schneckenklee *(Medicago arborea)* einen neuen Blickfang. Der Boden ist durchweg von Sternjasmin *(Trachelospermum jasminoides)* bedeckt, durchsetzt von einzelnen Zwergklebsamen *(Pittosporum tobira* 'Nana'). Einzeln deshalb, weil sie relativ brüchig sind und die herbstliche Reinigung (Fallaub) sonst schwierig wäre. Daß diese schwachwüchsige Klebsamen-Selektion kaum blüht, fällt durch den nebenan wachsenden, von März bis Sommer überreich blühenden Sternjasmin kaum ins Gewicht.

Dieser Pflanzung gegenüber, an das hier dreistöckige Gebäude, wurde ein hochwachsender Bambus *(Phyllostachys viridiglaucescens)* gepflanzt. Man war sich bewußt, daß er die angrenzenden Räume beschatten würde, was aber, da es sich um Sanitärräume handelt, in Kauf genommen werden konnte. Rechts und links des Bambus wachsen zwei immergrüne Waldreben *(Clematis armandii)*, deren Duft vorzüglich mit dem des gleichzeitig blühenden Rosmarin harmoniert. Die leider nur kurze Blütezeit von drei Wochen wird durch das elegante, stets gesunde Laub der *Clematis* mehr als aufgewogen.

Immergrün *(Vinca minor)* als Bodendecker schlingt sich dicht um eine Dreiergruppe aus Hybridmahonien *(Mahonia × media* 'Charity') und einen strauchartigen Losbaum *(Clerodendrum bungei)*, die hier von Sommer bis Spätwinter für Blüte sorgen.

Dominierende Leitpflanzen sind Feige *(Ficus carica)* und Seidenbaum *(Albizia julibrissin)*. Sie schattieren den Sitzplatz im Sommer ausgezeichnet, werfen jedoch im Winter das Laub ab und lassen das spärliche Sonnenlicht ungehindert einfallen. Für Grün sorgt dann die Unterpflanzung.

4. Ein Gewächshaus rund um den Birnbaum – Platz für drei Florenreiche

Der ausgefallene Grundriß dieses lauwarm geheizten Wintergartens verführte dazu, drei völlig unterschiedliche »Pflanzenbilder« zu schaffen. Links der Mediterranbereich, rechts die Australpflanzung* und im Mittelteil Pflanzen aus Südamerika *(siehe Zeichnung Seite 95).

Daß es sich bei Familie W. um Pflanzenliebhaber handeln mußte, zeigte sich schon aus dem Grundriß ihres Wintergartens. Er war um einen alten Birnbaum herumgebaut. Es ergaben sich dadurch drei Pflanzbereiche. Der Wunsch war nun, drei möglichst unterschiedliche Vegetationsbilder zu gestalten. Da der Wintergarten auf jeden Fall frostfrei zu halten war und auch im Winter als Wohnraum benützt werden sollte, wurde von 10 °C, die kurzfristig auch unterschritten werden konnten, ausgegangen.

Ein ausgedehnter Bummel durch die Gärtnerei mit Papier und Bleistift – die Liste der Wunschpflanzen war fertig. Schnell stellte sich bei der Beratung dann heraus, daß die Pflanzbecken schon vorhanden und leider offensichtlich viel zu schmal geraten waren. An Pflanzen in voluminösen Containern war deshalb nicht zu denken. Zu klein sollten die Pflanzen aber auch nicht sein. Auch die Höhe des Wintergartens bereitete einiges Kopfzerbrechen: Beträgt rund um den Birnbaum die lichte Höhe noch 4 m, nimmt sie zu den Außenseiten schnell auf 1 m ab.

Ein zweiter Gärtnereispaziergang folgte, diesmal mit einem Meterstab.

Noch am einfachsten war der Mediterranbereich. Ein starker Olivenstamm *(Olea europaea)* in einem hohen, schmalen Container paßte genau, desgleichen ein Erdbeerbaum *(Arbutus unedo)*. Die anderen Blütenpflanzen, Mittelmeerschneeball *(Viburnum tinus)* und Zistrosen *(Cistus × purpureus)* waren kein Problem. Die Wand wird von einer Tafeltraube (Weinrebe) berankt. Da die Zistrosen relativ schnell dicht machen, wurde im sonnigen Teil auf Bodendecker verzichtet, im schattigeren Teil dagegen Mäusedorn *(Ruscus hypoglossum)* gepflanzt. Außer einer geringen Dauerdüngung im Frühjahr er-

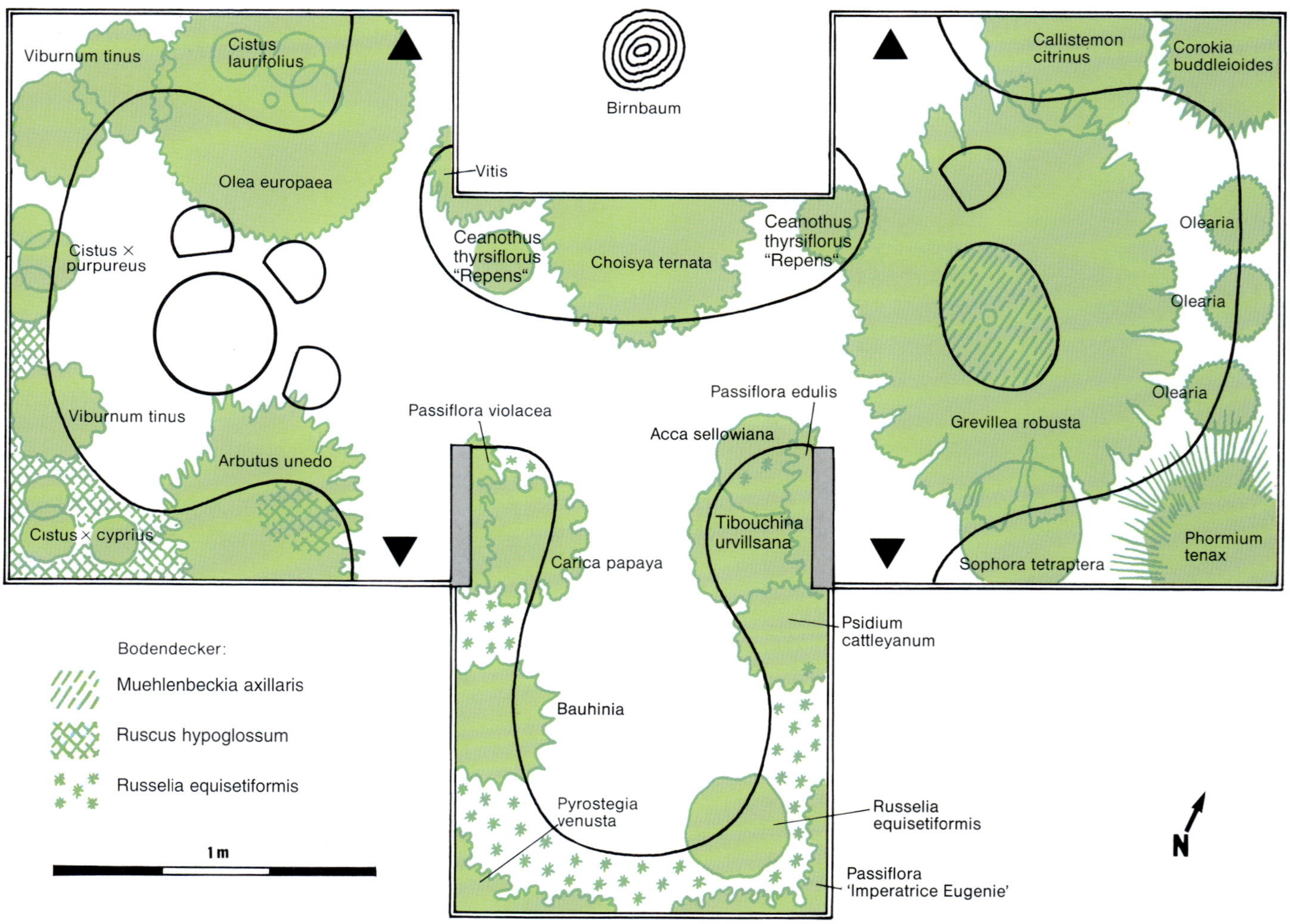

hält der gesamte Bereich keine weiteren Nährstoffe mehr.

Spiegelbildlich gegenüber liegt der Australbereich.

Auf die hier ursprünglich als Solitärbaum vorgesehene veredelte Akazie wurde verzichtet, sie wäre bei der relativ hohen Temperatur zu schnell verblüht. Wegen des filigranen Laubs einigte man sich schließlich auf eine Silbereiche *(Grevillea robusta)* für das Pflanzbecken in der Mitte. Als größere Pflanzen an den Rand gesetzt wurde ein Zylinderputzer *(Callistemon)*, ein Neuseeländer Flachs *(Phormium tenax)* und eine starkwüchsige Art des Zickzackstrauches *(Corokia buddleioides)*. Für winterliche Blüte sorgt eine *Sophora microphylla*.

Mediterran- und Australflügel werden durch einen fast mannshohen Solitär der Orangenblume *(Choisya ternata)* getrennt. Dieser von Kleinpflanzen umgebene, ziemlich kostspielige Solitär schließt hervorragend die Lücke zwischen den beiden genannten und dem dazwischen liegenden »Südamerikateil«.

Diesen Teil als Südamerikateil zu gestalten, bot sich deshalb an, weil der Sohn des Hauses bereits Besitzer einer Papaya *(Carica papaya)* und einer fruchtetragenden Passionsblume (Maracuja, *Passiflora edulis)* war und sich an einer gerade in voller Blüte stehenden Feijoa *(Acca sellowiana)* nicht satt sehen konnte. Auch die Erdbeerguave *(Psidium cattleyanum)* hatte es ihm angetan. Beide verdecken den unteren Teil der doch recht sparrigen, aber eben von Spätsommer bis Frühjahr blühenden Prinzessinnenblume *(Tibouchina urvilleana)*. In diesem Teil nicht ganz stilecht, aber durchaus passend – sie war auch gerade in Blüte – ist *Bauhinia*. Kletterpflanzen wie *Pyrostegia* und zwei weitere Passionsblumen-Arten lassen erwarten, daß es hier bald wie im Urwald aussieht, zumal sie noch mit fast dauerblühenden *Russelia* unterpflanzt wurden.

Die oft filigranen Australpflanzen bringen die Ausstrahlung eines lichtüberfluteten Kontinents zu uns nach Mitteleuropa

5. Ein Wintergarten für Urlaubfans

Professor H. ist Dozent für Kunstgeschichte. Er ist alleinstehend. Da er sehr gerne im Grünen arbeitet, ließ er sich in Anbindung an sein Atelier einen Wintergarten direkt ins Haus integrieren. Dieser sollte ganzjährig benutzbar sein und neben der Funktion als Arbeitsraum vor allem als repräsentativer Sitzbereich für die zahlreichen Gäste dienen.

Aufgrund der häufigen, oft mehrwöchigen Auslandsaufenthalte von Prof. H. war eine regelmäßige Pflege nicht möglich. Durch den Einbau des Wintergartens ins Haus und wegen der Sicherheitsbedenken konnte der nach Süden orientierte Wintergarten nicht so belüftet werden, daß ein Hitzestau ausgeschlossen war. Zudem sollte in den Zeiten der Abwesenheit der ganze Komplex nur gerade frostfrei gehalten werden.

Eine einzige, kostbare Solitärpflanze beherrscht die Szene: *Chamaerops humilis*, die Zwergpalme, verträgt Hitze und Kälte, Sonne und Schatten. Sie kann mehr als ein Menschenalter lang Bestand im Wintergarten haben, ohne nennenswert Arbeit zu machen.

Bei der Pflanzplanung war somit zu berücksichtigen, daß nur Arten verwendet wurden, die zum einen extrem hohe Temperaturen, zum anderen aber auch leichte Fröste ertrugen. Die Pflanzen mußten weitgehend resistent gegen Schädlinge und Krankheiten sein, mußten Trockenheit vertragen und gleichwohl ganzjährig repräsentativ sein. Nur Pflanzen aus Halbwüsten und Steppen überleben solche Bedingungen auf Dauer.

Zuerst galt es, einen passenden Solitär für das Pflanzbecken im Boden zu finden. Bei einer lichten Höhe von nur 3 m kam die – eigentlich stilechte – *Washingtonia*-Palme nicht in Frage. Vor die Wahl zwischen einem verzweigtem *Yucca gloriosa*-Solitär und einer mehrtriebigen Zwergpalme *(Chamaerops humilis)* gestellt, entschied sich der zukünftige Wintergarten-Besitzer für letztere, ungeachtet der dornigen Stiele. Unterpflanzt wurde nicht, dafür aber einige ausgewachsene Kalksteinbrocken um die bereits oberschenkelstarken Stämme gruppiert.

Kleinere Kalksteine wurden auch zur Garnierung des Hochbeetes verwendet. Wegen der geringen Breite von ca. 50 cm konnten nur sehr schwachwüchsige Arten und Hängepflanzen verwendet werden. Gleichwohl sieht das Beet heute – auch nicht stilecht, aber zum Gefallen des Besitzers – sehr üppig aus, von den Steinen ist fast nichts mehr zu sehen. Zwischen den längst bis zum Fußboden herabhängenden Hottentottenfeigen *(Carpobrotus edulis)* und Mittagsblumen *(Lampranthus, Mesembryanthemum, Delosperma)* ragen robuste Gliederkakteen *(Opuntia phaeacantha)*, *Aloë*, verschiedene *Yucca, Colletia cruciata* und Agaven hervor. Da letztere im Lauf der Jahre doch zu breit werden, müssen sie irgendwann entfernt werden, ein Schicksal, das der wegen ihrer Dauerblüte gepflanzten Bleiwurz *(Plumbago auriculata)* schon im ersten Jahr widerfuhr. Er überwucherte alles, die Erde war zu gut gedüngt. Pflanzungen dieser Art überdauern auch im Sommer eine mehrwöchige Abwesenheit, wenn nur zuvor durchdringend gegossen wird.

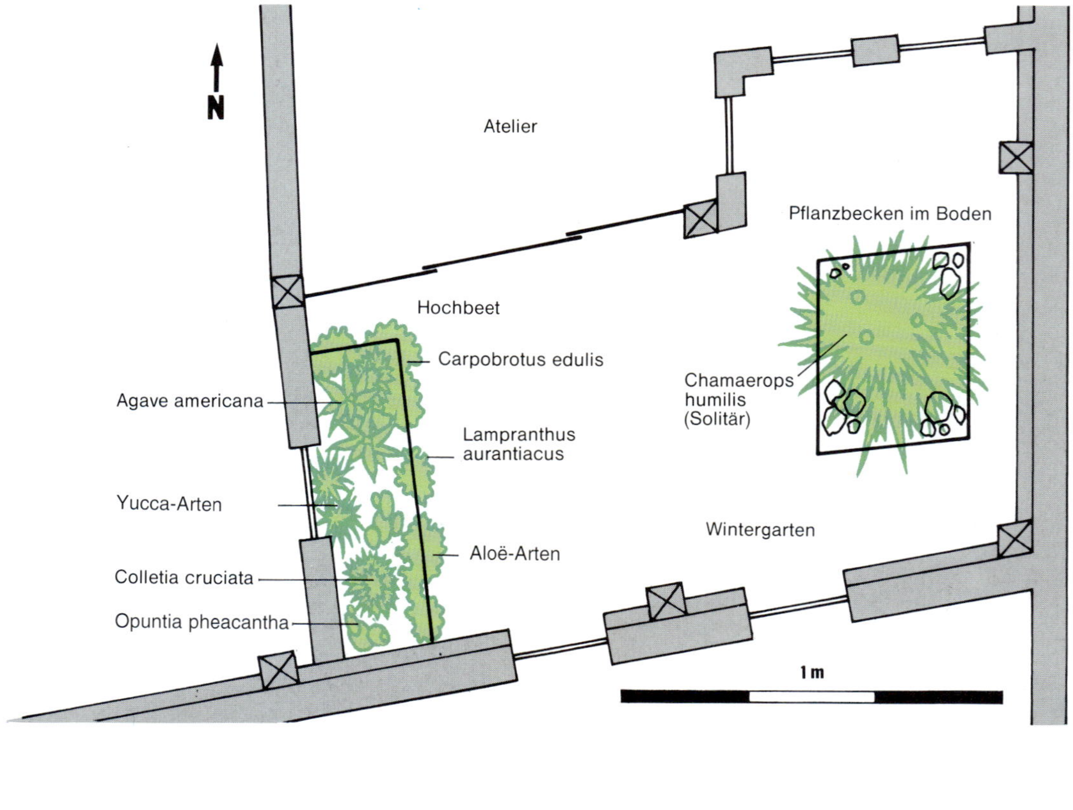

6. Ein pflegeleichter Wintergarten in Lila-Rosa-Weiß

Als freiberufliche Lektorin mit vier Kindern gesegnet, mußte der Wintergarten von Frau Dr. M. vor allem eines sein: pflegeleicht. Gleichzeitig war eine ganzjährig reiche Blüte in Tönen von Rosa, Lila und Blau gewünscht. Einige bereits vorhandene Pflanzen, eine Aukube *(Aucuba japonica)*, eine uralte Kamelie *(Camellia japonica)* und eine ebenso alte Myrte *(Myrtus communis)* sollten eingegliedert werden. Die Temperaturgestaltung war noch nicht ganz klar, aber da der Wintergarten gleichzeitig als Kinderzimmer im Grünen genutzt werden sollte, wurde von »ganzjährig frostfrei« ausgegangen.

Am meisten Kopfzerbrechen bereiteten den Planzplanern die Farbwünsche. Pflegeleichte Blütenpflanzen in den gewünschten Farben bei noch nicht sicher feststehendem Temperaturbereich sind rar.

Nach zahlreichen Telephonaten und einem Gärtnereibesuch kam folgender Kompromiß zustande: die gewünschten Farben finden sich als farbintensive Einzelexemplare in Form möglichst »pflegeleichter« Pflanzen. Die Farbtupfer werden durch weißblühende Gehölze voneinander getrennt, dazwischen robuste Immergrüne.

Zwei Jahre nach dem Einpflanzen traf man sich wieder zur »Manöverkritik«. Wie so oft zeigte sich, daß die in Becken stehenden Pflanzen doch viel stärker wachsen als im Topf. Wäre sie nicht mehrfach zurückgeschnitten worden, hätte die auf der Südseite gepflanzte, rosa blühende *Pandorea* den Rosmarin, die Myrte *(Myrtus communis)* und den Mastixstrauch *(Pistacia lentiscus)* längst überwuchert. Der zwischen den Oleandern stehende Wollmispelstamm *(Eriobotrya japonica)* war für den ziemlich niederen Wintergarten doch zu hoch geworden. Seiner Krone beraubt ist er jetzt ein kräftiger Busch.

Daß die Bleiwurz *(Plumbago auriculata)* häufig zurückgeschnitten werden mußte, war von Anfang an klar. Die Zwergpalmen *(Chamaerops humilis)* gedeihen vorzüglich, nur muß man jedes Jahr die zum Glas hin wachsenden Triebe entfernen, sonst könnten die Scheiben zerdrückt werden. Gut bewährt hat sich die *Choisya* vor der *Tibouchina*, sie verdeckt deren nackte Basis ausgezeichnet. Bei der wegen der Kinder und der giftigen Beeren ins hinterste Eck gepflanzten Aukube *(Aucuba japonica)* hatte man sich schon früher darauf verständigt, auf den Beerenschmuck zu verzichten und die unscheinbaren Blütenstände auszubrechen. Nun wird man auch noch einige Zweige entfernen, da die Kamelie aufgrund des Seitendrucks anfängt zu verkahlen.

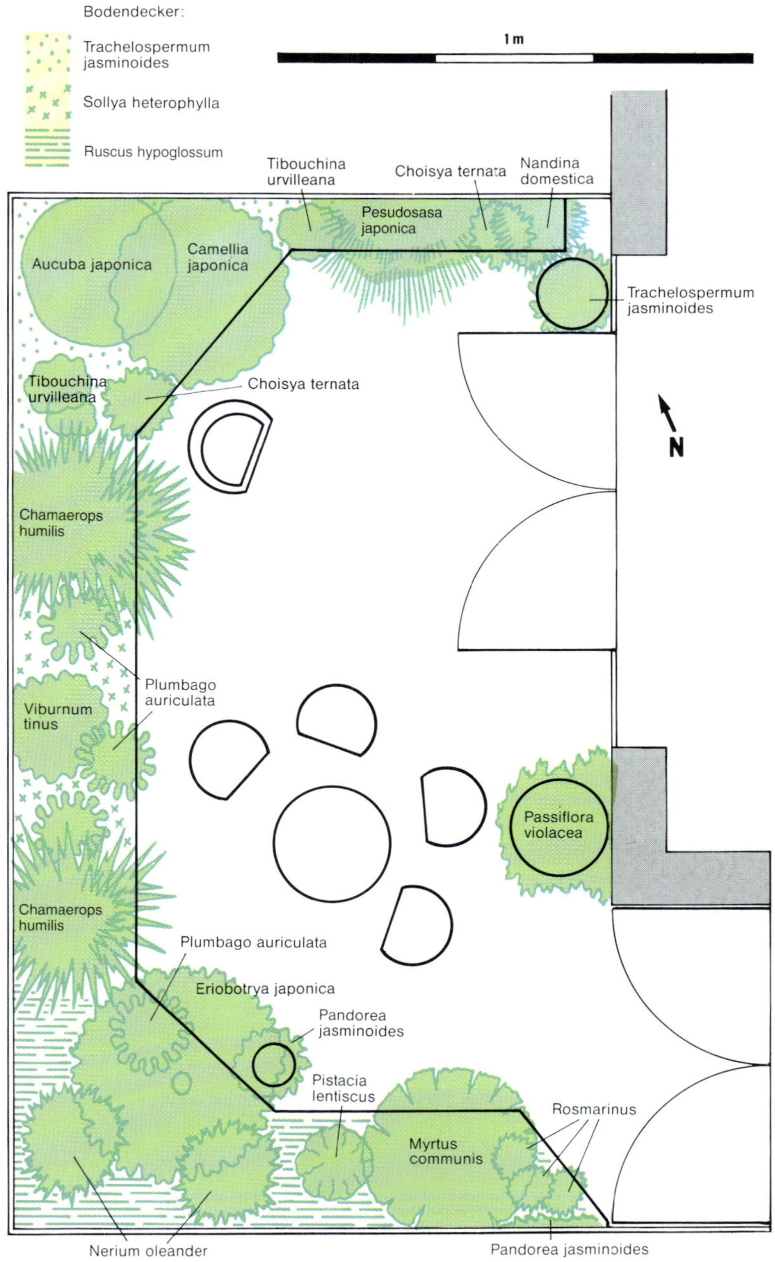

Beim Bambus *(Pseudosasa japonica)* gilt das schon bei der Wollmispel Erwähnte: Er stößt am Glas an. Hier bleibt nichts übrig, als die zu hohen Triebe zu kappen oder ganz herauszuschneiden und sich mit Bewässerung und Düngung etwas zurückzuhalten.

Überraschend positiv entwickelte sich die Passionsblume *(Passiflora violacea)*. Entgegen der Befürchtung, daß man wegen ihres starken Wuchses ständig an ihr herumschneiden muß, traf dies nicht ein. Sie hat ihr Spalier restlos begrünt und läßt ihre neuen Triebe – sie finden nirgendwo Halt – nach unten fallen. Dieser Vorhang blüht das ganze Jahr. Ein leichter Rückschnitt erfolgt nur, wenn die Triebe auf den Boden zu liegen kommen.

Gestaltungsthema für diesen gerade frostfrei geheizten Wintergarten war die Farbkomposition Lila, Rosa und Weiß. Gleichzeitig sollten einige vorhandene Kübelpflanzen-Veteranen wie Aukube, Kamelie und Myrte eingegliedert werden.

In zimmerwarmen Wintergärten wachsen die Pflanzen ganzjährig, auch im Winter ist ständig Schnitt erforderlich. Dies erfordert eine genaue Kenntnis des Blühverhaltens, sonst schneidet man die Blüten weg.

7. »Hoch, schmal und zimmerwarm«

Diese drei Schlagworte umreißen die Hauptkriterien für die Bepflanzung des Wintergartens des Ehepaars F. aus Heidelberg. Zurückgekehrt nach langen Dienstjahren in südlichen Ländern, wollten sie im Ruhestand die vertrauten Exoten nicht missen.

Der mit mehr als 6 m zwar hohe Wintergarten bietet großen Pflanzen dennoch wenig Ausbreitungsmöglichkeit, da im 1. Stock eine Galerie weit in den Luftraum hineinragt; nur gut 2 m Breite bleiben offen. Gleichzeitig sollte nach vorn ausreichend Sichtschutz geboten werden.

Für den hohen, mehr als zweistöckigen Wintergarten wurde deshalb als Leitpflanze die dominant wirkende Baumstrelitzie *(Strelitzia nicolai)* gewählt, deren großflächige, üppige Blätter an Bananen erinnern. Wichtig: Triebe, die zu nah ans Glas heranwachsen oder zu weit in den Raum hineinragen, sollten frühzeitig entfernt werden. Die zweite Hauptperson ist ein violett blühender Orchideenbaum *(Bauhinia)*, dessen Blätter an die Abdrücke von Kamelhufen erinnern. Einen filigranen Kontrast dazu bildet das gefiederte Laub des nur gut mannshoch werdenden Puderquastenstrauches *(Calliandra tweedii)*. Alle drei wachsen, zusammen mit einigen weiteren, kleineren Gehölzen, ausgepflanzt in einem Beet entlang der vorderen Glasfront.

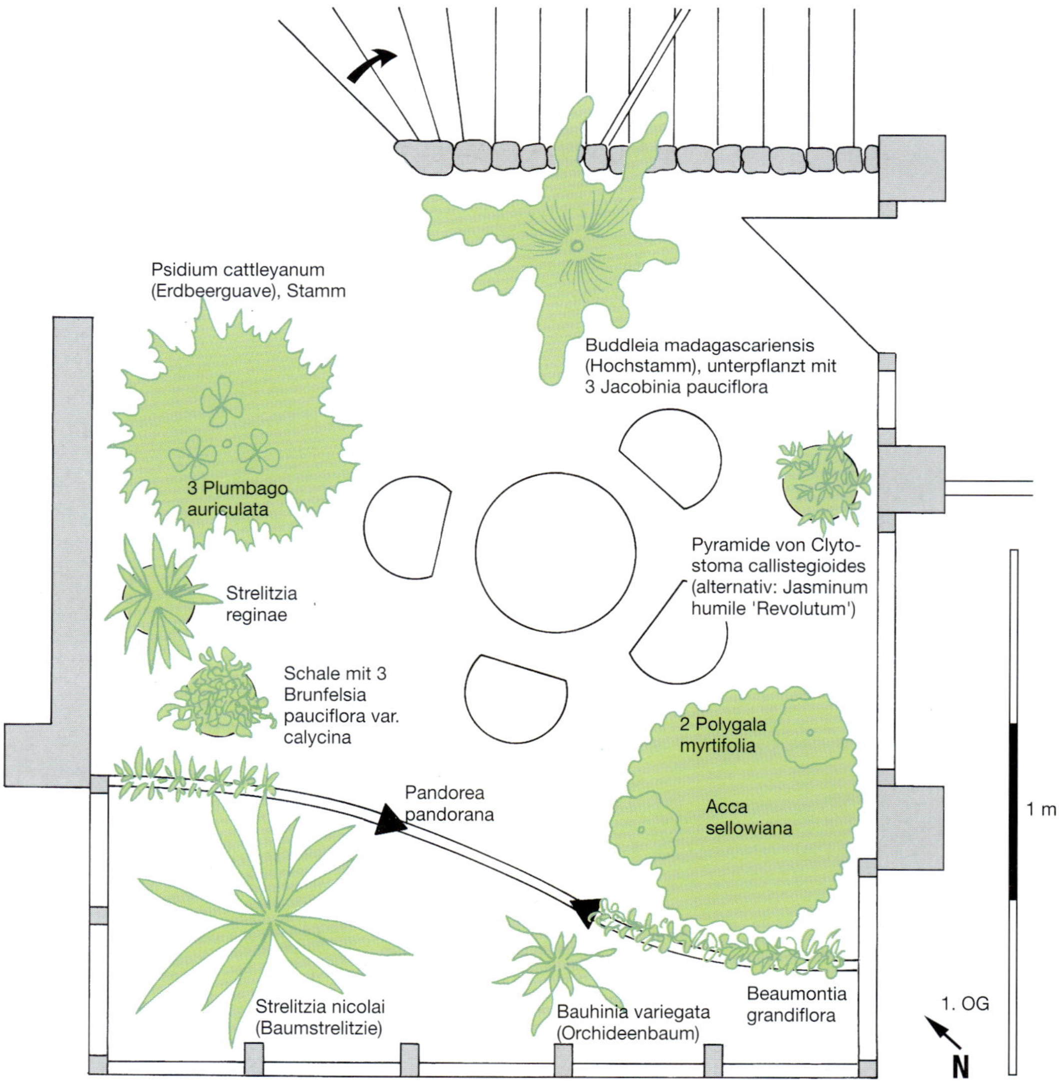

Die Szenerie bestimmen jedoch auch die einzeln in Töpfen stehenden Pflanzen im oberen Stockwerk. Zwei solitär gezogene Halbstämme umrahmen den Eßplatz: Die graulaubige Brasilianische Guave, deren eßbare Früchte im Hochwinter reifen, und eine Erdbeerguave mit ihrem hellgrünem, glänzenden Laub. Reiche Blüte - allerdings mit dem Risiko eines Befalls mit Weißer Fliege erkauft - bringt ein Hochstamm der gelbblühenden *Buddleja madagascariensis*, deren bogig überhängende Triebe ab und zu radikal zurückgeschnitten werden sollten.

Dominant wirken im Laufe der Zeit auch die beiden Kletterpflanzen, die von unten hochgeleitet werden, dann am Geländer entlang wachsen und z.T. auch herunter hängen dürfen: der großblättrige Lilienwein *(Beaumontia grandiflora)* mit sehr großen, weißen, duftenden Blüten und der wuchernde Wonga-Wonga-Wein *(Pandorea pandorana)* mit seinem wie gelackt wirkenden Laub. Im ersten Stock auf der Galerie klettert die elegant wirkende *Clytostoma callistegioides* mit ihren blauvioletten Blüten bis in die Dachbalken hinauf.

Zwei Probleme erschweren die Pflanzenauswahl: Der seitlich knapp bemessene Raum über dem Pflanzbeet und die dort aufsteigende Warmluft durch den Heizkörper im Untergeschoß. Wegen letzterer wird man nicht umhin können, ab und zu mit der Schere direkt darüber wachsende Triebe zurückzuschneiden.

Individuelle Bauten erfordern individuelle Lösungen. Auch wenn die Höhe durchaus reicht, kann in manchen Fällen nicht zu einem Baum geraten werden. Der geschickte Einsatz wenig Schmutz produzierender Kletterpflanzen bietet in diesen Fällen oft die Lösung.

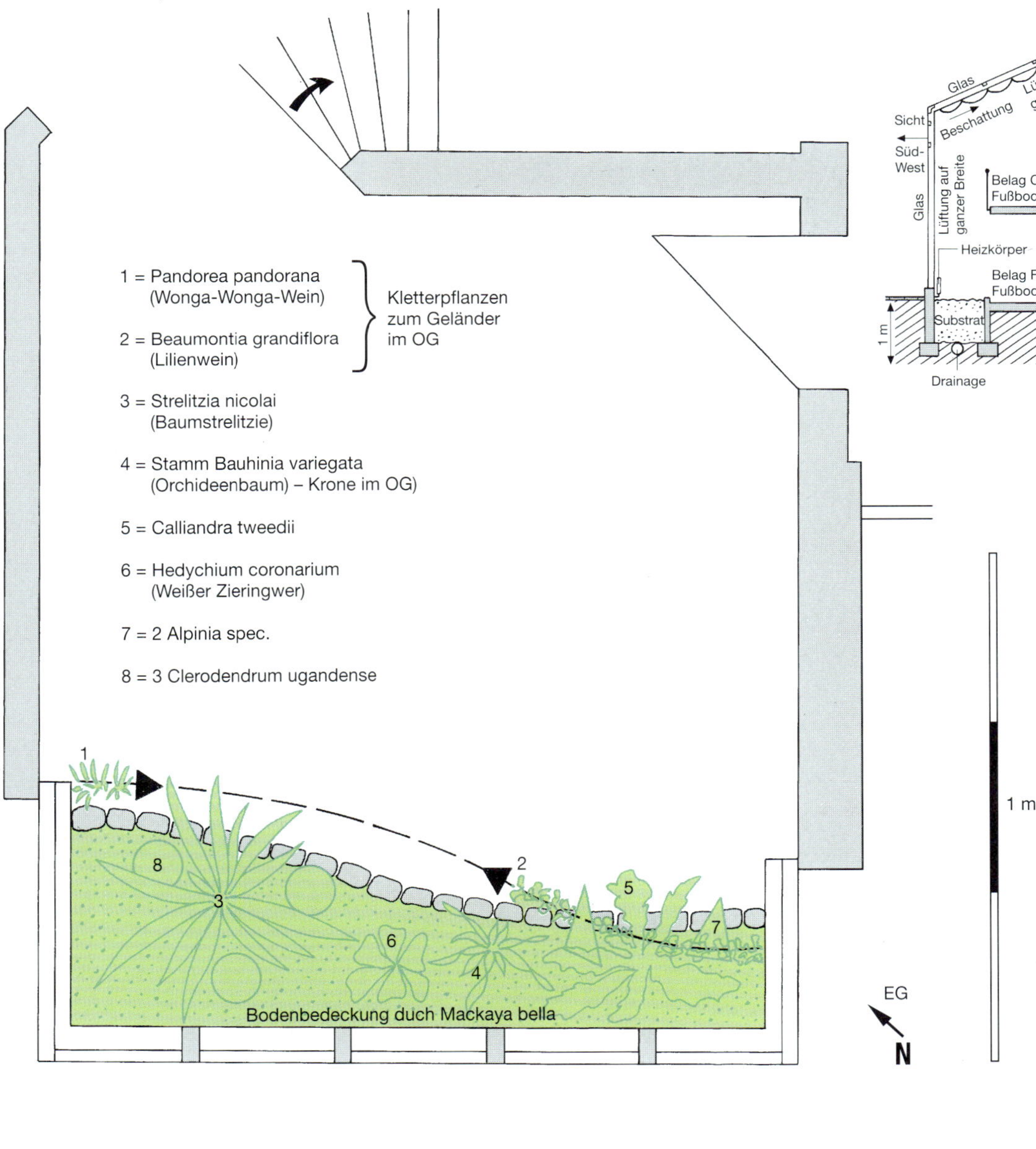

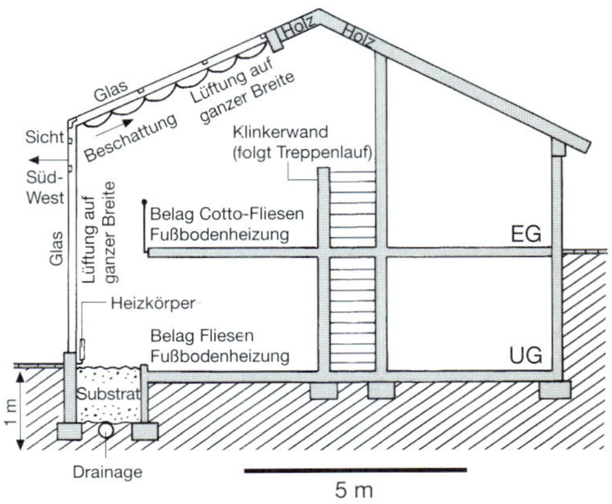

PFLANZENTABELLE

Wer selbst planen will, kommt um eine Übersichtstabelle nicht herum. Mit ihr läßt sich schnell feststellen, ob eine bestimmte Pflanze überhaupt für diesen oder jenen Wintergarten geeignet ist. Näheres über die einzelnen Arten dann im Porträtteil (Seite 103 ff.).

a) 1 verträgt leichten Frost
2 frostfrei (0 – 10°C)
3 frostfrei (über 10°C)

b) 1 gering
2 mittel
3 hoch

c) 1 nicht möglich
2 möglich
3 notwendig

	BLÜTE (Monat)	DUFT	IMMERGRÜN	MINIMALTEMPERATUR a)	LICHTANSPRUCH b)	KALKFLIEHEND	WASSERBEDARF b)	PFLEGEAUFWAND b)	GIFTIGKEIT/GEFAHREN	SCHÄDLINGSANFÄLLIG b)	WUCHSLEISTUNG b)	SCHNITT c)	
GROSSPFLANZEN													
Acacia (veredelt)	XII-IV	•	•	1	3	•	3	2		1	3	2	klassischer Winterblüher (»Mimose«)
Albizia julibrissin	VI-VIII	•		1	3		3	2		1	2	2	neigt zum »Rieseln«
Albizia lophantha	X-III		•	2	2		3	2		1	3	3	neigt zum »Rieseln«
Bauhinia variegata	II-V	•	(•)	3	2		1	2		2	2	2	
Brachychiton acerifolius	IV-VI		•	1	2		2	1		1	3	3	
Ceratonia siliqua	III-IV		•	2	1		1	1		1	(1)	2	auch für dunklere, warme Bereiche
Cinnamomum camphora		Blatt	•	1									
Cordyline australis	III-VII	•	•	1	1		1	1		1	2	2	
Corynocarpus laevigatus	III-VII		•	1	1		1	1		1	2	2	vor Hitze schützen
Diospyros kaki	IV-V			1	2		2	2		2	2	2	
Dombeya wallichii	X-III		•	2-3	1		3	2		1	3	3	
Eriobotrya japonica	X-XII	•	•	1	1		1	1		1	2	2	im Mai eßbare Früchte (Loquat, Nespoli)
Eucalyptus	je n. Art		•	1*	3	•	3	1		1	3	2	nur für hohe Wintergärten (* = meist)
Ficus carica				1	2		2	1		2	3	2	
Fremontodendron californicum	XII-X		•	1	3		1	1	(•)	1	2	2	juckende Härchen (•)
Grevillea robusta			(•)	1	2	•	2	2		1	2	2	keine Staunässe, keine Ballentrockenheit
Jacaranda mimosifolia	IV-V			2	3		2	2		2	3	3	Schnitt erst **nach** der Blüte
Melia azedarach	III-IV	•		1	2		3	2		2	2	2	
Musa basjoo	ganzj.		•	1	2		2	2		3	3	2	alle anderen *Musa*-Arten brauchen höhere Temperaturen!
Olea europaea	IV-V		•	1	2		1	1		1	1	2	
Phyllostachys			•	1	3		3	2		2	3	2	brauchen Silizium (Bentonitmehl)
Psidium guajava	IV-VI	•	(•)	3	2		2	2		2	2	2	
Schinus molle	III-V		•	2	3		3	3		2	3	2	neigt zum »Rieseln«
Schinus terebinthifolius	IV-V		•	2	2		2	2		2	2	2	
Strelitzia nicolai	ganzj.		•	3	1		1	1		1	2	2	
Trachycarpus fortunei	III-IV		•	1	1		1	1		1	1	1	
BEGLEITPFLANZEN [1]													
Acca sellowiana	IV-VI		•	1	2		2	2		1	1	2	eßbare Früchte
Agapanthus	VI-VIII		•	1	2		1	1		1	1	1	
Arbutus unedo	VIII		•	1	2	(•)	1	1		1	1	2	
Aucuba japonica	II-III		•	1	1	•	1	1	•	1	1	2	vorsicht vor Überhitzung!
Azara microphylla	V-VII	•	•	2	2		2	1		1	1	2	
Caesalpinia gilliesii	IV-VIII			1	3		2	2		2	1	2	
Calliandra tweedii	III-X		(•)	2	2		3	2		1	2	2	rieselt kaum
Callistemon	II-V,VII		•	2	3	(•)	3	2		1	2	2	vorsicht vor Ballentrockenheit
Camellia japonica	XII-V	(•)	•	1	2	•	2	1		1	1	2	keine Staunässe und Ballentrockenheit
Carissa	IV-X	•	•	2	3		1	1	(•)	1	1	2	
Ceratostigma willmottianum	IV-X			1	2		2	2		1	1	2	
Chamaerops humilis			•	1	2		1	1	•	1	1	1	im Kübel praktisch kein Zuwachs mehr
Choisya ternata	IX-V	•	•	1	1		2	1		1	2	2	Staunässe vermeiden
Cistus	III-VI		•	1	3		3	2		3	2	2	
Citrus	I-XII	•	•	2	2	•	2	3	(•)	3	2	2	Neigung zu Spurenelementmängeln
Correa	VII-V		•	2	2		2	1		1	1	2	
Corokia	II-V		•	1	2	•	1	1		1	1	1	anfällig für Bodenpilze
Crinodendron hookerianum	IV-VIII		•	1	1	•	2	2		2	1	2	vor Überhitzung schützen
Cyperus papyrus			•	3	2		3	1		1	2	1	

1) Bei niedrigen bzw. kleinen Wintergärten erfüllen Solitärpflanzen der Rubrik »Begleitpflanzen« die Funktion von Großpflanzen.

(●) = Temperaturabhängig bzw. unsicher

a) 1 verträgt leichten Frost
2 frostfrei (0 – 10°C)
3 frostfrei (über 10°C)

b) 1 gering
2 mittel
3 hoch

c) 1 nicht möglich
2 möglich
3 notwendig

	BLÜTE (Monat)	DUFT	IMMERGRÜN	MINIMALTEMPERATUR a)	LICHTANSPRUCH b)	KALKFLIEHEND	WASSERBEDARF b)	PFLEGEAUFWAND b)	GIFTIGKEIT/GEFAHREN	SCHÄDLINGSANFÄLLIG b)	WUCHSLEISTUNG b)	SCHNITT c)	
Fatsia japonica	XI-I		●	1	1		2	1		1	1	2	vor Überhitzung schützen
Hedychium gardnerianum	VII-XII	●	●	2	1		2	1		1	2	1	verblühte Triebe herausnehmen
Hibiscus	ganzj.		●	3	2		2	2		3	2	2	
Homalocladium platycladum			●	2	1		2	1		1	1	2	
Laurus nobilis	III-IV		●	1	1		2	1		2	2	2	
Mackaya bella	VI-VIII		●	3	1		2	2		1	2	2	
Mahonia	X-II	●	●	1	1		1	1	●	1	1	2	
Metrosideros excelsa	V-X		●	2	2		2	1		1	2	2	
Nandina domestica	II-IV		●	1	1		2	1		1	1	2	
Nerium oleander	IV-X	(●)	●	1	3		3	2	●	2	2	2	
Phormium			●	1	1		2	1		1	2	1	
Pistacia lentiscus	IV-VI		●	1	1		1	1		1	1	2	
Pittosporum tobira	III-VI	●	●	1	1		1	1		2	2	2	
Plumbago auriculata	IV-XI		(●)	2	2		2	3		1	2	2	sehr brüchig
Polygala myrtifolia	ganzj.		●	2	2	●	2	2		1	1	2	im Winter ziemlich trocken halten.
Punica granatum	V-X			1	3		1	1		1	2	2	
Russelia equisetiformis	ganzj.		(●)	3	2		2	2		2	2	2	
Strelitzia reginae	III-V		●	3	2		1	1		2	1	1	verträgt keine pralle Sonne
Tecoma stans	ganzj.	(●)	●	3	3		3	3		2	3	2	
Tibouchina urvilleana	VIII-V		●	2	2	●	2	2		1	3	3	
Viburnum tinus	IX-IV		●	1	2		1	1		1	1	2	
KLETTERPFLANZEN													
Bignonia	II-IV		●	1	2		2	2		1	2	2	
Bougainvillea glabra	ganzj.		(●)	2	3		2	2	●	1	2	2	
Clematis armandii	X-II	●	●	1	1		2	1		1	2	2	
Jasminum mesnyi	XI-IV		(●)	1	2		3	3		2	3	2	muß aufgebunden werden
Jasminum officinale 'Grandiflorum'	ganzj.	●	●	2	2		2	2		2	2	2	
Jasminum sambac	ganzj.	●	●	3	2		2	2		2	1	2	
Kennedia coccinea	III-XI		●	2	3		1	1		1	2	2	
Mandevilla × amabilis	ganzj.		●	3	1		1	1	●	2	2	2	
Pandorea jasminoides	ganzj.		●	2	2		1	2		2	2	2	anfällig für Bodenpilze
Passiflora	III-XI		(●)	2	3		3	2		1	3	2	manche Arten fruchten
Phaedranthus buccinatorius													erst ältere Pflanzen blühen reich
Pyrostegia venusta	II-XII		(●)	2	3		2	2		2	3	3	
Sollya heterophylla	III-X		●	2	2	●	1	1		1	1	2	
Tetrastigma voinierianum			●	3	1		2	1		1	3	3	
Thunbergia grandiflora	ganzj.		●	3	1		2	2		3	3	3	
Trachelospermum jasminoides	III-VIII	●	●	1	1		1	1	●	2	1	2	
BODENDECKER													
Ficus repens			●	1	1		2	1		2	2	2	
Hedera helix			●	1	1		2	1		2	2	2	
Liriope muscari	I-XII		●	1	1		1	1		1	1	1	
Muehlenbeckia axillaris			●	1	1		2	2		1	3	2	kletternde Triebe entfernen
Ophiopogon japonicus	I-XII		●	1	1		1	1		1	1	1	
Ruscus			●	1	1		1	1		1	1	1	
Soleirolia soleirolii			●	2 /1	2		3	3		2	3	2	

PFLANZEN VON A-Z

Die Zahl der für Kübel geeigneten Pflanzen ist so groß, daß ihre Beschreibung den Rahmen jedes Buches sprengt. Vor dem Kauf von Kübelpflanzen sollte man sich seiner gärtnerischen Fähigkeiten bewußt werden und möglichst viel Information über die gewünschten Pflanzen zusammentragen. Sonst werden Kübelpflanzen rasch zum kostspieligen Flop.

Abutilon-Hybride 'Goldglocke' – Sie verzweigt sich willig und ist deshalb als Stämmchen gut geeignet.

Abutilon megapotamicum 'Variegatum' ist nicht nur eine ausgezeichnete Ampelpflanze, sie läßt sich auch zum – nicht selbst tragenden – Stämmchen ziehen.

ABUTILON Familie *Malvaceae*

Abutilon ist eine Gattung kleiner bis mittelgroßer, immergrüner oder halbimmergrüner Sträucher. Die wichtigsten Arten stammen aus dem warm temperirten Südamerika. Sie wachsen recht sparrig und sollten beim Einräumen mindestens einmal jährlich, am besten im Spätwinter, kräftig zurückgeschnitten werden. Man kann sie auch zu sehr schönen Stämmchen erziehen. Für Kübel und auch für Wintergärten in Sonne bis Halbschatten sind *Abutilon* wertvoll wegen ihrer oft ganzjährigen Blütenpracht. Die Blüten sind zahlreich und groß, meist schalen- oder glockenförmig.

Abutilon gehören zu den »narrensicheren« Pflanzen, man kann kaum etwas falsch machen. Sie vertragen sogar leichte Fröste. Krankheiten kommen fast nie vor, mit Blattläusen und weißer Fliege muß man allerdings rechnen.

A.-Hybriden

Abutilon-Hybriden, Schönmalve

Die *Abutilon*-Hybriden, aufrechte, bis 3 m hohe und breite Sträucher, sind durch Kreuzung verschiedener Arten entstanden. Diese Sträucher mit ahornartiger Belaubung schmücken sich während des ganzen Jahres mit einer Fülle etwa 5 cm breiter, glocken- oder schalenförmiger Blüten in Weiß, Gelb, Rosa oder Rot. Solange sie noch klein sind – Als Topfpflanzen sind sie oft chemisch gestaucht – lassen sie sich gut im Zimmer halten. Bei kühler Überwinterung verlieren die Hybriden schadlos fast das gesamte Laub.

A. megapotamicum

Rio Grande Abutilon

Mit ihren dünnen Trieben und ihrem halbkriechenden, überhängenden Wuchs weicht diese brasilianische Art weit vom Bild einer Schönmalve ab. Im Gegensatz zu allen anderen Abutilon ist sie deshalb vorzüglich als Ampelpflanze, als »Trauer«-Stämmchen oder zur Berankung eines Spaliers bzw. einer Pyramide geeignet. Auch als Bodendecker kann man sie verwenden.

Diese Art hat zierliche, schmale, spitz auslaufende Blätter, die bei der Sorte 'Variegatum' überaus dekorativ goldgelb gezeichnet sind.

Das schönste an dieser Pflanze ist das herrliche Farbenspiel der Blüten. Zitronengelb und bis 5 cm lang werden sie von fünfkantigen, tiefroten und ballonartig aufgeblasenen Kelchblüten abgeschirmt und durch violette zusammengewachsene Staubgefäßbündel gekrönt. An langen Stielen hängend erinnern sie an Laternen.

Wenn man sie in Ampeln zieht, sollte man auf eine gleichmäßige Bodenfeuchte achten. Staunässe oder Ballentrockenheit führen zu Blüten- und Blattabfall, die unteren Blätter vergilben. Ist dies einmal eingetreten, schneidet man den Rio Grande Abutilon am besten rigoros aus.

A. pictum

Diese starkwachsende, ungeschnitten sparrige Art ähnelt den *Abutilon*-Hybriden. Weit verbreitet ist die Sorte 'Thompsonii', deren große Blätter bestechend cremegelb panaschiert sind. Ihre glockenförmigen Blüten sind lachsorange. Da 'Thompsonii' schnurgerade, starke Triebe macht, ist diese Sorte ganz vorzüglich als Stämmchen geeignet.

ACACIA Familie *Leguminosae*

Akazie, »Mimose« der Floristen

Es gibt ungefähr 800 verschiedene Akazien. Die meisten sind immergrün, der Großteil stammt aus Australien. Die Akazien sind sehr vielgestaltig, vom kleinen, niederen, kriechenden Strauch bis zum Forstbaum. Auch das Laub ist sehr unterschiedlich. Während die Blätter bei jungen Sämlingen in der Regel doppelt gefiedert sind, bleibt bei vielen Arten im Alter nur der verbreiterte Blattstiel bzw. die Mittelrippe, das sogenannte Phyllodium, stehen.

Akazien blühen fast immer gelb. Auffallend sind vor allem die Staubgefäße. Der Blütenstand ist entweder eine walzenförmige Ähre oder eine Rispe mit zahlreichen rundlichen Köpfchen. Fast alle Akazien (Ausnahme: *A. retinodes)* sind Winterblüher, oft duften sie. Daher sind sie vor allem für Wintergärten und Solarhäuser geeignet. Gerade frostfrei ist optimal.

Je nach Temperatur setzt die Blüte früher oder später ein und hält bis zu 6 Wochen an. Nach der Blüte schneidet man die Pflanzen ziemlich stark zurück. Ob Akazien buschig oder baumartig wachsen, hängt vom Schnitt in der Jugend ab: Man kann den Leittrieb entfernen oder aber die unteren Äste.

Akazien brauchen volle Sonne und einen gut drainierten Boden, gleichzeitig aber sehr viel Wasser. Mit Ausnahme von *A. retinodes* und *A. longifolia* vertragen sie keinen Kalk, sie reagieren sehr schnell mit Blattaufhellungen oder Blattfall. Aus diesem Grunde sind die wertvollen Schnittsorten, deren Blüten im Winter als »Mimosen« angeboten werden, in einem sehr komplizierten Verfahren auf *A. retinodes* veredelt. Sie sind deshalb viel teurer als Sämlinge. Inzwischen werden einige Sorten auch aus Stecklingen gezogen angeboten. Von Veredelungen unterscheiden Sie sich durch eher buschigen Wuchs.

Werden Akazien in einem Wintergarten ausgepflanzt, muß eine eventuelle Unterpflanzung gleichzeitig stattfinden. Später ist das kaum mehr möglich, da Akazien ähnlich einer Birke einen extrem dichten, oberflächennahen Wurzelfilz bilden, der später eingesetzten Pflanzen jeden Tropfen Wasser entzieht.

Schädlinge und Krankheiten treten bei Akazien eigentlich nie auf. Störungen im Wachstum sind entweder auf kalkreiches Wasser, auf Trockenheit oder zu hohe Wintertemperaturen in Verbindung mit Lichtmangel (Rieseln oder Vertrocknen von Blättern und Blüten) zurückzuführen.

Akazien – nicht umsonst »Mittwintersonne« genannt. Wohl keine Pflanze bringt um diese Jahreszeit mehr Farbe in Wintergärten.

ACCA Familie *Myrtaceae*

Die Gattung *Acca*, früher *Feijoa*, umfaßt einige immergrüne, mit den Guaven verwandte südamerikanische Sträucher. In Kultur ist nur eine Art. Sie wird als Ziergehölz und als Fruchtstrauch verwendet.

A. sellowiana

Brasilianische Guave

Aus Südbrasilien, Paraguay, Uruguay und Nordargentinien stammt diese Art, die mit einer Reihe von Sorten inzwischen in vielen subtropischen und warm temperierten Ländern als Obstgehölz angebaut

Wenn bekannt wäre, wie pflegeleicht *Acca sellowiana* ist, wäre dieses exotische Obst wohl sicher weiter verbreitet.

wird. Am Naturstandort wird sie bis 7,5 m hoch und breit, dabei ziemlich sparrig. In Kultur erreicht sie selten Mannshöhe. Ihre ovalen Blätter sind bis 8 cm lang und 4 cm breit, oberseits glänzend dunkelgrün, unterseits weißfilzig. Die einzeln in den Blattachseln erscheinenden Blüten können bis 4 cm breit werden. Sie bestehen aus 4 fleischigen weißen, purpurn überhauchten Blütenblättern mit einem großen Büschel weit herausragender karminroter Staubblätter. Die Blüte beginnt Ende Mai, im Wintergarten oft früher, und kann bis in den Winter anhalten.

Die kiwiähnlichen Früchte sind 5–7 Monate nach der Blüte reif. Sowohl die Wildform, wie auch die wichtigsten Sorten 'Triumph' oder 'Mammouth' bestäuben sich selbst schlecht, man hilft deshalb entweder mit einem Pinsel nach oder arbeitet mit zwei Sorten. Die Früchte werden entweder geschält gegessen oder halbiert und ausgelöffelt. Wegen des schwer definierbaren Geschmacks der Früchte nach Guaven, Ananas und Maracuja nennt man die Pflanze gelegentlich auch »Fruchtsalat-Baum«.

Kiwis sind zweihäusig, ohne männliche Pflanzen bringen sie keine Früchte

Acca gilt als frosthärtestes subtropisches Obst. Obwohl bereits bei −6 °C Blattschäden auftreten können, ist verbürgt, daß Pflanzen −16 °C, in einem Fall sogar −20 °C überlebt haben.

Für ein Myrtengewächs ist Acca vergleichsweise anspruchslos, sie liebt Sonne und reichliche Bewässerung im Sommer, ist gleichwohl recht trockenheitstolerant. Schädlinge oder Krankheiten kommen kaum vor. Man sollte sie regelmäßig schneiden, sonst verkahlt sie an der Basis. Die Brasilianische Guave läßt sich aber auch gut als Halbstamm ziehen, ebenso dekorativ wächst sie an einem Spalier.

ACTINIDIA Familie *Actinidiaceae*

Eine ganze Reihe von Arten dieser aus Ostasien stammenden, laubabwerfenden Kletterpflanzen ist bei uns winterhart und hat eine entsprechende Bedeutung als Ziergehölz. Sie klettern nicht von selbst, sondern müssen an einem Spalier oder einer Pergola aufgebunden werden.

Alle Arten lieben einen lockeren, tiefgründigen, sauren Boden (pH-Wert ca. 5), sonst werden sie leicht chlorotisch (= gelbe Blätter). Im Sommer brauchen sie viel Wasser und Dünger. Ein gelegentlicher Auslichtungsschnitt ist günstig.

A. chinensis

Kiwi, Chinesische Stachelbeere

Kiwis sind inzwischen allgemein bekannt. Die Freilandkultur ist nur an einer Südwest- oder Westwand im Weinbauklima möglich. Zuverlässiger wachsen sie in kühlen Wintergärten oder Solarhäusern, wo sie sich aber als ziemlich empfindlich gegenüber Spinnmilben erwiesen.

Diese aus China stammende Art mit in der Jugend braunrot-filzigen Trieben kann bis 10 m hoch werden. Die gleichfalls behaarten Blätter sind breit eiförmig und bis 20 cm lang. Im Mai/Juni erscheinen die cremefarbenen, bis 4 cm breiten Blüten. Ihnen folgen ab November reife, braungrün behaarte, hühnereigroße Früchte.

Als wichtigste Sorten gelten 'Abbot', 'Bruno', 'Monty' und 'Hayward'. Die letzte wird allgemein

vorgezogen, sie gilt als beste, was Größe, Ertrag und Geschmack angeht. Wie die meisten anderen Sorten ist auch diese rein weiblich, zur Befruchtung ist eine männliche Pflanze notwendig.

Kiwis formiert man im Winter, im Sommer kürzt man den Neutrieb auf 5–7 Blätter ein. Je weniger Früchte am Strauch wachsen, desto größer sind sie. Im übrigen neigen Kiwis zur Alternanz, d. h. auf ein Jahr mit reicher Ernte folgt ein Jahr mit geringem Ertrag.

AGAPANTHUS Familie *Liliaceae*

Nach Oleander und Datura dürfte *Agapanthus* wohl die verbreitetste Kübelpflanze sein. Es handelt sich bei ihr um eine immergrüne oder einziehende Staude mit kräftigen stammartigen unterirdischen Trieben und dicken, fleischigen Wurzeln.

Für eine Kübelpflanze ist die Blütezeit vergleichsweise kurz, gewöhnlich erscheinen 90 % der Blüten zwischen der 2. Juli- und der 2. Augustwoche.

In der Belaubung unterscheiden sich die verschiedenen *Agapanthus*-Hybriden stark. Die Blätter sind zwar immer riemenförmig, können aber zwischen 10 und fast 100 cm lang sein. Es gibt auch Sorten mit weiß gerandetem oder gestreiftem Laub. Ziemlich winterhart sind die 'Headbourne-Hybriden'. Sie sind sehr kompakt mit kurzen Blütenstielen und kleinen Blütendolden, dafür ist deren Zahl um so größer.

Agapanthus lieben einen vollsonnigen Stand, gedeihen aber auch noch in Ost- oder Westlagen. Am besten wachsen sie in einer lehmigen Erde, z. B. Einheitserde, mit reichlicher Bewässerung im Sommer. Umgetopft wird möglichst selten, etwa alle 3–4 Jahre. *Agapanthus* blüht um so besser, je stärker der Kübel durchwurzelt ist. Bis zur Blüte wird mit einem Volldünger reichlich gedüngt, danach nur noch wenig und keinesfalls stickstoffbetont.

Schädlinge und Krankheiten sind bei *Agapanthus* selten. Kommt es aber aufgrund von Staunässe zu Wurzelfäule, ist die Pflanze verloren.

Auch immergrüne *Agapanthus* lassen sich im dunklen Keller überwintern, nur kalt muß er sein. Gegossen wird dann nur soviel, daß die Pflanze nicht völlig austrocknet.

AGAVE Familie *Agavaceae*

Den veralteten Namen »Hundertjährige Aloe«, in englischsprachigen Ländern »Century Plant«, erhielten diese Pflanzen, weil man früher der Ansicht war, daß Agaven erst nach 100 Jahren blühen. Dies ist nicht der Fall, ausgepflanzte Exemplare brauchen je nach Art und Standort zwischen 8 und 40 Jahren, im Kübel länger. Dann stirbt die Mutterpflanze ab.

Agaven kommen aus ariden Gebieten, wo sie einen harten Lebenskampf auszufechten haben. Die daraus resultierenden Eigenschaften haben sie auch bei uns nicht verloren, sie brauchen wenig bis keine Pflege. Im Kübel gehalten, gibt man ihnen beim Ausräumen eine Handvoll Volldünger. Gießen muß man nicht, die natürlichen Niederschläge reichen aus.

Schädlinge und Krankheiten treten praktisch nie auf, in feuchten, schlecht belüfteten Winterquartieren kann es allerdings zu Fäulnis kommen. Staunässe vertragen sie nicht.

Bis aus einem Samenkorn so ein Pracht-*Agapanthus* wird, können Jahrzehnte vergehen.

Alle Agaven eignen sich vorzüglich zur Aufstellung auf Torpfeilern, Freitreppen, in Rasenflächen oder zum Verstecken von Revisionsschächten. Am besten wirken sie auf hügeligem Boden zwischen Gestein, in Verbindung mit anderen Sukkulenten, Yucca und Palmen. Pflanzungen dieser Art sind äußerst arbeitsextensiv, man kann sie über Wochen sich selbst überlassen. Agaven mit stechenden Dornspitzen sollte man wegen ihrer Verletzungsträchtigkeit nie an starkbegangenen Wegen aufstellen.

A. americana
Agave

Diese bekannteste, aus Mexiko stammende Art ist seit langem in den gesamten Tropen und Subtropen verwildert. Ihre dickfleischigen Blätter können bei einer Breite von 20 cm fast 2 m lang werden. Wegen

Agave attenuata macht im Laufe von Jahrzehnten einen meterhohen Stamm.

der Dornen an den Blatträndern und an der Blattspitze gehört diese Agave zu den extrem verletzungsträchtigen Arten, das Ein- und Ausräumen geht in der Regel nicht ohne Blutvergießen vor sich. Man achte besonders auf seine Augen!!!

Neben der normalen Form mit bläulich-graugrünen Blättern ist die Sorte 'Marginata' mit breiten, gelben Blatträndern ziemlich häufig.

A. americana verträgt nur wenig Frost, sie kann kaum vor Mitte April ausgeräumt werden.

Der Schlaf- oder Seidenbaum, *Albizia julibrissin*, ist auch bei uns in günstigen Lagen weitgehend winterhart.

ALBIZIA Familie *Leguminosae*

Die Gattung *Albizia* umfaßt etwa 50 Arten laubabwerfender oder halbimmergrüner Bäume der Tropen und Subtropen Asiens, Afrikas und Australiens. Die meisten dieser mit Akazien nahe verwandten Gehölze wachsen ziemlich rasch und geben mit ihren dekorativen, doppelt gefiederten Blättern vorzügliche lichte Schattenbäume ab. Die Blüten sind zumeist sehr attraktiv und duftend.

A. julibrissin

Seidenbaum, Schlafbaum

Diese in der Jugend im Kübel sehr langsam wachsende, laubabwerfende Art ist im warm temperierten Asien beheimatet, von Iran bis Japan. Als Solitär- und besonders als Alleebaum ist sie in wintermilden Gebieten weltweit verbreitet, an geschützter Stelle hält sie auch in Mitteleuropa aus. Ausgewachsen kann sie bis 12 m hoch und eher noch breiter werden. Besonders attraktiv wirkt diese Art, wenn man durch Schnitt, den sie gut verträgt, die Krone flach schirmförmig entwickelt. Die fein gefiederten, zart gelbgrünen Blätter

von *A. julibrissin* falten sich gegen Abend ähnlich denen einer Mimose zusammen, was der Pflanze zum Namen Schlafbaum verholfen hat. Sehr auffällig sind ihre zwischen Juli und September erscheinenden duftenden Blüten. Diese sind zu einem Köpfchen zusammengesetzt, die lange herausragenden rosa Staubblätter erwecken den Eindruck eines Pinsels oder eines Nadelkissens. Karmesinrote Staubfäden hat die Sorte 'Rosea'. Sie wächst wesentlich schwächer als die Art und gilt als frosthärter.
A. julibrissin ist ziemlich anspruchslos. Sie braucht allerdings einen heißen Sommer und einen trockenen Herbst, um gut auszureifen und im folgenden Jahr reich zu blühen. Obwohl sie Trockenheit verträgt, wächst sie bei reichlicher Bewässerung im Sommer sehr viel besser, der Boden sollte durchlässig sein. Für kalte, zweistöckige Wintergärten ist sie gut geeignet. Ausgepflanzt paßt sie in einen Innenhof, wo man die über dem Laub stehenden Blüten auch von oben betrachten kann. Die Selbstanzucht vom Sämling zum Blütenbaum lohnt nicht, im Kübel dauert das über 10 Jahre, oft trocknet der Jahreszuwachs im Winter wieder zurück.

A. lophantha

Sehr raschwüchsig ist diese halbimmergrüne Art aus Südwestaustralien. Am Naturstandort erreicht sie schnell bis zu 15 m, bei uns wird sie kaum über 6 m hoch. Mit ihrem farnartigen, dunkel samtig grünen Laub wirkt sie sehr attraktiv. Ihre cremeweißen bis gelben Blüten stehen in einem bis 8 cm langen und 5 cm breiten Blütenstand und erscheinen bereits bei jungen Pflanzen. Obwohl ihre Blüte weniger hervorsticht als die von *A. julibrissin*, ist sie als Wintergartenpflanze wertvoll, da zum einen die Blütezeit zwischen Herbst und Frühjahr liegt und sie zum anderen fast immergrün ist. Beim Umpflanzen fallen die stinkenden Wurzeln auf.

ARAUJIA Familie *Asclepiadaceae*

Aus dem tropischen Südamerika stammt diese Gattung raschwachsender immergrüner Kettersträucher. Sie brauchen volle Sonne und entsprechend ihres üppigen Wachstums viel Wasser und Nährstoffe.

A. sericifera
Folterpflanze

Diese brasilianische Art kann unter optimalen Bedingungen in einer Vegetationsperiode Triebe von 6-10 m Länge machen und ist deshalb vorzüglich zur raschen, großflächigen Begrünung von Wänden oder Pfeilern geeignet. Ihre etwa 2 cm breiten weißen oder rosa Glockenblüten duften leicht und erscheinen in Rispen im Sommer und Herbst. Den Namen Folterpflanze erhielt *Araujia*, weil ihre Blüten nachtschwärmende Motten festhalten können; nach Tagesanbruch lassen sie diese wieder frei. Auf die Blüten folgen riesige, paprikaähnliche grüne Früchte. In ihrer Heimat oder im Wintergarten kann *Araujia* zum Unkraut werden, wenn man die Früchte nicht rechtzeitig entfernt. Beim Einräumen stark zurückschneiden.

Albizia lophantha ist eine vorzügliche Blattschmuckpflanze. Nur braucht sie auch im Winter viel Licht. Die Flaschenbürstenblüten dieser australischen Art erscheinen zwischen Spätherbst und Spätwinter.

ARBUTUS Familie *Ericaceae*

Erdbeerbaum

Die Erdbeerbäume gehören zu den schmückendsten immergrünen kleinen Bäumen oder Großsträuchern. Wegen ihres schwachen Wachstums und ihrer Blütezeit vom Herbst bis zum Frühjahr sind sie gerade für kleinere, nicht notwendigerweise frostfreie Wintergärten vorzüglich geeignet. Sollten sie doch zu groß werden, lassen sie sich beliebig schneiden und wieder in Form bringen.

Araujia hält die sie besuchenden Nachtschmetterlinge so lange fest, bis die Blüte bestäubt ist. Neben den duftenden Blüten sind die großen, paprikaartigen Früchte ihr Hauptschmuck. Nicht aussamen lassen!

Alle Teile der Erdbeerbäume sind attraktiv; die lorbeerähnlichen, meist gesägten Blätter, die abblätternde rotbraune Borke, die interessanten, maiglöckchenähnlichen Blüten und die an eine Walderdbeere erinnernden Früchte.

Arbutus behandelt man am besten wie Azaleen oder Kamelien, mit einer Ausnahme vertragen sie keinen Kalk. Obwohl sie zu üppigem Wachstum viel Dünger und Wasser verwerten können, sind sie etwas empfindlich gegen Staunässe, speziell im Winter.

Arbutus gedeihen auch in absonnigen Lagern noch gut. Manche Arten lassen sich sogar in geheizten Zimmern überwintern, verlieren dann aber einen Teil des alten Laubes.

A. unedo

Diese Art bewohnt vor allem die westlichen Mittelmeerländer, kommt aber noch bis Irland vor. Im Gegensatz zu allen anderen Arten verträgt sie etwas Kalk. Sie ist eine Hauptzierde der Macchien. Bei günstigem Standort wird sie im hohen Alter ein knorriger, rundkroniger, bis 12 m hoher Baum, meist jedoch nur ein mehrstämmiger Großstrauch. Die abblätternde Borke ist rotbraun. Die Blütezeit ist im Herbst und Winter, die überhängenden, stattlichen Rispen mit den weißen, zart rötlich angehauchten maiglöckchenartigen Blüten heben sich bestechend vom dunklen Laubwerk ab. Ebenso wirkungsvoll ist der Strauch, wenn er über und über mit seinen halbreifen zitronengelben und vollreifen roten Früchten bedeckt ist.

Die Früchte des westmediterranen Erdbeerbaumes *Arbutus unedo*, sind etwa 1 cm dick, die des ostmediterranen Vertreters *A. andrachne* sind viel kleiner.

Die Früchte halten lange am Stiel, sind genießbar, schmecken aber – ganz im Gegensatz zu dem besonders in Portugal aus ihnen bereiteten Likör – nicht sonderlich gut.

Ausgepflanzt hält der Erdbeerbaum Temperaturen bis –10 °C schadlos aus.

Von *A. unedo* sind mehrere Formen unter dem Namen 'Compacta' im Handel. Alle sind sie mehr oder weniger echte Zwergformen mit malerisch verdrehten Zweigen. In 10 Jahren werden sie selten über 1,5 m hoch. Da sie über Stecklinge vermehrt werden, blühen und fruchten sie bereits als junge Pflanzen. In den östlichen Mittelmeerländern wird *A. unedo* durch den ähnlichen, spätwinterblühenden *A. andrachne* ersetzt.

ASCLEPIAS Familie *Asclepiadaceae*

Seidenpflanze

Von den über 100 Arten dieser Gattung aus Mittel- und Südamerika sowie Afrika wird eigentlich nur eine Art, *A. curassavica*, in größerem Stile als Zierpflanze kultiviert.

A. curassavica

Die leuchtend warmen Rot-Orange-Töne der Blütendolden machen diesen nahezu ganzjährig blühenden Halbstrauch zu einer wertvollen Kübelpflanze. Entsprechend ihrer eher tropischen Herkunft will *A. curassavica* auch im Winter nicht zu kühl stehen, 10 °C sind aber ausreichend, so sie ziemlich trocken gehalten wird.

Die Kultur ist einfach, man sollte nur gelegentlich einzelne Triebe bodennah zurückschneiden, um ein Auskahlen zu vermeiden. Ein Standort in voller Sonne ist empfehlenswert.

Wie viele andere Halbsträucher auch, hat *A. curassavica* ziemlich mit Schädlingen, vor allem der

Weißen Fliege, zu kämpfen. Pilzkrankheiten kommen eigentlich nur bei zu nassem Stand im Winter vor. Fruchtstände sollten entfernt werden, sonst hört die Blüte auf.

AUCUBA Familie *Cornaceae*

Von *Aucuba* kennt man nur 3 oder 4 Arten in Japan, China und im westlichen Himalaja. Die einzige im Handel befindliche Art ist eine der traditionellen Kübelpflanzen für absonnige Lagen.

A. japonica
Aukube

Dieser immergrüne, bis 5 m hohe rundliche Busch ist unter dem Schutz von Baumkronen im Weinbauklima winterhart. Ansonsten gehört er wie Lorbeer zu den Standardkübelpflanzen, die noch heute von vielen Gärtnern zu festlichen Anlässen verliehen werden. In Terrakottakübeln ist die Aukube neben der Schusterpalme *(Aspidistra)* in Italien unverzichtbarer Bestandteil eines jeden (Hinter)hofes. Dies alles spricht zum einen für ihre Robustheit, zum anderen ist es ein Beweis dafür, daß die Pflanze wirklich das ganze Jahr über attraktiv ist.

Je nach Sorte, Standort und Ernährung sind die Blätter von *Aucuba* ziemlich variabel, immer sind sie dick und lederig und meistens elliptisch zugespitzt, bis zu 20 cm lang und dann etwa 8 cm breit. Die Blüten sind ziemlich unscheinbar, purpur bis bräunlich und erscheinen im Spätwinter und frühen Frühjahr in ziemlich großen, aufrechten Rispen am Ende der Triebe. Aus ihnen entwickeln sich ovale, bis 2 cm lange, anfangs grüne, im Herbst dann rot werdende Früchte. Diese sind sehr hübsch; sie halten sich weit bis ins Frühjahr. Die mäßig giftigen Beeren üben eine magische Anziehungskraft auf kleine Kinder aus. Man sollte deshalb entweder Blüten oder Früchte rechtzeitig ausbrechen, sofern kein kindersicherer Platz aufzutreiben ist.

Während bei der normalen, grünen Form männliche und weibliche Pflanzen zum Fruchtansatz nötig sind, außerdem viele Sorten entweder rein männlich oder rein weiblich sind, gilt dies nicht für die sich selbst befruchtende 'Crotonifolia'. Wegen ihres reichen Fruchtansatzes und ihrer weiß- und gelbbunt gepunkteten und gescheckten Blätter stellt sie wohl die wertvollste Sorte dar. Als auffälliger Farbtupfer besonders schön ist sie im lichten Baumschatten, wenn durchbrechende Sonnenstrahlen über ihre glänzenden Blätter spielen.

Die Seidenpflanze, *Asclepias curassavica*, sollte in der Jugend mehrmals zurückgeschnitten werden, sonst wird sie schnell sparrig.

Aucuba japonica, hier die Sorte 'Variegata', wird auch dort, wo sie winterhart ist, häufig in Kübeln gezogen.

Empfindlich gegen Krankheiten und Schädlinge ist *Aucuba* nicht, Schildläuse und Spinnmilben können allerdings vorkommen. Im Winter sollte man sparsamer gießen, um Staunässe sicher zu vermeiden. Ist der Winterstandort zu dunkel und zu warm, entstehen oft schwarze Blattflecken, die geschädigten Blätter fallen bald ab. Allerdings können *Aucuba* auch völlig dunkel überwintert werden, wenn der Raum nur kalt genug ist. Er braucht nicht frostfrei zu sein, die Pflanze verträgt sogar mehrfaches Durchfrieren des Ballens. Am besten läßt man die Aukube bis –15 °C draußen.

Hat das Laub von *Aucuba* durch eine ungünstige Überwinterung stark gelitten, schneidet man die Triebe am besten kräftig zurück.

AZARA Familie *Flacourtiaceae*

Aus den Anden des südlichen Südamerikas, vor allem aus Chile, stammt diese Gattung immergrüner Sträucher oder kleiner Bäume. Sie zeichnen sich durch ihre zwar kleinen, aber köstlich duftenden Blüten aus. Alle Arten blühen im Winter und Frühjahr.

Besonders wertvoll sind Azaras, weil sie ziemlich viel Schatten vertragen, in der vollen Sonne gedeihen sie schlecht. Sie lieben einen kräftigen, jedoch gut drainierten Boden, viel Wasser und Dünger. Sollten sie zu groß oder im Alter sparrig werden, kann man sie fast beliebig zurückschneiden.

A. microphylla

In der Jugend langsam wachsend, wird diese Art im Alter baumartig und kann unter besten Bedingungen 10 m Höhe erreichen. Im Habitus ist die Pflanze mit ihren überhängenden Zweigen eher fächerartig – ein Effekt, der sich durch geschickten Schnitt und häufiges Entspitzen erheblich verstärken läßt. Die winzigen grünlichgelben Blüten erscheinen meist im Februar und März, von den Blättern versteckt auf der Zweigunterseite. Dennoch wird einem die Blüte kaum entgehen, da sie durch einen köstlichen, weit ausstrahlenden Vanilleduft auf sich aufmerksam macht.

A. microphylla gilt mit als schönste Art, gleichzeitig als frosthärteste. Ausgepflanzt soll sie Temperaturen bis unter –10 °C aushalten, was sie für ungeheizte Wintergärten sehr wertvoll macht.

Die Blüten von *Azara microphylla* sind völlig unscheinbar, nicht jedoch ihr köstlicher Vanilleduft.

Bauhinia variegata – der Name Orchideenbaum ist für diese Pflanze sicher nicht übertrieben. In warmen Wintergärten kommt sie auch bei uns zur Blüte.

BAUHINIA Familie *Leguminosae*

Wegen ihrer großen, an Orchideen erinnernden Blüten und ihrem äußerst dekorativen Laub sind diese Sträucher und Bäume als Zierpflanzen in den Tropen und Subtropen der ganzen Welt verbreitet.

Anhand ihrer Blätter – man vergleicht sie mit dem Hufabdruck eines Kamels – sind Bauhinias auch im nichtblühenden Zustand leicht zu erkennen. Sie sind rundlich, manchmal breiter als lang und oben zu einem Fünftel bis zur Hälfte gespalten. Auch ihre Blüten sind typisch. Der international gängige Begriff Butterfly- oder Orchid-Tree beschreibt die Blüte besser, als man dies mit trockenen Adjektiven tun kann. In Form, Größe und Farbe ähneln sie verblüffend Orchideen oder Schmetterlingen.

Die Kultur von *Bauhinia* ist nicht schwer, außer einem kräftigen Boden haben sie keine Ansprüche. Wenn man die Pflanze nicht im vergleichsweise warmen Wintergarten ausgepflanzt hat, sollte man durch Einstellung der Düngung und Einschränkung der Wassergaben dafür sorgen, daß der Neutrieb im Herbst gut ausreift. Überwintert man nämlich *Bauhinia* um 5 °C herum, trocknen sonst die Triebe zurück, die Wurzeln faulen. Ältere, ausgereifte Pflanzen vertragen ohne weiteres kurze Fröste.

B. purpurea, B. variegata

Als kleine, oft alleeweise gepflanzte Bäume sind diese beiden wohl die wichtigsten Arten. Auch Fachleute können sie kaum unterscheiden. Ihre Blüten sind etwa 6 cm breit und stehen zu 6–10 zusammen. Sie öffnen sich nicht alle gleichzeitig.
Je nach Jahreszeit und Pflanze liegt die Grundfarbe der Blüte zwischen Zartrosa und einem kräftigen Purpurrosa, das dunklere Zentrum kann stark hervortreten oder sich auch kaum abzeichnen. Eine weiße Form, 'Alba', ist nicht selten. Wertvoll ist *Bauhinia* wohl nur für Wintergärten. Sie will einen vollsonnigen, möglichst warmen und windgeschützten Platz.

BIGNONIA Familie *Bignoniaceae*

Noch heute ist es in südlichen Baumschulen üblich, alle mehr oder weniger kletternden Bignoniaceen als *Bignonia* zu bezeichnen. Bis auf eine Art haben die Botaniker jedoch alle anderen Gattungen zugeordnet. Trotzdem besteht noch ein ziemliches Chaos, weil einige Bignoniaceen in Europa und den USA unter verschiedenen Gattungsnamen geführt werden.

B. capreolata
Kreuzrebe

Dieser sehr üppige, immergrüne Kletterstrauch stammt aus den südöstlichen USA und hält dort erhebliche Fröste aus. Bereits in Südengland ist er winterhart. In Mitteleuropa scheint er nur für große Wintergärten oder Solarhäuser geeignet, er kann immerhin 20 m erreichen. Die Blätter dieser robusten Pflanze sind eigentlich dreizählig, nur ist das Mittelblatt oft zu einer verzweigten Ranke umgebildet, deren »Zweige« in dreiteiligen Krallen enden. Die eiförmig-lanzettlichen Blättchen sind mit bis zu 15 cm Länge für eine Bignoniacee sehr groß, was in Verbindung mit der tiefgrünen Farbe Hauptursache für die tropische Wirkung ist. Die Trichterblüten dieser Art sind orange- bis braunrot, mit auf der Innenseite gelben Zipfeln. Sie sind etwa 5 cm lang und stehen zu 2-5 in den Blattachseln. Hält man *B. capreolata* im Wintergarten bei mindestens 5 °C, können die ersten Blüten im Februar erscheinen, ist es kälter, beginnt die Blüte gegen Frühjahr. Sie hält bis in den Sommer an. Wie alle Bignoniaceen wünscht auch diese einen möglichst hellen Stand und viel Wasser und Nährstoffe während der Hauptwachstumszeit. Sie läßt sich beliebig schneiden.

BOUGAINVILLEA
Familie *Nyctaginaceae*

Die Gattung *Bougainvillea* umfaßt eine kleine Zahl kräftig wachsender, südamerikanischer Kettersträucher. Ihre Attraktivität erhalten sie durch die großen, auffallend gefärbten Hochblätter, die die unscheinbaren Blüten umgeben. Die reinen Arten von *Bougainvillea* sind heute nur noch als Zuchtmaterial von Bedeutung. Alles was heute angeboten wird, sind Sorten meist hybriden Ursprungs. Bei uns sind alle selten, mit Ausnahme der robusten *B. glabra* 'Sanderiana'. Demgegenüber gibt es in tropischen Ländern, vor allem in Indien und den Philippinen, hunderte von Sorten in allen Farben, von weiß über rosa, gelb, orange, rot bis lila und violett, einfach oder gefüllt, zum Teil sieht man auch Sorten mit auffällig panaschiertem Laub.

Bougainvillea lassen sich vielfältig verwenden. Als Kletterpflanze bindet man sie in der Regel an Spaliere oder an Pyramiden aus Bambusstäben. Auch Stämmchen oder Kugeln lassen sich sehr leicht ziehen, man muß nur die ständig erscheinenden Langtriebe rechtzeitig einkürzen. Im Wintergarten zieht man sie oft an Drähten unter dem Glas oder läßt sie in einen Baum oder großen Strauch hineinwachsen. Wenn sie – ausgepflanzt passiert das schnell – den Rahmen sprengen, kann man sie stark zurückschneiden.

Wenn man einige Grundregeln beachtet, ist die

Mit der immergrünen *Bignonia capreolata* muß man etwas Geduld haben. Auch aus Stecklingen vermehrt, blüht sie die ersten Jahre nur mäßig.

Bougainvillea im Kübel so kompakt zu halten, ist sicher nicht einfach.

Es gibt nur sehr wenige Pflanzen, bei denen jeder gewünschte Farbton zu finden ist. *Bougainvillea* gehören dazu. Es soll über 1000 »Sorten« geben.

Kultur von *Bougainvillea* nicht schwierig. So brauchen sie einen vollsonnigen Standort, der gar nicht heiß genug sein kann. Der Boden sollte kräftig und lehmig-humos sein – am besten Einheitserde – gleichwohl gut drainiert. Während des Hauptwachstums wird reichlich gedüngt und gewässert. Im Herbst läßt man die Pflanzen ziemlich austrocknen, das Laub soll welken und abfallen. Überwintert wird dann kühl, fast trocken und notfalls dunkel. Auch im Wintergarten kann oder sollte man sie im Spätherbst austrocknen lassen, bis das Laub fällt. Dann schneidet man sie kräftig zurück.

Im kühlen Wintergarten beläßt man sie bis zum Frühjahr so, im warmen Wintergarten kann man kurz nach dem Laubfall wieder reichlich gießen, innerhalb weniger Wochen steht die Pflanze wieder in voller Blüte. Durch Trocken-werden-Lassen und anschließende Bewässerung kann man zu jeder Jahreszeit eine Vollblüte provozieren, ein Trick, der aus den Tropen stammt, wo *Bougainvillea* keinem jahreszeitlichen Wechsel unterworfen ist. Im übrigen ist ganz offensichtlich, daß niedere Nachttemperaturen die Blüte fördern.

Bougainvillea ist ziemlich unempfindlich gegen Schädlinge und Krankheiten. Allerdings kann man selbst große Pflanzen sehr leicht umbringen, wenn man sie in ruhendem, mehr oder weniger laublosen Zustand naß hält, ohne für die gleichzeitig notwendige Temperaturerhöhung (auf mindestens 15–20 °C Bodentemperatur) zu sorgen. Besonders kritisch wird es, wenn die Pflanze im Herbst noch naß steht und auf Grund eines kurzen Frostes ihr Laub verliert. Sie muß dann sofort in ein warmes Zimmer und dort möglichst über den Winter durchkultiviert werden.

Da *Bougainvillea* keinen guten Ballen macht, ist das Umtopfen schwierig. Keinesfalls darf man an der Pflanze ziehen, besser schneidet man mit einem Teppichmesser den Topf kaputt und hebt die Pflanze gleich in einen 30–40 l fassenden Endtopf.

BRACHYCHITON
Familie *Sterculiaceae*

Aus Australien stammt diese Gattung halbimmergrüner bis immergrüner Bäume. Alle Arten haben sehr dekorative lederige Blätter, zum Teil auch attraktive Blüten und kanuförmige Früchte, die in der floristischen Binderei verwendet werden.

Die Kultur von *Brachychiton* ist einfach. Wichtig ist nur, daß er in gut drainiertem Substrat steht und, falls er kühl oder kalt überwintert wird, nur wenig

Wasser bekommt. In naßkaltem Boden faulen die Wurzeln leicht. An Schädlingen sind es vor allem Spinnmilben, die zum Problem werden können. Man erkennt die Gefahr jedoch rasch, da sich befallene Blätter auch auf der Oberseite, zuerst an den Blattrippen, rot färben.

Brachychiton können ohne weiteres als Zimmerpflanze überwintert werden, da sie etwas Schatten gut vertragen. Allerdings verlieren sie dann viel Laub und treiben ziemlich spindelig durch. Vor dem Ausräumen sollte man sie dann kräftig zurückschneiden.

Am häufigsten in Kultur sind *B. acerifolius* mit tief gelappten Blättern und *B. populneus* mit pappelähnlichem Laub, beide eignen sich vorzüglich als Wintergartenbaum.

Als auf einen Stein gekleisterte Jungpflanze wird *Brachychiton* in Mitteleuropa seit Jahren als »Zimmerbonsai« vermarktet. Die Grazie des filigranen Laubes kommt dann kaum zur Geltung.

CAESALPINIA
Familie *Leguminosae*

In den Tropen und Subtropen fast der ganzen Welt verbreitet ist diese Gattung laubabwerfender, zum Teil mittels Haken kletternder Sträucher. Sie zeichnen sich durch ihre zumeist auffallend gefärbten, in endständigen lockeren Trauben oder Rispen stehenden Blüten aus, deren hervorstechendes Merkmal die weit herausragenden Staubfäden sind. Alle Arten brauchen einen gut drainierten Boden, auf winterliche Staunässe reagieren sie mit Wurzelschäden. Bei den meisten Arten ist ein mehrfacher Rückschnitt in der Jugend günstig, sie verzweigen sich dann besser und blühen um so reicher.

C. gilliesii
Paradiesvogelbusch

Diesen sehr langsam in die Substanz wachsenden, wenig verzweigten argentinischen Busch kann man leicht als Stamm ziehen, er gibt dann einen prächtigen, nur zarten Schatten spendenden, sommerblühenden Solitär ab.

Die Blätter dieser Art sind akazienartig fein gefiedert. Jeweils 30–40 der gelben Blüten, aus denen bis

Caesalpinia gilliesii, der Paradiesvogelbusch, braucht von der Aussaat leider einige Jahre bis zur ersten spektakulären Blüte.

8 cm lange Büschel scharlachroter Staubblätter herausragen, stehen zusammen in einem bis 30 cm langen aufrechten Blütenstand. Diese Art braucht im Sommer einen heißen, vollsonnigen Standort und nur recht wenig Wasser, in blattlosem Zustand kann sie im Winter dunkel stehen. Ausgepflanzt verträgt sie erhebliche Fröste.

Wenn der Flammenbusch, *Calliandra tweedii*, schlecht blüht, steht er zu schattig

Den typischen Blütenständen verdankt der Zylinderputzer seinen Namen. Im Handel sind viele schlechte und ein paar gute Typen. Ob die Pflanze gut geblüht hat, erkennt man an den jahrelang an den Zweigen haftenden Samenkapseln.

CALLIANDRA Familie *Leguminosae*

Wegen ihrer prachtvollen, roten oder weißen Blütenköpfchen werden diese aus dem tropischen und subtropischen Amerika sowie Ostindien stammenden Pflanzen in den wärmeren Gebieten der ganzen Welt viel gepflanzt. Sie haben alle sehr fein doppelt gefiedertes, immergrünes Laub.

Die Pflanzen sind wenig anspruchsvoll, brauchen jedoch volle Sonne und einen gut drainierten Boden. Da sie zu breit ausladendem, sparrigem Wuchs neigen, sollte man sie aufbinden oder am Spalier ziehen und gelegentlich kräftig zurückschneiden.

C. tweedii
Flammenbusch

Freiwachsend entwickelt dieser elegante brasilianische Busch eine überaus malerische Struktur, die dünnen, biegsamen Zweige hängen weit über. Die Blütenköpfchen dieser zumindest als Kübelpflanze wohl besten Art erscheinen zwischen Februar und Herbst, sie sind karmesinrot und bis 7 cm breit. Ob am Spalier, als Stämmchen oder freiwachsend als Busch gehört diese Art zu den Edelsteinen unter den Kalthauspflanzen. Wenn man im Sommer einzelne Triebe auf Stummel schneidet, bleibt sie von unten dicht.

CALLISTEMON Familie *Myrtaceae*

Zylinderputzer

Diese Gattung ziemlich bekannter, meist sommerblühender Kübelpflanzen kommt aus Australien. Viele Arten sind nahe miteinander verwandt und auch vom Spezialisten kaum voneinander zu unterscheiden. Die Identifizierung wird durch das Vorhandensein zahlloser Bastarde gewaltig erschwert. Nichtblühende *Callistemon* kann man leicht mit *Melaleuca* bzw. anderen australischen Myrtaceen verwechseln, in Form, Struktur und Größe gehen die Blätter dieser Gattungen nahtlos ineinander über.

Ansonsten sind die Blätter wechselständig linealisch oder lanzettlich und zumeist hart und ledrig. Bei einigen Arten ist der Austrieb kupferrot oder bronzegrün. Die Blüten stehen in zylindrischen Blütenständen am Ende der Triebe, besonders auffallend sind die langen roten, gelegentlich gelben Staubfäden. Der flaschenbürstenartigen Anordnung der Blüten verdanken diese Sträucher ihren Namen. Die den Stamm umgebenden, runden, harten und holzigen Samenkapseln bleiben über Jahre erhalten.

Wie die meisten Myrtaceen vertragen *Callistemon* auf Dauer keinen Kalk. Sie lieben volle Sonne. Obwohl die meisten Arten ziemlich wenig Wasser brauchen, darf man sie nie ganz austrocknen lassen. Alle *Callistemon* vertragen ohne weiteres ein paar Grad Frost. Als Kübelpflanzen müssen sie hell überwintert werden und möglichst kühl. Kritischer Moment ist das Ausräumen, die doch schon ziemlich harten Strahlen der Frühlingssonne können die Rinde zum Aufspringen bringen, besonders wenn gleichzeitig leichte Nachtfröste auftreten und die Pflanze schon voll im Saft steht.

Die meisten *Callistemon-Arten* lassen sich gut schneiden. Man kann Stämmchen bzw. Stämme ziehen oder die Pflanze an einem Spalier aufbinden.

C. citrinus
Zitronen-Zylinderputzer

Diese häufigste, sehr vielgestaltige Art erhielt ihren Namen nach den Blättern, die – mit viel Phantasie – beim Zerreiben nach Zitronen duften. Vermutlich gehören die meisten als *C. citrinus* angebotenen Pflanzen zu anderen Arten. Die Blätter dieser selten über 2,5 m hohen und ebenso breiten, überhängenden Sträucher (baumartig gezogen bis 5 m) sind ziemlich steif, schmal lanzettlich und bis 7 cm lang. Der Blütenstand mit seinen scharlachroten Blüten kann eine Länge von 15 cm erreichen. Gerade frostfrei überwintert, blüht diese Art zwischen dem späten Frühjahr und Hochsommer, im warmen Wintergarten kann die Blüte bereits im Winter einsetzen. Es gibt Selektionen von *Callistemon*, die bei optimaler Kultur im Jahr 2–3 mal blühen können. Stämme sind als lichten Schatten spendende Solitärbäume für höhere Glasanbauten sehr gut geeignet. Der wohl blühfreudigste Typ ist als *C. laevis* im Handel.

CAMELLIA Familie *Theaceae*

Für Besitzer kühler, absonniger Wintergärten, die die Pflanzen mit kalkfreiem Wasser versorgen können, gehören Kamelien fast zum »Muß«.

Es gibt nur ganz wenige, zwischen Spätherbst und dem späten Frühjahr blühende Pflanzen, sie sich unter diesen Bedingungen im Flor mit den Kamelien messen können.

Kamelien sind eine Wissenschaft für sich und eine Kultur von Spezialbetrieben. Verschiedene italienische Baumschulen bieten über 200 Sorten an.

Kamelien haben ähnliche Ansprüche wie Azaleen und Rhododendren, also möglichst torfreichen Boden und keinen Kalk. Ihre Wurzeln vertragen keine Hitze, sie stehen deshalb am besten absonnig oder im Halbschatten. Man sollte sie regelmäßig wässern und düngen, aber nur mit niederen Nährsalzkonzentrationen. Düngeschocks sowie alle anderen

Der Kontrast zwischen Blütenfarbe und Farbe der Staubfäden kommt bei vielen Sorten von *Camellia japonica* nicht so zur Geltung wie bei 'Barbara Clark'.

Von der häufigen *Camellia japonica* unterscheidet sich *Camelia sasanqua* durch kleineres Laub, kleinere Blüten und die Blütezeit im Herbst.

krassen, plötzlich auftretenden Veränderungen der Umweltbedingungen vertragen Kamelien nicht. Im harmlosesten Falle werfen sie schlagartig alle Knospen oder Blätter ab.

In Wintergärten wird besonders Überhitzung gefährlich. Bei den im Sommer über im Freien kultivierten Kübelpflanzen ist das Ein- und Ausräumen kritisch. Beim Ausräumen müssen die Pflanzen anfangs unbedingt schattig aufgestellt werden, die Gefahr von Sonnenbrand ist sehr groß. Werden die Blätter vom Rand her braun oder fallen gar ab, ist das meist ein Zeichen von Überdüngung. Gelbe, chlorotische Blätter weisen deutlich auf Staunässe oder zuviel Kalk im Boden hin.

Kamelien kann man fast beliebig schneiden, üblich ist ein harter Formschnitt nach der Blüte, im Sommer kürzt man lang herausschießende Triebe ein. Die Blüte von Kamelien läßt sich verzögern, indem man im Sommer mehrfach entspitzt (d. h. die Triebspitzen entfernt) und die Pflanze dadurch zu vegetativem Wachstum reizt.

CAPPARIS Familie *Capparidaceae*

Diese in den Tropen und Subtropen der alten Welt verbreitete Gattung umfaßt etwa 250 Arten laubabwerfender oder immergrüner Sträucher und Bäume. Die Blüten sind meist sehr auffällig, besonders durch ihre zahlreichen langen, bunt gefärbten Staubblätter.

Wer eine mit blühenden Kapern bewachsene Stadtmauer in der Toscana gesehen hat, möchte diese Pflanze besitzen. Aber Vorsicht – obwohl sie nicht so schnell eingeht, stadtmauerähnliche Verhältnisse muß man ihr schon bieten.

C. spinosa
Kapernstrauch

Dieser aus Südosteuropa stammende dornige, meist nur kniehohe, laubabwerfende Strauch fällt vor allem dann auf, wenn er sich mit zahlreichen Exemplaren in einer nach Süden orientierten Bruchsteinmauer festgesetzt hat und während des ganzen Sommers seine in der Gestalt an Johanniskraut *(Hypericum)* erinnernden Blüten zeigt. Ihre Farbe ist weiß bis zartrosa, die langen Staubfäden sind rötlich. Die eingelegten Blütenknospen sind die bekannten Kapern. Die Blättchen dieser Art sind rundlich bis oval, meist nur 1–3 cm lang und stark mit Wachs überzogen.

Wenn man den Kapernstrauch am Naturstandort sieht, fragt man sich, von was die Pflanze eigentlich lebt. Obwohl sie in Kultur praktisch nicht umzubringen ist, hält sich ihr Wachstum doch häufig in Grenzen. Sie steht dann entweder zu naß, worauf ein Teil der Wurzeln abfault oder zu trocken, worauf die Blätter verdorren. Gleichwohl treibt sie nach jeder Wachstumsdepression wieder kräftig durch, wenn die Ursachen dafür behoben sind.

Die beste Verwendung für diese Pflanze ist wohl eine Ampel, ein Platz in einer Wintergarten-Trockenmauer oder in einem Steinbeet.

CARISSA Familie *Apocynaceae*

Wachsbaum

Aus den Tropen Afrikas und Asiens stammt diese Gruppe immergrüner, meist dicht verzweigter Sträucher und Bäume. Sie haben dicke, lederige Blätter und zumeist auffallende große, einfache oder verzweigte Dornen. Ihre duftenden Blüten sind weiß oder rosa und erscheinen einzeln oder in Büscheln in den Blattachseln.

Carissa sind überaus anspruchslos, nur naßkalten Boden oder Frost vertragen sie nicht. Sie lassen sich beliebig schneiden. In den Tropen werden sie häufig als Heckenpflanzen verwendet, sie wachsen sowohl in der Sonne wie im Schatten.

Was jetzt botanisch richtig *Carissa* heißt, ist nicht giftig. Diese Pflanzen haben in Südafrika – außer ihren Früchten – nur einen gewissen Wert als Aphrodisiacum. Wenn es früher hieß, *Carissa* ist giftig, war das auch richtig. Inzwischen wurden aber die giftigen Vertreter in *Acokantera* umbenannt. In der Fachliteratur, unter Gärtnern und ebenso in Botanischen Gärten haben alte Bezeichnungen oft ein ewiges Leben, weshalb man weiter davon ausgehen sollte: »*Carissa*« ist giftig, wenn sich die Pflanze nicht durch ihre gegabelten Dornen eindeutig als echte *Carissa* identifizieren läßt.

C. macrocarpa
Natalpflaume

Aus dem östlichen Südafrika – aus Natal – stammt diese Art. Interessant macht sie vor allem, daß sie wegen ihrer dunkelroten, pflaumenartigen, wohlschmeckenden Früchte in vielen Ländern als Obstgehölz kultiviert wird. Es gibt sogar eine ganze Reihe von Sorten.

C. macrocarpa wächst ziemlich langsam, strauchig und dicht. Selten wird sie über 4 m hoch, kann in ihrer Heimat aber 9 m erreichen. Ihre eiförmigen Blätter sind dickledrig, etwa 3–7 cm lang. Typisch für die Art sind ihre langen, gabelig geteilten Dornen. Die duftenden, weißen Blüten erscheinen hauptsächlich im Frühjahr und Sommer, aber auch zu anderen Jahreszeiten. Sie stehen einzeln, sind sternförmig und bis 5 cm breit.

Die Früchte ähneln im Geschmack einer ziemlich süßen Preiselbeere. Sie werden roh gegessen oder zu Soßen verarbeitet. Als junge Pflanze hält *C. macrocarpa* gut im Zimmer aus.

Carissa sind vielfältig verwendbar. Sie erfreuen nicht nur durch duftende Blüten, sie liefern auch ein wertvolles Obst.

CARPOBROTUS Familie *Aizoaceae*

Diese Gattung sukkulenter Stauden und Halbsträucher stammt aus Süfafrika. Nicht nur in Australien ist sie verwildert. Als Bodendecker in den warmen Gebieten der ganzen Welt ist sie sehr beliebt. Carpobrotus wachsen bodenaufliegend, recht rasch und bewurzeln sich schnell. Besonders gut geeignet sind sie für sehr heiße, trockene Standorte.

Schädlings- und krankheitsfrei sind *Carpobrotus* wohl mit die besten Bodendecker für Steinbeete, Halbwüstenpflanzungen und ähnliches, im Freien oder unter Glas. Es muß jedoch hell sein. Sehr gut geeignet sind sie auch als Bodendecker in großen Plastikkübeln unter Solitärpflanzen wie Palmen; sie hängen bald bis zum Boden herab und schützen dadurch den Wurzelbereich des unterpflanzten Solitärs vor Überhitzung.

C. edulis
Hottentottenfeige

Von dieser südafrikanischen Pflanze wurden sowohl die Früchte, als auch die Triebe von den Eingeborenen gegessen. Die raschwüchsige Art macht in einer Vegetationsperiode Triebe von 1 m Länge. Ihre Blätter sind dickfleischig, gras- bis blaugrün, im Querschnitt dreieckig und bis 10 cm lang. Soweit sie dem Boden aufliegen, bewurzeln sich die Triebe rasch. Die Blüten dieser Art sind vom Gänseblümchentyp, hellgelb bis rosa, erscheinen aber bei uns selten.

Auch *Carpobrotus* zeigt die typischen Blüten der Mittagsblumengewächse.

CASSIA Familie *Leguminosae*

Gewürzrinde

Die Gattung *Cassia* umfaßt etwa 600 Arten von Stauden, laubabwerfenden oder immergrünen Bäumen und Sträuchern. Mit Ausnahme von Europa ist sie in den temperierten bis tropischen Gebieten der ganzen Welt verbreitet. Typisch für die Gattung sind die paarig gefiederten Blätter und die

Ohne kräftigen Rückschnitt der Jahrestriebe wird *Cassia corymbosa* ein ziemlich sparriger, oft auskahlender Strauch.

Aus den Hochlagen des tropischen Afrika stammt *Cassia didymobotrya*, der Kerzenstrauch. Sicher eine der prächtigsten Kübelpflanzen, aber schwierig zu überwintern.

regelmäßigen, fast immer gelben Blüten. Viele *Cassia*-Arten findet man seit kurzem auch unter dem Gattungsnamen *Senna*.

C. corymbosa

»Flower Senna«

Freiwachsend wird diese wohl bei weitem häufigste und gleichzeitig wohl auch robusteste Art ein etwa 3 m hoher und ebenso breiter immergrüner oder auch nur halbimmergrüner Strauch. Sie läßt sich auch zu Stämmchen erziehen. Ihre Blüten sind etwa pfenniggroß, goldgelb und stehen in end- und achselständigen Doldentrauben. Wird diese aus Argentinien stammende Art wie eine ganz normale Kübelpflanze behandelt, beginnt die Blüte im Sommer und hält bis zu den Frösten; noch länger, bis ins Frühjahr, wenn man sie rechtzeitig einräumt. Treibt man *C. corymbosa* im Gewächshaus an, kann sie bereits im März blühen, gegen Herbst zu wird dann die Blüte wegen des gewaltigen Samenansatzes immer geringer.

Beim Einräumen, das erst erfolgen muß, wenn die Blüten nach leichtem Frost erfroren sind, schneidet man die Pflanze zurück. Gewöhnlich kürzt man die Jahrestriebe auf $^1/_8$ bis $^1/_4$ ein, bei jungen Pflanzen weniger stark, bei älteren und bei Stämmchen eher stärker. Eine gerade frostfreie Überwinterung reicht aus, es kann notfalls auch dunkel sein. Man hüte sich davor, die Pflanzen mit nassem Topfballen ins Winterquartier zu bringen. Die Folge ist Wurzelfäule.

C. corymbosa gedeiht auch im gerade frostfreien Wintergarten, dort schneidet man sie zurück, sobald die Blüte stark nachläßt.

Die Kultur dieser *Cassia* ist leicht, außer einem vollsonnigen Standort hat sie keine besonderen Ansprüche. Im Frühjahr können Blattläuse am Neutrieb lästig werden. Der Austrieb ist nach kalter Überwinterung oft panaschiert, was aber kein Grund zur Sorge ist. Mit steigenden Temperaturen verschwindet die Verfärbung bald wieder.

C. didymobotrya

Kerzenstrauch

Diese bis 3 m hohe Art stammt aus den Hochlagen des tropischen Afrika. Mit dicken, markigen Trieben wächst sie straff aufrecht und ist nur wenig verzweigt. Dennoch wirkt sie mit ihren bis 35 cm langen, ziemlich groben Fiederblättern sehr üppig. Ganz typisch für diese Art ist der sehr starke, an Erdnußbutter erinnernde Geruch der Blätter. Der Blütenstand weicht von dem der anderen *Cassia*-Arten stark ab; die zahlreichen, bis 4 cm breiten Blüten ste-

hen in aufrechten Blütenkerzen, die sich allein oder zu mehreren am Ende der Triebe befinden. Diese Blütenkerzen wachsen ständig weiter in die Länge und bilden neue Blüten, während gleichzeitig die untersten ältesten Blüten abfallen und eine Spindel freilegen. Die Blütezeit ist praktisch ganzjährig.

Während des Sommers ist *C. didymobotrya* leicht zu kultivieren, ein möglichst warmer Platz in voller Sonne genügt. Die Ansprüche an Wasser und Dünger sind durchschnittlich. Im Spätsommer hört man mit dem Düngen auf, im Herbst schränkt man die Bewässerung ein, damit die Triebe besser ausreifen. Noch vor den ersten Frösten räumt man die Pflanzen ein, schneidet aber noch nicht oder nur sehr wenig zurück. Überwintert werden muß hell, fast trocken und keinesfalls kühler als 10–15 °C. Sehr wichtig ist ein gut belüfteter Winterstandort oder geringe Luftfeuchte. Anderenfalls werden die doch sehr weichen Stengel von Grauschimmel befallen. Etwa Ende Februar/Anfang März schneidet man die vorjährigen Triebe auf ein Drittel zurück und treibt die Pflanze an einem wärmeren, unbedingt hellen Standort an. Wer die Überwinterung dieser *Cassia* in den Griff bekommt, hat außer gelegentlich auftretenden Weißen Fliegen nicht viel zu befürchten. *C. didymobotrya* reagiert übrigens auf viele Pflanzenschutz- und Pflegemittel speziell auf Öle und Blattglanzsprays, mit Blattschäden.

Cassia didymobotrya ist auch eine Prachtpflanze für warme Wintergärten. Man behandelt sie dort ebenso wie die in Kübeln stehenden Pflanzen, nur wird man nicht ganz so stark zurückschneiden, falls man genug Platz hat. Die Pflanze läßt sich sehr gut sowohl mit Immergrünen als auch mit Blütenpflanzen kombinieren, sie paßt sich in ein tropisch üppiges Bild ebenso ein wie in eine Felssteppenpflanzung. Da sie nur an der Spitze blüht und an der Basis meist etwas auskahlt, unterpflanzt man sie am besten mit einem kniehohen Bodendecker, beispielsweise dem himmelblauen, dauerblühenden Bleiwurz *(Plumbago)*, der ähnliche Ansprüche hat wie die *Cassia* und deshalb ohne weiteres mit ihr zusammen im selben Kübel stehen kann.

Im östlichen Mittelmeerraum begegnet einem der Johannisbrotbaum auf Schritt und Tritt. Im Wintergarten ausgepflanzt kann er seine volle Schönheit entwickeln.

CERATONIA Familie *Leguminosae*

Johannisbrotbaum

Von dieser aus dem östlichen Mittelmeergebiet stammenden Gattung ist nur eine Art bekannt.

C. siliqua

Von Natur aus großstrauchig, kann diese robuste immergrüne Pflanze auch als Baum gezogen werden. Sie kann dann im Alter 15 m hoch werden und bekommt eine runde Krone. Meist bleibt sie viel kleiner. Im Kübel wächst sie sehr langsam. Ihre gefiederten Blätter sind bis 30 cm lang, die Blättchen lederig und glänzend dunkelgrün. Die Blüten sind zwar nicht besonders auffallend, aber sehr interessant. Sie sind gelblich bis rötlich und brechen in steifen, zylindrischen Trauben im Spätwinter aus dem alten Holz. Auch bei uns folgen gelegentlich bis 30 cm lange fleischige, eßbare Hülsen, die früher als Schokoladenersatz dienten. Heute gewinnt das Johannisbrotkernmehl zunehmend Bedeutung als Eindickungsmittel bei Diätnahrung.

Wegen seiner Robustheit, seines auch in der größten Sommerhitze kräftig dunkelgrünen Laubes und seines ornamentalen, knorrigen Kronenaufbaus gehört der Johannisbrotbaum auch heute noch zu den wichtigsten Blattschmuck-Kübelpflanzen. Als Stamm ist er ausgepflanzt vorzüglich für größere Glasanbauten geeignet, so lange es sicher nie kälter wird als –5 °C. Er gehört zu den wenigen Pflanzen, die keinerlei Arbeit machen, keine Schädlinge und praktisch nie Krankheiten haben, schneiden läßt er sich beliebig. Gegen Staunässe ist er allerdings empfindlich. Er paßt sich in jede Trockenheit ausstrahlende Szenerie ein. Obwohl ihm die volle Sonne am liebsten ist, gedeiht er auch im Halbschatten. Allerdings verliert er dort seinen typischen, von ziemlich kurzen Trieben geprägten Habitus, auch die Blätter werden größer als unter Optimalbedingungen.

Ceratostigma willmottianum. Dieses Foto kann die Schönheit dieser Pflanze kaum zeigen – ein ähnliches Blau sieht man höchstens noch bei Enzian oder Rittersporn.

CERATOSTIGMA
Familie *Plumbaginaceae*

Von dieser Gattung laubabwerfender oder halbimmergrüner Stauden oder Halbsträucher ist vor allem die kriechende *C. plumbaginoides* als winterharte Gartenpflanze bekannt. Einige höher wachsende Arten sind nicht sicher winterhart, deshalb aber trotzdem für Kübel und – besonders wegen ihrer sehr langen, oft schon im Spätwinter einsetzenden Blüte – für kalte und kühle Glasanbauten gut geeignet.

C. willmottianum
Chinesischer Plumbago

Aus Westchina stammt dieser unter frostfreien Bedingungen halbimmergrüne Kleinstrauch. Ungeschnitten ist er ziemlich sparrig mit ineinander verworrenen Trieben, er wird bis 1,5 m hoch und breit. Regelmäßig fast bodeneben zurückgeschnitten bleibt er viel kleiner, wird dafür vieltriebig. Die tiefgrünen Blätter sind rautenförmig und höchstens 5 cm lang, nach Frosteinwirkung werden sie gelb oder rot und fallen ab.

Behandelt man *C. willmottianum* wie eine gewöhnliche Kübelpflanze, läßt man sie draußen, bis die letzten Blüten erfroren sind, schneidet sie fast bodeneben zurück und überwintert kalt und ohne weiteres dunkel. Mitte bis Ende März kann sie wieder ins Freie. In diesem Falle erscheinen die etwa 1 cm breiten tiefblauen Blüten von Juni/Juli bis zum Frost büschelweise in den Blattachseln und am Ende der Triebe. Hält man die Pflanze dagegen im kühlen Wintergarten und schneidet sie nicht zurück, kann die Blüte bereits im Spätwinter einsetzen und bis in den Dezember andauern, allerdings ist die Blütenfarbe anfangs ziemlich verwaschen hellblau.

C. willmottianum ist ziemlich anspruchslos und einfach zu halten. Die Pflanze gedeiht in der Sonne wie im Halbschatten.

CESTRUM Familie *Solanaceae*

Hammerstrauch

Die Gattung *Cestrum* umfaßt etwa 200 Arten im tropischen und subtropischen Süd- und Mittelamerika. Am Naturstandort und unter vergleichbaren Bedingungen halbimmergrün bis immergrün, werfen sie bei uns bei kühler Überwinterung ihr Laub größtenteils ab. Alle als Kübel- und Wintergartenpflanzen wichtigen Arten sind mit 1,5–3 m Höhe mittelgroße, raschwachsende Sträucher. Ihre endgültige Höhe erreichen sie in wenigen Jahren, anschließend nimmt nur noch die Triebzahl zu.

Die Blüten von *Cestrum* sind röhrenförmig und stehen in großen Büscheln, Trauben oder Doldentrauben zusammen. Diese erscheinen am Ende der Triebe und in den Blattachseln. Den Blüten folgen oft weiße, schwarze oder dunkelrote, gut erbsengroße Beeren. Die Blüte von *Cestrum* ist weitgehend von der Kultur abhängig. Läßt man ihnen den normalen Rhythmus, blühen sie vom Winter bis in den Sommer, dann folgt ein vegetativer Schub. Im Prinzip sind sie also Winter- und Frühjahrsblüher. Schneidet man dagegen beim Einräumen – kurz nach den ersten Frösten – die induzierten Blütentriebe stark zurück, folgt im Frühjahr erst ein vegetativer Schub, die Blüte setzt dann im Sommer ein und hält bis zu den Frösten an. Je nach Art, Temperatur und Kulturführung sind zahlreiche Abweichungen von diesem Schema möglich, auch verhalten sich nicht alle Arten gleich.

Die Pflege von *Cestrum* deckt sich mit der anderer Nachtschattengewächse. Sie brauchen große Kübel mit kräftiger Erde und während des Hauptwachstums sehr viel Wasser und Dünger. Man kann sie vorteilhaft in großen, durchbrochenen Körben, also Wäsche- oder Kartoffelkörben, kultivieren und sie mit diesen im Frühjahr auspflanzen. Sie werden dann meist viel üppiger als im Kübel. Aus den Kolbennimmt man sie erst heraus, wenn die Blüten erfroren sind, schneidet sie kräftig zurück – sie vertragen selbst einen bodenebenen Rückschnitt und überwintert sie praktisch trocken, kühl und notfalls dunkel.

Wie alle Solanaceen werden auch *Cestrum* häufig von Schädlingen und Krankheiten befallen. Bei den Pilzkrankheiten ist es zum einen die Krautfäule *(Phytophthora)*, die sich bereits im Sommer durch eintrocknende, schwarz werdende Blattränder und baldigen Laubverlust bemerkbar machen kann. Die zweite Krankheit ist der Grauschimmel, der während längerer Schlechtwetterperioden im Sommer auftritt, meist aber erst im schlecht gelüfteten Winterquartier Schwierigkeiten macht. Befallene Triebe schneidet man heraus, gleichfalls entfernt man die alten abgefallenen Blätter. Überbewerten braucht man Grauschimmel nicht, *Cestrum* regeneriert sich sehr schnell.

Die Hammersträucher gehören zu den wichtigsten Kübelpflanzen, weil sie sehr reich blühen und in der Kultur einfach sind. Wer bereits Engelstrompeten *(Datura)* hat, wird mit *Cestrum* keine Probleme haben. Alle Arten lassen sich gut am Spalier oder auch als Stämmchen ziehen. Man kann sie selbst in gerade frostfreien Glasanbauten halten, allerdings sind etwas höhere Temperaturen günstiger, da dann die Winter- und Frühjahrsblüte üppiger ausfällt.

C. aurantiacum
Gelber Hammerstrauch

Diese selten über 2 m hohe Art ist selbst bei Temperaturen zwischen 5 und 10 °C praktisch vollständig laubabwerfend. Um so besser kommen ihre Blüten zur Geltung, der Flor setzt unmittelbar nach dem Laubverlust ein. Im Winter sind die etwa 2,5 cm langen Röhrenblüten dieser aus Guatemala stammenden Art gelb, mit zunehmender Lichtintensität ändert sich die Farbe im Frühjahr in sattes Orangegelb.

C. elegans
Roter Hammerstrauch

Diese praktisch immergrüne Art stammt aus Mexiko. Sie wird sehr oft mit der Hybride *C.* x *newellii* verwechselt. Von *C. elegans* gibt es offensichtlich eine ganze Reihe von Selektionen, die sich vor allem in Größe, Wüchsigkeit und der Behaarung der Blätter unterscheiden. Möglicherweise sind einige dieser Selektionen Hybriden. *C. elegans* wächst anfangs straff aufrecht und wird bis 3 m hoch. Mit zunehmender Verzweigung drückt sich der Busch oben auseinander, die Triebe hängen über, der Habitus wird vasenförmig. Durch ihre bis 12 cm langen, eirund-lanzettlichen tiefgrünen Blätter wirkt diese Art sehr üppig. Ihre Blüten sind tief purpurrot und

Die Blüten von *Cestrum aurantiacum* sind besonders auffällig, wenn er – fast laublos – im Winter blüht.

Vom roten Hammerstrauch, *Cestrum elegans*, gibt es schwachwüchsige Auslesen. Sie werden auch nach Jahren kaum mannshoch.

Cestrum elegans setzt viel stärker Früchte an als die anderen Arten.

mit die größten der Gattung. Sie zeichnet sich durch einen sehr reichen Fruchtansatz aus, die bis 1,5 cm breiten kugeligen fleischigen Beeren sind dunkelrot, ja fast schwarzrot.

Von dieser Art werden gelegentlich Stämmchen angeboten. Von *C. elegans* gibt es kompakte Typen, die kaum 1,5 m hoch werden.

C. × newellii

Schon im Habitus unterscheidet sich dieser Hammerstrauch (wahrscheinlich eine Hybride) deutlich von der vorhergehenden Art. Im Gegensatz zu ihr wächst er nicht von Anfang an straff aufrecht, sondern breitlagernd, braucht damit länger, bis er die Endhöhe von 2,5 m erreicht hat. Seine Triebe sind nie gerade, sondern hängen stark über. Die Blätter dieses Hammerstrauches sind hellgrün und breiteiförmig.

Auch in der Blüte unterscheidet er sich stark von *C. elegans*, die bauchigen Röhrenblüten sind karminrot und somit viel heller und leuchtender.

Läßt man diese Pflanze im Kübel frei wachsen, biegen sich die unteren Triebe bald herab und verdecken den Topf. Sie ist eine ausgezeichnete, rasch deckende Spalierpflanze.

Zwergpalmen machen zwar jedes Jahr einige neue Blätter, von Zuwachs kann man jedoch bei im Topf gezogenen Pflanzen kaum reden.

C. nocturnum
Nacht-Jasmin

Diese immergrüne, bis etwa 3 m hohe Art stammt aus der Karibik. Sie ist ziemlich selten. In der Schönheit der Blüte kann sie sich nicht mit den oben beschriebenen Arten messen. Wertvoll ist der Nacht-Jasmin aber, weil seine cremeweißen Blüten besonders in lauen Sommernächten betörend duften.

CHAMAEROPS Familie *Palmae*

Zwergpalme

Neben der erst vor wenigen Jahren als eigene Art akzeptierten europäischen Dattelpalme *Phoenix theophrastii* umfaßt diese Gattung die einzigen in Europa heimischen Palmen. Obwohl *Chamaerops* sehr vielgestaltig ist, rechnet man alle Typen zu einer Art.

C. humilis

Die Heimat dieser Fächerpalme ist das gesamte westliche Mittelmeergebiet, nach Osten reicht sie bis Süditalien und Malta. Von den meisten anderen Palmen unterscheidet sie sich dadurch, daß sie schon in ihrer Jugend an der Basis Seitentriebe macht und so buschartig wächst. Während nun manche Typen auch im Alter kaum 1 m hoch werden, erreichen andere 6–7 m. Prächtige Zwergpalmensolitärs sah man bis zum Katastrophenwinter 1984/1985 in fast jedem Park und Villengarten südlich der Alpen.

Die Zwergpalme gehört zu den robustesten Palmen, die wir haben. Wer sie im Kübel halten will, sollte sich die Palme auswählen, als würde er ein Möbelstück kaufen. Sie macht zwar auch im Kübel jedes Jahr eine ganze Reihe neuer Blätter, ein Höhenzuwachs ist nur im Jahr nach dem Umtopfen festzustellen. Anders sieht dies im Wintergarten aus, wenn sie ausgepflanzt werden kann. Da sie kurzzeitig Temperaturen bis –15 °C aushält, eignet sie sich auch für ungeheizte Wintergärten. Im Gegensatz zu Hanfpalmen verträgt sie aber gefrorenen Boden schlecht.

Obwohl *Chamaerops* äußerst genügsam ist, kann sie viel Dünger und Wasser gut verwerten. Im Kübel gehalten, topft man sie nur alle paar Jahre um, da sonst die Kübel bald zu groß und schwer werden. Am besten nimmt man eine kräftige Erde, beispielsweise Einheitserde. *Chamaerops* läßt sich sowohl in einem warmen Zimmer als auch in einem dunklen Keller oder einer Garage überwintern.

Bei dunklem Stand wird kaum gegossen. Schädlinge und Krankheiten treten bei *Chamaerops* selten auf, allerdings kann es zu Wurzelfäule kommen, wenn die Pflanze scharfen Frösten ausgesetzt war und die Wurzeln gelitten haben. Herzfäule kann durch feuchte, schlecht gelüftete Winterquartiere und herabtropfendes Kondenswasser hervorgerufen werden. Ansonsten sollte man im Sommer gelegentlich auf Spinnmilben kontrollieren.

CHOISYA Familie *Rutaceae*

Nahe mit den Citrusfrüchten verwandt ist diese kleine Gattung immergrüner, aus dem südlichen Nordamerika stammender Sträucher. Neben ihren sehr dekorativen, dreizähligen oder handförmig gefingerten Blättern zeichnen sich diese mittelgroßen Sträucher durch ihre weißen, einzeln oder in Rispen stehenden, köstlich duftenden Blüten aus. Sie lieben kräftigen Boden und im Sommer reichlich Dünger und Wasser. Sieht man von den Früchten ab, können sich die *Choisya* als Zierpflanzen leicht mit den *Citrus*-Arten messen.

Nur sind sie bei weitem nicht so heikel wie diese und neigen auch nicht dazu, im Winter einen großen Teil ihrer Blätter abzuwerfen.

Schädlinge und Krankheiten kommen selten vor, nur auf Spinnmilben sollte man achten. Falls *Choisya* bei schattigem Stand sparrig werden sollte, kann man sie fast beliebig zurückschneiden.

C. ternata
Orangenblume

Diese aus Mexiko stammende Art wird im Alter ein rundlicher, dicht belaubter, bis 2,5 m hoher Busch, im Kübel bleibt sie wesentlich niedriger. Ihre Blätter sind dreizählig und fächerförmig, die ovalen Einzelblättchen werden etwa 8 cm lang. Die bis 3 cm breiten Blüten erscheinen in Rispen an den Triebenden, je nach Überwinterungstemperatur zwischen Ende Februar und Juni. Wenn man nach dem folgenden Durchtrieb die Pflanzen richtig trocken werden läßt, setzen sie erneut Knospen an und blühen im Herbst ein zweites Mal. *C. ternata* wächst am besten in der Sonne oder im Halbschatten, im Schatten wird sie sparrig. Allzuviel Kalk liebt sie nicht. Optimal steht sie im Winter in einem kühlen, hellen Raum.

C. ternata ist überraschend frosthart und verträgt ausgepflanzt Temperaturen bis –10 °C! Vorzüglich geeignet ist sie deshalb für wenig oder nicht geheizte Glasanbauten, diese erfüllt sie im Frühjahr mit ihrem süßen Duft. In ihrer Jugend kann man diese Art auch als Zimmerpflanze halten.

CISTUS Familie *Cistaceae*

Zistrose

Als kleine bis mittelgroße immergrüne Sträucher bestimmen die Zistrosen während ihrer Blütezeit vom Spätwinter bis Sommeranfang das Bild der Macchien rund um das Mittelmeer. Als Kübelpflanzen oder in Glasanbauten sind sie wegen ihrer frühen, überreichen Blüte wertvoll. Ausgepflanzt vertragen die meisten Arten und Hybriden Fröste bis –10 °C, wodurch sie gerade für wenig geheizte Glasanbauten interessant sind.

Obwohl *Cistus* ausgepflanzt trockenen Boden vertragen, brauchen sie während der Hauptwachstumszeit viel Wasser, was sie sich aber auch als Kübelpflanzen weitgehend selbst holen, wenn man sie mit dem Topf in den Boden einsenkt. Die Wurzeln wachsen sofort durch die Drainagelöcher. Ihr Standort sollte auf jeden Fall in voller Sonne sein. In Wintergärten geben sie auch vorzügliche Bodendecker ab. Nach der Blüte werden sie kräftig zurückgeschnitten. Jungpflanzen sollten im ersten Jahr mehrfach entspitzt werden.

Durchgewurzelte, eingesenkte Zistrosen können schadlos entsprechend des Wurzelverlustes im Herbst zurückgeschnitten werden; die Blüten entstehen am Ende der Neutriebe. Als wichtigster Schädling tritt bei Zistrosen nur die Blattlaus auf, zum Problem wird sie aber nur, solange der Neutrieb

Nur der Duft erinnert bei der aus Mexiko stammenden Orangenblume *(Choisya ternata)* daran, daß man es mit einem Citrusgewächs zu tun hat.

Die meisten großblumigen Zistrosen *(Cistus)* sind Hybriden. Man würde diese reichblühenden Sträucher sicher häufiger sehen, fielen sie nicht im Winterquartier oft verschiedenen Pilzkrankheiten zum Opfer.

noch saftig ist. Pilzkrankheiten wie Grauschimmel sind in schlecht gelüfteten Winterquartieren häufig, besonders bei zu gut ernährten Pflanzen.

C. × *aguilari*

Diese Naturhybride aus *C. ladanifer* × *C. populifolius* hat mit die größten Blüten aller Zistrosen, sie können fast die Ausmaße einer Handfläche erreichen. Deshalb ist diese Zistrose die am häufigsten gepflanzte weißblühende Hybride. Sie hat lanzettliche, tiefgrüne Blätter, die mit 10 cm Länge größer sind als die der meisten Arten. Wegen der sehr starken Harzabscheidung sind die Blätter klebrig, duften aber um so aromatischer. Das Harz der Zistrosen ist im übrigen weitgehend die Ursache für den wunderbaren und unverwechselbaren Duft der Macchien.

C. ladanifer

Diese bis 1,5 m hohe und breite Art aus Südwesteuropa und Nordafrika hat bis zu 10 cm große Blüten. Die Großblumigkeit und ihre rotbraunen Basalflecken auf weißen Blütenblättern machen sie so attraktiv, daß sie trotz ihrer vergleichsweise hohen Empfindlichkeit sehr oft zu Kreuzungen verwendet wird. *C. ladanifer* blüht ziemlich spät, am Naturstandort oft erst gegen Frühjahrsende oder Sommeranfang.

C. × *purpureus*

Wieder eine Hybride ist diese wunderschöne rosablühende Pflanze. Von *C. incanus* ssp. *creticus*, hat sie die Grundfarbe und die Reichblütigkeit, von *C. ladanifer* die rotbraunen Basalflecken. Ihre Blüten sind zwar nur 5–7 cm breit, erscheinen aber so zahlreich, daß sie die wohl mit Abstand am meisten gepflanzte Zistrose ist. Auch sie blüht relativ spät.

C. × *purpureus* ist recht kompakt und wird nur 1,2 m hoch und breit. Ihre unterseits behaarten Blätter sind etwa 5 cm lang und eher grau als grün. Diese robuste Hybride kann man zu schönen Stämmchen aufbauen, ohne groß schneiden zu müssen.

CITRUS Familie *Rutaceae*

Die Gattung *Citrus* ist uns allgemein als Lieferant von Orangen, Zitronen, Mandarinen und Grapefruits bekannt. Was über sie hier allgemein geschrieben wird, trifft auch für die Gattung *Fortunella* (Kumquat) zu.

In ihrer Urform stammen unsere Citrusfrüchte alle aus Süd- und Ostasien, sie sind durchweg immergrüne Sträucher und Bäume. Obwohl sich *Citrus* auch aus Stecklingen ziehen lassen, sind heute fast alle *Citrus*-Sorten veredelt. Neben der Sauerorange ist die wichtigste Veredelungsunterlage die ebenfalls aus Ostasien stammende Bitterorange *(Poncirus trifoliata)*, die im Gegensatz zu allen *Citrus*-Arten ihr Laub abwirft und im Winter eine Ruhezeit durchmacht. *Poncirus* ist bei im Winter niederen Bodentemperaturen der Sauerorange überlegen und auch weniger empfindlich gegen zu reichliches Gießen.

Im Weltmaßstab betrachtet, ist *Citrus* die wichtigste Obstgehölzgattung, die Orange das häufigste Obst. Dennoch ist ihre Kultur nicht einfach. Entsprechend füllen die Bücher und Fachartikel über *Citrus* ganze Bibliotheken.

Alle *Citrus*-Arten lieben ebenso wie die als Unterlage verwendete *Poncirus* einen kräftigen, nährstoffreichen Boden mit hohem Wasserhaltevermögen und gleichzeitig guter Drainage. Ständig hohe Feuchte im Wurzelbereich lieben sie nicht, die Wurzeln und vor allem der Stammgrund wird leicht von Trockenfäulen befallen. Als Substrat bewährt hat sich Einheitserde mit Zusatz von Styromull, Perlite oder ähnlichen strukturstabilisierenden Stoffen. Auf den Boden des Kübels kommt jedoch zuerst eine Drainageschicht aus Kies, Perlite, Styromull oder Tonscherben. Entsprechend des gut wasserhaltenden Substrats wird selten gegossen, dann aber reichlich. Wenn es möglich ist, setzt man den Stammgrund etwas erhöht, so daß das Wasser nach der Seite ablaufen kann. Der Wurzelhals soll also über die Erde!

Stehen *Citrus* zu naß und kalt, bekommen die Blätter Chlorosen, das heißt, sie werden gelb und fal-

Selten sieht man gesunde, schön gewachsene *Citrus*-Pflanzen. Häufig sind kümmerliche Exemplare, die auf Grund von Staunässe oder ungeeignetem Gießwasser unter Spurenelementmängeln leiden.

len dann oft ab. Besonders im Winter ist zuviel Wasser gefährlich, da die Pflanzen eine Art Ruhepause *(Poncirus!)* durchmachen. Die meisten *Citrus*-Pflanzenbesitzer verlieren im Spätherbst und Winter die Nerven, wenn die immergrünen Citrus plötzlich anfangen, das Laub zu werfen. Sie denken, die Pflanze hätte es zu trocken, worauf gegossen wird. Daraufhin verliert die Pflanze erst recht Blätter, worauf wieder gegossen wird. Am Schluß hat die Pflanze überhaupt keine Blätter mehr, worauf der Liebhaber nur einen Rat weiß: Zu gießen. Wenn er dann im Frühjahr die Pflanze am Stamm faßt, kommt sie ihm leicht entgegen, die Wurzeln sind bis auf Stummel abgefault.

Bei der üblichen Überwinterungstemperatur von 5–10 °C darf *Citrus* nur alle 4–6 (-8) Wochen gegossen werden, bei höheren Temperaturen und wenn die Pflanzen in Terrakottatöpfen stehen, etwas häufiger. Die obersten 5 cm des Ballens können völlig austrocknen. Einmal zuviel schadet viel mehr als zweimal zu wenig gegossen. Außer der Wassermenge ist die Wasserqualität ein kritischer Faktor. Wie alle Rutaceen lieben *Citrus* keinen freien Kalk im Boden, also einen »sauren« Boden mit niedrigem pH-Wert. Nun ist aber bei uns das Wasser sehr oft kalkreich, es kommt dann zu einer Kalkanreicherung im Substrat. Als Folge treten Chlorosen auf, für das Pflanzenwachstum wichtige Spurenelemente wie Eisen, Mangan und Zink können nicht mehr ausreichend aufgenommen werden, auch wenn sie im Boden in ausreichender Menge – leider aber nicht mehr in einer pflanzenverfügbaren Form – vorhanden sind.

Die Symptome kann man durch Blattspritzungen mit Spurenelementen (z. B. Gabi Micro T, Fetrilon Combi) kurieren. Die Ursachen bekämpft man zum einen durch physiologisch saure Dünger (Stickstoff als schwefelsaures Ammoniak, reichliche Gaben von Eisensulfat), zum anderen gießt man nur noch mit enthärtetem Wasser oder mit Regenwasser, auf keinen Fall mit kalkhaltigem Leitungswasser.

Alle Zitrusfrüchte brauchen viel Stickstoff, ziemlich wenig Phosphor, mäßig Kali und viel Spurenelemente. Sowohl Blaukornvolldünger, wie auch die meisten anderen »Blumen«-Volldünger berücksichtigen diese Nährstoffansprüche nicht. Da das Nährstoffverhältnis Stickstoff:Phosphor:Kali etwa 4:1:2 betragen soll, sind Dünger für Blattpflanzen besser, genannt seien hier Hakaphos grün oder Alkrisal. Zu wenig Stickstoff führt zu hellen, fast chlorotischen Blättern.

Die Überwinterung von *Citrus* kann zwischen gerade frostfrei und 25 °C erfolgen. Es sollte unbedingt hell sein, je wärmer, desto heller.

Wie bisher deutlich gemacht, ist der Erfolg einer *Citrus*-Kultur weitgehend von der Bewässerung abhängig. Darüber hinaus kann man mit der Bewässerung vieles steuern, beispielsweise die Blütezeit. Da *Citrus*-Früchte außerhalb der Saison einen wesentlich höheren Preis haben als in der Saison, wird die Möglichkeit der Blütezeitsteuerung und somit auch der Fruchtreife von vielen Zitronenanbauern im sogenannten **Verdelli-Prozeß** genützt. Obwohl der Verdelli-Prozeß bei allen Zitrusfrüchten zum Erfolg führt, ist er aus einem simplen Grund ökonomisch nur bei Zitronen von Bedeutung. Bei allen Zitrusfrüchten färbt sich die Schale nur unter dem Einfluß niederer Temperaturen. Deshalb gibt es auch in den Tropen keine orangefarbigen Orangen – obwohl sie reif sind, bleiben die Früchte mehr oder weniger grün. Während grüne Orangen unverkäuflich sind, hat die grüne Schale bei Zitronen nichts Abwertendes. Da der Liebhaber in der Regel die Früchte nicht erntet, sondern sie hängen läßt, bis sie von selbst abfallen, werden die nach Verdelli erzielten Früchte letztendlich doch orange, sobald die Nächte kühler werden. Der ästhetische Vorteil des Verdelli-Prozesses ist, daß wir eine zwei- oder mehrmals im Jahr blühende Pflanze haben, gleichzeitig mit der Blüte hängen reife und unreife Früchte am Baum. Der Verdelli-Prozeß selbst ist kurz erklärt, verlangt jedoch einiges Fingerspitzengefühl. Nach der Blüte und anschließendem Durchtrieb hält man die Pflanze solange trocken, bis sie richtig welkt. In diesem Zustand sollte sie etwa eine Woche bleiben. Dann wird wieder normal gegossen, kurze Zeit später ist wieder eine Vollblüte da.

Nur ein scheinbares Problem ist der Fruchtfall. Planzenbesitzer, denen Obstbau ein Buch mit sieben Siegeln ist, klagen oft: »Meine Pflanze hat wunderschön geblüht, aber jetzt wirft sie alle Früchte ab. Was soll ich tun?« Wer einen Apfelbaum zu Hause hat, wird jetzt schmunzeln, er weiß die Antwort: »Stecken Sie die Hände in die Tasche, und wenn sie unbedingt etwas tun wollen, so fegen sie am besten die abgefallenen Früchte zusammen.« Spaß beiseite – daß der größte Teil der jungen Früchte abfällt, ist normal. Manchmal empfiehlt es sich sogar, speziell bei Chinotto, einen Teil der Früchte zu entfernen, die übriggebliebenen werden um so größer, außerdem verringert man das Risiko, daß zu schwer werdende Fruchtzweige abbrechen. Reife Früchte bleiben in der Regel etwa ein Jahr am Baum, bevor sie abfallen. Da das Fruchtfleisch dann ziemlich ausgetrocknet ist, sind sie allerdings kaum noch genießbar.

Das Nicht-Abfallen der Früchte wirft ein Problem auf. Werden die Früchte nicht geerntet, werden sie von der Pflanze weiter ernährt. Was im Frühjahr bedeutet, daß die Pflanze ihre Assimilate (ihre Kraft) nicht vollständig in den Neutrieb stecken kann. Pflanzen mit Früchten wachsen also viel schwächer. Wer eine wüchsige Pflanze will, wird ernten müssen!

Citrus kann man wie alle anderen Obstbäume schneiden, man muß es aber nicht. Im Prinzip gilt wie beim allgemeinen Obstbaumschitt: Je stärker die Pflanze geschnitten wird, desto stärker wächst sie im nächsten Jahr und desto weniger blüht sie. Und umgekehrt: Je weniger geschnitten wird, um so schwächer wächst sie, um so reicher ist aber die Blüte. In jungen Jahren empfiehlt sich auf jeden Fall ein Formschnitt, da einzelne Triebe oft lang herausschießen. Im Prinzip ist ohne weiteres ein Rückschnitt selbst auf armstarke Triebe möglich. Ein starker Rückschnitt kann durchaus notwendig sein, wenn die Pflanzen nicht mehr ins Winterquartier passen oder den Rahmen des Wintergartens zu sprengen drohen. Alle *Citrus*-Arten lassen sich leicht als Formobst erziehen, sowohl als Spalier und, vor allem bei Büschen, trichterförmig als Ringspalier oder als Hohlkrone. Von Schädlingen und Krankheiten wird *Citrus* ziemlich häufig befallen. Neben den bereits erwähnten gefährlichen Pilzen, die zu Wurzel- und Stengelfäule führen, tritt im schlecht gelüfteten Wintergarten ziemlich oft Grauschimmel auf den im Entstehen begriffenen Blütenknospen auf. Diese werden dann braun und fallen ab. Auf tierische Schädlinge sollte man *Citrus* bereits beim Einkauf überprüfen, speziell auf Schildläuse.

Im übrigen sind Blattläuse am Neutrieb und Spinnmilben häufig. Spinnmilben sollte man beim ersten Auftreten sofort bekämpfen, sonst sind die Blätter in kürzester Zeit gelb marmoriert, sie erholen sich nicht mehr. Ölpräparate werden gut vertragen.

Die relativ geringe Frosthärte der *Citrus*-Gewächse ist je nach Art verschieden. Ausgepflanzt überstehen schadlos Zitronen und Grapefruit etwa –2 °C, Orangen –4 bis –5 °C, Mandarinen –7 bis –9 °C, Kumquat sind noch härter. In einem gerade frostfreien Wintergarten kann man also *Citrus* halten, darf dann aber nur sehr wenig gießen.

Abschließend noch eine Antwort auf die häufige Frage »Meine Zitrone (Orange...) will nicht blühen!«. Hier handelt es sich offensichtlich um einen Sämling, der sich schon mal 10–15 Jahre Zeit bis zur ersten Blüte lassen kann. Manchmal läßt sich mit dem Verdelli-Prozeß Abhilfe schaffen.

C. aurantium

Sauerorange, Pomeranze

Die Sauerorange hat vor allem als Veredelungsunterlage Bedeutung. Wichtig ist sie außerdem als Ausgangsstoff von »marmalade« der berühmten englischen Orangenmarmelade. Sie ist für den Curaçao-Likör unentbehrlich, aus ihren Blättern gewinnt man das Petit-grain und aus ihren Blüten das Neroli-Öl, beides wichtige Substanzen bei der Parfumherstellung.

Die Sauerorange ist ein rundkroniger, nur bis 5 m hoher Baum. Die Zweige haben oft lange, aber weiche Dornen. Ihre Blätter sind eiförmig zugespitzt und bis 10 cm lang, der Blattstiel ist breit geflügelt. Die weißen, vergleichsweise großen Blüten sitzen allein oder in Büscheln in den Blattachseln und duften vorzüglich. Die rundlichen oder abgeflachten Früchte haben die Größe einer Mandarine.

Trotz ihrer Robustheit hat die Art als Kübelpflan-

Bei vielen, was man als Orangen angeboten bekommt, handelt es sich um Kreuzungen zwischen echten Orangen, Clementinen und Mandarinen. Die heißen dann Tangerinen oder Tangelos. Es gibt -zig Sorten. Außer Obstbaufachleuten kennt sich hier kaum einer aus.

Die Blüten von Orangen und Zitronen sind viel größer und viel wohlriechender als die von Mandarinen, Clementinen oder Kumquat. Neben einer Hauptblüte im Frühjahr können sie das ganze Jahr über erscheinen.

ze wenig Bedeutung – wohl nur, weil man die Früchte nicht essen kann. Früher war das nicht so. Die *Citrus*-Pflanzen der Orangerien waren überwiegend Sauerorangen. Ganz anders sieht es mit einer wahrscheinlich aus einer Knospenmutante entstanden Zwergform aus, der *C. aurautium* var. *myrtifolia*. Diese als **Chinotto** oder »Myrtenblättrige Sauerorange« bekannte Form ist als Kübelpflanze auch im kleinsten Wintergarten zu halten. Die Chinotto wächst sehr langsam und wird freiwachsend nicht über 3 m hoch. Ihre Blätter sind meist nur etwa 2 cm lang und sitzen fast schuppenartig dicht an dicht an nur kurzen Stielen. Da die Blüten nicht kleiner sind als bei der Art, sieht man von der Pflanze während der Blütezeit fast kein Blatt mehr. Der konzentrierte Duft, der diesem Blütenwunder entsteigt, ist unübertrefflich. Die Chinotto hat einen sehr reichen Fruchtansatz. Will man große Früchte, muß man ausdünnen. Beläßt man den gesamten Fruchtansatz, drängt sich Frucht an Frucht im Schulterschluß an den kurzen Trieben. Die Früchte von Chinotto bleiben sehr lange haften, 3 Jahre sind nicht ungewöhnlich. Chinottofrüchte werden kandiert, glasiert oder in der Getränkeherstellung verarbeitet.

C. limon
Zitrone

Mit einer Höhe bis zu 7 m können Zitronen vergleichsweise mächtige Bäume werden. Typisch für die Art sind ungeflügelte Blattstiele. Die Blätter ähneln denen der Orange, sind aber meist etwas größer und wesentlich heller grün. Die Zweige von Zitronen haben meist kurze, steife Dornen. Die Blüten sind ziemlich groß, sie entfalten sich aus rosafarbenen Knospen. Ihr Duft ist vorzüglich.

Die Frostempfindlichkeit der Zitrone resultiert vermutlich daraus, daß sie erst bei tieferen Temperaturen in die Ruhepause eintritt als frostresistentere Arten und deshalb noch bei Temperaturen gedeiht, die für das Wachstum von Orangen und Mandarinen nicht mehr ausreichen. Sie kann deshalb sogar an den klimatischen Grenzen der Anbaugebiete für *Citrus* kultiviert werden. Zur Ausreife braucht sie keine hohe Wärmesumme.

Diese Zusammenhänge sind – obwohl den meisten unbewußt – wohl die Hauptursache dafür, daß man bei uns vor allem Zitronen als Kübelpflanzen sieht. Sie werden bei uns genauso groß wie im Süden, während Orangen und Mandarinen doch meist erheblich kleiner bleiben.

C. paradisii
Grapefruit

Als Kreuzung aus Pomelo bzw. Shaddock *(C. maxima)* und der Orange *(C. sinensis)* ist die Grapefruit etwa um 1750 in Barbados als Hybride entstanden.

Als freiausgepflanzter Baum wird die Grapefruit bis über 10 m hoch. Ihre Blätter sind sehr groß, glänzend und mit einem breit geflügelten Blattstiel. Im Gegensatz zu allen anderen *Citrus*-Arten sind ihre Früchte in traubenähnlichen Fruchtständen angeordnet.

Wenn die Pflanze bei uns überhaupt Früchte ansetzt, so sind diese doch meist nicht genießbar. Für eine gute Fruchtqualität ist ein sehr heißer, langer Sommer notwendig. Nicht zuletzt deshalb hat die Grapefruit bei uns als Kübelpflanze kaum Bedeutung, im Wintergarten kann man sie aber ohne weiteres ziehen.

C. reticulata
Mandarine

Im Vergleich zu den anderen *Citrus*-Früchten ist die Mandarine in allen Teilen kleiner, buschiger, das Laub ist lanzettlich und viel dunkler. Die Art ist sehr variabel, was sich leicht daran erkennen läßt, daß eine ganze Reihe von Botanikern davon ausgeht, es handelt sich bei Mandarinen, Clementinen und Satsumas um ein einzige Art.

Abgesehen von der Sauerorange ist die Mandarine robuster als die anderen Arten. Gleichzeitig baut sie sich ohne Schnitt sehr regelmäßig rundkronig auf und wird nur 3–4 m hoch. Dem stehen die relativ kleinen Blüten, die vergleichsweise nur schwach duften, gegenüber. Die Früchte werden auch bei uns reif und sind sehr wohlschmeckend.

Wegen ihrer Robustheit und ihres beschränkten Wachstums ist die Mandarine besonders als Kübelpflanze geeignet oder ausgepflanzt in nicht sicher frostfreien Glasanbauten, wo andere Arten versagen.

C. sinsensis
Orange

Je nach Sorte stark unterschiedlich, kann die Orange ein 6–13 m hoher rundkroniger Baum werden. Sie hat oft schlanke, ziemlich flexible Dornen. Ihre dunklen Blätter sitzen auf schwach geflügelten Stielen. Die weißen Blüten sind etwas kleiner als bei Zitronen, dafür um so zahlreicher, ihr Duft ist vorzüglich.

Als wichtigste Sorte ist zum einen die Valencia-Orange zu nennen. Sie wächst sehr stark, reift spät und ist vor allem als Saftorange geeignet. Viel kompakter bleibt die Navel-Orange, sie ist die früheste Sorte und nur für den Frischverzehr geeignet. Ihre Temperaturansprüche sind relativ gering, etwa wie die der Zitrone. Sie gedeiht auch bei uns gut, entwickelt eine passable Größe und einen vorzüglichen Geschmack. Dafür muß man in Kauf nehmen, daß sie manchmal schlecht trägt.

Nur am Rande zu erwähnen sind die sogenannten Blutorangen, beispielsweise die in Sizilien häufig angebaute »Moro«.

CLEMATIS Familie *Ranunculaceae*

Waldrebe

Allgemein bekannt sind die laubabwerfenden winterharten *Clematis*. Einige Arten, speziell die immergrünen, sind bei uns jedoch nicht winterhart.

Da sie gleichwohl erhebliche Fröste vertragen, geben sie vorzügliche Kletterpflanzen für nicht oder nur wenig geheizte Glasvorbauten ab. Sie sind besonders wertvoll, da sie auch in absonnigen Lagen gut blühen.

C. armandii

Diese aus Mittel- und Südchina stammende immergrüne Art öffnet ihre köstlich duftenden, bis 6 cm breiten, cremeweißen Blüten je nach Temperatur zwischen Februar und Mai.

Sie stehen büschelweise in den Blattachseln. Überaus dekorativ sind auch die dreiteiligen, bis 15 cm langen Blätter. Sie sind lederig, glänzend dunkelgrün und erinnern an die mancher Passionsblumen. Als Jungpflanze wächst diese Waldrebe ziemlich langsam, später rascher; sie kann bis 6 m Höhe erreichen. Am besten schneidet man sie nach der Blüte kräftig zurück, um die Entstehung von altem Holz und die davon abhängige Verkahlung der Basis zu verhindern. Häufiges entspitzen fördert die Verzweigung. Am besten zieht man diese Pflanze am Spalier, man kann sie auch in einen größeren Busch oder Baum hineinwachsen lassen.

Von der immergrünen *Clematis armandii* gibt es nur wenige Sorten. 'Snowdrift' hat reinweiße, relativ kleine, aber umso zahlreichere duftende Blüten.

CLERODENDRUM
Familie *Verbenaceae*

Diese ziemlich große Gattung sommer- oder immergrüner Bäume, Sträucher und auch Kletterpflanzen ist vorwiegend tropischen und subtropischen Ursprungs. Zahlreiche Arten sind als überreich blühende Pflanzen weltweit verbreitet.

C. bungei

In Gebieten mit Weinbauklima ausgepflanzt und mit Winterschutz versehen, ist diese Art hart. Selbst wenn sie oberirdisch abfrieren sollte, regeneriert sie sich schnell und blüht noch im selben Jahr. Außerhalb des Weinbauklimas ist sie ganz vorzüglich für nicht oder wenig geheizte Glasvorbauten geeignet. Besonders wertvoll ist diese laubabwerfende, kaum 2 m hohe Art durch ihre Blütezeit von Juli bis Winteranfang. Zahlreiche, 1,5 cm breite rosa bis rote Blüten stehen dann in kompakten, bis 20 cm breiten Trugdolden am Ende der Triebe.

Warum sich die Baumschulen dieses *Clerodendrum* noch nicht angenommen haben, ist ein Rätsel. Im Weinbauklima weitgehend winterhart, blüht er von Mittsommer bis zum Frost. Wenn es ihm gefällt, können Ausläufer ihn fast zum Unkraut machen

Diese Blütenstände halten sehr lange, weil die Knospen erst nach und nach aufgehen, der Blütenstand erneuert sich ständig. Auch im Halbschatten gedeiht dieser Ausläufer treibende Strauch hervorragend.

COLLETIA Familie *Rhamnaceae*

Für *Colletia* können sich vor allem Freunde bizarrer Pflanzen begeistern, in ihrer Eigentümlichkeit ist diese aus dem warm temperierten südlichen Südamerika stammende Gattung unverwechselbar. Alle Arten sind entweder völlig blattlos, oder die Blättchen sind zu winzigen Anhängseln degeneriert.

Die Funktion der Blätter wird von den zusammengedrückten, zu mächtigen Dornen umgebildeten Zweigen übernommen. Als extrem eigentümliche Pflanzen lassen sich *Colletia* nur in Halbwüstenpflanzungen mit *Yucca*, Kakteen oder anderen Sukkulenten kombinieren. Stehen *Colletia* in einem gut drainiertem Boden und sind so vor Staunässe geschützt, bekommen sie weder Krankheiten noch Schädlinge.

C. cruciata
Ankerpflanze

Dieser bis 3 m hohe, aus Südbrasilien, Uruguay und Nordargentinien stammende Strauch wächst normalerweise sehr langsam, reagiert aber stark auf reichliche Düngung. Den flachen, dreieckigen, sich kreuzweise gegenüber stehenden Dornen verdankt er seinen deutschen Namen. An derselben Pflanze findet man einen zweiten, stark abweichenden Zweigtyp mit dünnen, rundlichen, stark zugespitzten Dornen.

Beide Zweigtypen wechseln sich übergangslos ab. Die im Spätwinter erscheinenden weißen Blüten sind zwar klein, gleichwohl sehr auffällig, da sie nicht durch Laub versteckt werden und außerdem köstlich nach Honig duften. *C. cruciata* erträgt ausgepflanzt mäßige Fröste ohne weiteres, man kann sie also durchaus in einem nicht sicher frostfreien Wintergarten verwenden.

Links: Die grazilen Blüten von *Clerodendrum ugandense* werden oft mit Schmetterlingen verglichen. Diese Art braucht ein mindestens frostfreies Winterquartier.

Rechts: *Colletia cruciata*, die Ankerpflanze, ist eine Spezialität für Liebhaber des Bizarren. Sie ist schwer mit anderen Pflanzen zu kombinieren, paßt aber ausgezeichnet als Solitär in Felssteppen.

CORDYLINE Familie *Agavaceae*

Die Gattung *Cordyline* umfaßt eine Reihe immergrüner, palmenähnlicher Bäume oder Sträucher. Ihre schwertartigen Blätter stehen als Blattschopf gedrängt an den Triebspitzen, weswegen sie häufig mit Yucca verwechselt werden. Ebenso wie bei diesen stehen auch bei ihnen die weißen Blüten in verzweigten Rispen am Ende der Triebe. *Cordyline* verwendet man meist solitär als Palmenersatz, vor allem dort, wo Palmen zu mächtig wären. Sehr gut passen sie auch in Felssteppenpflanzungen zusammen mit Sukkulenten. Von den tatsächlich aus Felssteppen stammenden Pflanzen weichen sie insofern ab, als sie aus einem sehr ausgeglichenen, luftfeuchten Klima stammen und weder strenge Fröste noch sommerliche Überhitzung gewöhnt sind. Über eine kürzere Zeitspanne vertragen sie Schatten, mittelfristig drehen sie dann ihren Blattschopf zum Licht. Ansonsten sind *Cordyline* anspruchslos. Schädlinge kommen praktisch nie vor, Krankheiten wie Herzfäule höchstens im schlecht gelüfteten Winterquartier. Im übrigen werden *Cordyline* wie Palmen behandelt.

C. australis
Keulenlilie

In Gartencentern, die sich wenig um die exakte Bezeichnung der Pflanzen kümmern, ist diese Art meist als *Dracaena indivisa* ausgezeichnet, selten als *Cordyline indivisa*. Ursächlich für diesen Fehler ist der in südlichen Baumschulen übliche Handelsname »*Dracaena indivisa*« für *Cordyline australis*. Um die

Cordyline – häufig als *Dracaena* im Handel – gehört zu den Standardkübelpflanzen. Sie ist so robust, daß man sie sowohl im warmen Zimmer, als auch nur gerade frostfrei überwintern kann. Dies hat sie mit der ähnlichen, aber viel kurzblättrigeren »Yucca-Palme« *(Y. elephantipes)* gemein.

Cordyline blühen ab einer Stammhöhe von etwa 1–1,5 m auch bei uns. Bei der robusteren *C. australis* teilt sich dann der Stamm, bei der schmalblättrigen *C. indivisa* nicht.

Sache ganz verwirrend zu machen, gibt es tatsächlich eine *Cordyline indivisa*. Diese unterscheidet sich aber von *C. australis* durch ihre längeren, viel schmaleren Blätter. In der Fachliteratur steht oft »breitere Blätter«, aber nachdem bei uns ein gemischter Bestand geblüht hat, ist ganz klar, daß *C. indivisa* schmalere Blätter als *C. australis* hat. Außerdem hat *C. indivisa* eine viel geringere Frosthärte und verzweigt sich nicht nach der Blüte (in-divisa).

C. australis ist eine bis 12 m hohe, baumartige Pflanze, die sich nach der Blüte verzweigt. Ihre schwertförmigen Blätter sind etwa 1 m lang und 6–8 cm breit, sie hängen stark über.

Die interessanten Blütenstände erscheinen im Frühjahr, aber erst bei älteren Pflanzen. Sie sind denen der *Yucca* sehr ähnlich, können sich jedoch mit diesen in der Schönheit nicht annähernd messen. *C. australis* verträgt mäßige Fröste, in südküstennahen Gebieten Englands sieht man sie deshalb schon häufig in den Gärten. Allerdings reagiert sie empfindlich auf durchgefrorenen Boden, die oberirdischen Teile sterben dann meist ab. In der Regel treibt sie – mit mehreren Trieben – aus ihrer keulenförmig verdickten Basis aber wieder aus und wird mehrstämmig. Mehrstämmige *Cordyline* sind überaus dekorativ, ziemlich selten und entsprechend teuer. Am leichtesten kommt man zu solchen Prachtpflanzen, wenn man mehrere Jungpflanzen dicht zusammensetzt. Von *C. australis* gibt es einige, vor allem in der Blattfärbung abweichende Sorten. Die bekannteste ist 'Atropurpurea'. Da sie zumeist über Sämlinge herangezogen wird, spielt ihre Laubfarbe stark – von einem tiefen Bronzerot über verschiedene verwaschene rotgrüne Töne bis zu reinem Grün mit rötlicher Mittelrippe. Diese schwächer als die Art wachsende Sorte wird am besten solitär verwendet, mit ihrer dominierenden Laubfarbe läßt sie sich schwer in Pflanzung integrieren.

Inzwischen gibt es 'Atropurpurea' auch aus dem Reagenzglas (in vitro). Dieser Typ braucht sehr viel Licht, im Schatten bauen sich die Wurzeln rasch ab, die Pflanzen fallen um. Extrem dunkel belaubt ist diese Form, die man nur wenig gießen sollte, für die Überwinterung in warmen Zimmern nicht geeignet.

Corokia cotoneaster, der Zickzackstrauch, ist ein Juwel für Alpinenhäuser. Steht er im Winter trocken, erträgt er erhebliche Fröste. Als Kübelpflanze stellt man ihn am besten zwischen ein paar Steinbrocken.

COROKIA Familie *Saxifragaceae*

Diese kleine Gattung höchstens mittelgroßer, dekorativer Kalthaussträucher ist in Neuseeland und auf einigen benachbarten Inseln zu Hause. Ihr Schmuck sind nicht nur die zahlreichen kleinen, gelben Blüten, sondern vor allem ihre Beeren, ihr Laub und ihr sehr interessanter Wuchs. *Corokia* sind einfach zu kultivieren. Sie bekommen kaum Schädlinge und Krankheiten, nur Staunässe mögen sie nicht. Sie vertragen viel Frost, so daß man sie auch in nicht sicher frostfreien Gewächshäusern halten kann. Auf der anderen Seite gedeihen sie sogar in warmen Zimmern, brauchen dann aber einen sehr hellen Platz. Ausgepflanzt wirken *Corokia* am schönsten in Verbindung mit Steinen und verschiedenen, relativ schwach wachsenden Immergrünen.

C. buddleioides

C. buddleioides ist ein meist nur 2 m, gelegentlich aber 3–4 m hoch werdender dünntriebiger Strauch, vermutlich sind alle Pflanzen Hybriden. Die Blätter sind schmal linealisch bis lanzettlich, sie können zwischen 3 und 15 cm lang sein. Auf der Oberseite sind sie glänzend grün, auf der Unterseite weißfilzig. Bei kühler Überwinterung verfärben sie sich meist bräunlich. Die im Frühjahr erscheinenden Blüten stehen zu 3–5 an kurzen Seitentrieben, häufig folgen rundliche, knapp 1 cm dicke, schwarzrote Beeren. *C. buddleioides* wirkt im Vergleich zur folgenden Art wesentlich üppiger, ist auch nicht so bizarr. Außerdem wächst sie erheblich stärker.

C. cotoneaster
Zickzackstrauch

Dieser sehr bizarre, langsam wachsende, dicht verzweigte Strauch kann im Alter bis 3 m hoch werden. Allein schon das filigrane Zweigmuster macht ihn zur wohl schönsten Art. Die nahezu schwarzen Zweige sind im Zickzack gebogen, wirr durcheinander und verdreht. Die dünnen Ästchen kommen sehr gut zur Geltung, weil der Strauch nur spärlich belaubt ist. Die spateligen Blätter sind höchstens 2 cm lang, oberseits glänzend dunkelgrün und unterseits weißfilzig. Im Frühjahr erscheinen dann die zahlreichen gelben, sternförmigen Blüten, gefolgt von orangefarbigen Früchten.

Diese Art läßt sich über Jahre als Topfpflanze halten. Im Wintergarten wirkt sie besonders attraktiv, wenn man sie von unten beleuchtet und dadurch das bizarre Zweiggerüst noch stärker hervortritt.

CORREA Familie *Rutaceae*

Australische Fuchsie

Von den Citrusgewächsen, mit denen diese kleine Gattung immergrüner Sträucher Australiens und Tasmaniens nahe verwandt ist, weichen diese Pflanzen in jeder Beziehung erheblich ab. Die hängenden, in den Blattachseln erscheinenden Blüten erinnern an Fuchsien, obwohl die Pflanzen selbst keineswegs fuchsienähnlich wirken.

Alle Arten sind ziemlich breitlagernde immergrüne Sträucher, selten kleine Bäume, mit relativ kleinen, rundlichen Blättern. *Correa* brauchen einen gut durchlässigen Boden und vergleichsweise wenig Dünger. Man kann sie in der vollen Sonne ziehen, sollte sie dann aber vor reflektierender Hitze schützen.

C. backhousiana

In ihrer Heimat 4 m erreichend, bei uns kaum über 1,5 m hoch, ist diese häufigste, robusteste Art hier gleichwohl selten.

Ausgewachsen nicht einmal 50 cm hoch, ist die reichblühende *Correa pulchella* auch eine dankbare Topfpflanze für kühle Zimmer.

Ihre höchstens 3 cm langen, breitovalen Blättchen sind unterseits rotbraun-filzig. Vor allem an den Enden von Kurztrieben stehen die grünlichweißen bis gelblichen, röhrenförmigen Blüten; entweder einzeln oder in Büscheln bis zu drei.

Die Hauptblüte ist im Spätwinter und Frühjahr, aber auch zu anderen Jahreszeiten können Blüten erscheinen. Gelegentlich blüht die Pflanze 12 Monate durch.

Man kann sie ohne weiteres im gerade frostfreien Wintergarten halten, als Kübelpflanze braucht sie im Winter einen hellen, möglichst kühlen Platz und fast kein Wasser.

CRINODENDRON
Familie *Elaeocarpaceae*

Zu den schönsten Kalthaussträuchern, speziell für schattige und halbschattige Lagen, gehören die Mitglieder dieser Gattung. Als immergrüne Sträucher oder kleine Bäume bewohnen sie das südliche Südamerika. Ihre sehr auffallenden, becher- oder urnen-

Die leuchtend karminroten Knospen von *Crinodendron hookerianum* öffnen sich später zu etwa 5-Mark-Stück großen Blütenglocken.

förmigen, hängenden Blüten stehen allein oder zu zweit in den Blattachseln. Wegen ihrer Schattenverträglichkeit zählen diese Pflanzen sowohl im Kübel als auch ausgepflanzt in gerade frostfreien, absonnigen Glasanbauten zu den besten Blütengehölzen. Sie sind in der Kultur nicht ganz einfach, gedeihen aber gut, wenn man sie wie Azaleen behandelt aber nur sparsam düngt. Wichtig ist ein kalkfreier Boden. Sommerliche Hitze vertragen sie schlecht, zumal sie dann leicht von Spinnmilben befallen werden.

C. hookerianum
Laternenbaum

Chile ist die Heimat dieses langsam wachsenden, am Naturstandort jedoch immerhin 9 m erreichenden vielstämmigen Strauches. Bei uns und in Südengland, wo man ihn gelegentlich in Gärten findet, wird er selten über 3 m hoch.

Seine gesägten, tiefgrünen Blätter sind lanzettlich, bei 5–10 cm Länge sind sie bis 2 cm breit. An bis zu 10 cm langen Stielen hängen die karminroten, an *Fritillaria* erinnernden Blüten wie Laternen aus den Blattachseln. Die Blütenknospen bilden sich im Herbst. Je nach Temperatur früher oder später öffnen sie sich dann im Frühjahr, die Blüte hält bis in den Sommer an, einzelne Knospen öffnen sich sogar erst im Herbst. Sicher einer der schönsten Blütensträucher für absonnige Wintergärten.

C. patagua
Maiglöckchenbaum

Obwohl diese Art in der Blüte nicht so spektakulär ist wie die vorhergehende, trifft man sie häufiger an. Dies aus zwei Gründen: Zum einen verträgt sie sommerliche Hitze viel besser, zum anderen blüht sie im Spätsommer und Herbst, oft auch den ganzen Winter über. Sie wirkt üppiger und wächst rascher als *C. hookerianum*, ihre Blätter sind aber nur etwa halb so groß. Die Blüten sind weiß, glocken- oder becherförmig und ähneln Maiglöckchen. Auch bei uns werden häufig die sehr attraktiven Früchte angesetzt, die Samenkapseln sind cremefarben mit rot.

CUPRESSUS Familie *Cupressaceae*

Zypresse

Die Gattung *Cupressus* stammt aus den warm temperierten Gebieten Asiens, Europas und Nordamerikas. Typisch für diese Koniferen sind ihre kleinen, schuppenartigen Nadeln an vierkantigen Zweigen und ihre kugelartigen, erst im zweiten Jahr reifenden Zapfen, die einem kleinen Fußball ähnlich sehen.

Die Zypressen sind durchweg anspruchslose, viel Trockenheit vertragende Gehölze. Schädlinge und Krankheiten sind bei ihnen weitgehend unbekannt. Einige Arten sind in Mitteleuropa an der Grenze ihrer Winterhärte, im Weinbauklima halten sie in geschützten Lagen oft aus. Als Kübelpflanzen, speziell als dominierende Exemplare in Mediterrangärten, sollte man sie viel häufiger verwenden, zumal sie sich ohne weiteres liegend in einer ungeheizten Garage überwintern lassen.

C. sempervirens
Echte Zypresse

Von dieser allgemein bekannten Zypresse gibt es zwei Hauptformen, die var. *horizontalis* mit fast waagerecht abstehenden Ästen und die var. *stricta* mit steif aufrechten, dem Stamm anliegenden Ästen. Während die erste vor allem in Südosteuropa und Vorderasien in waldartigen Beständen angetroffen wird, ist die zweite die typische Säulenzypresse der

Kulturlandschaften, sie verleiht vielen Mittelmeerszenerien ihr charakteristisches Gepräge, vor allem, wenn sie hain- oder alleeartig gepflanzt ist. Während zur Landschaftsgestaltung durchaus noch Sämlinge verwendet werden, sind die Pflanzen, die man in Gärten findet, fast durchweg veredelt. Nahezu jede italienische Baumschule hat ihre eigene, besonders schlanke Selektion, Sämlinge haben heute nur noch als Unterlage Bedeutung.

Besitzer von Mediterranpflanzungen, die einerseits nicht riskieren wollen, die Zypressen auszupflanzen, sie auf der anderen Seite aber auch nicht durch schlankwachsende Wacholder wie 'Skyrocket' ersetzen wollen, sollten die Pflanzen im Spätherbst nur aus dem Boden lösen, d. h. die durch die Topflöcher ins umgebende Erdreich entwichenen Wurzeln abschneiden, dann wird die Pflanze wieder eingesenkt. Ins Winterquartier kommt sie erst, wenn Temperaturen von –20 °C drohen und dann auch nur solange, wie diese Temperaturen anhalten. Das Winterquartier sollte möglichst kalt sein, der Ballen kann ruhig durchfrieren. Wird die Echte Zypresse nämlich zu warm überwintert, blüht sie zu früh, die Blüten bzw. die neuen Zapfen werden dann ziemlich sicher ein Opfer der Fröste. Ein guter Zapfenbehang ist nicht immer erwünscht, die Pflanze kann dadurch auseinanderfallen. Zumindest »brechen« einzelne Triebe dann aus der Silhouette aus. Üblicherweise schneidet man sie weg. Da das bei hohen, ausgepflanzten Exemplaren gar nicht so einfach ist, wird seit einigen Jahren eine nichtfruchtende Sorte unter dem Namen 'Sterile' angeboten.

CYPERUS Familie *Cyperaceae*

Von dieser Gattung grasartiger Sumpfpflanzen ist vor allem das Zyperngras, *Cyperus alternifolius*, als praktisch unverwüstliche Topfpflanze bekannt. Sie und ihre Verwandten gedeihen besonders gut bei Pflanzenliebhabern, denen alle anderen Pflanzen durch Vergießen eingehen. Alle Arten lieben Staunässe. Dementsprechend kultiviert man sie oft in einem glasierten Übertopf bei flachem Wasserstand oder in einem dauernd mit Wasser gefüllten Untersetzer. Es hat sich jedoch in unseren Breitengraden vor allem im Winter gezeigt, daß eine Kultur in normalem Gefäß mit Abzugslöchern erfolgreicher ist. Zum einen sinkt die Fäulnisgefahr, zum anderen werden die Pflanzen kompakter.

Cyperus wachsen in Sonne wie Schatten rasch; stehen sie zu dunkel, werden die Triebe leicht zu lang und kippen um.

Die Säulenzypresse verleiht vielen Mittelmeerszenerien ihr charakteristisches Gepräge.

C. papyrus
Papyrus

Aus dem Mark der annähernd dreieckigen Stengel dieser Art machten die alten Ägypter ihr Papier.

Hauptsächlich im tropischen und subtropischen östlichen Afrika beheimatet, kommt sie auch in Vorderasien und im südlichen Sizilien vor.

In Verbindung mit Wasser ist Papyrus im Kübel wie im Wintergarten sicher eine der beeindruckendsten Pflanzen. Überaus filigran wirkt der auf den hohen, blattlosen Stengeln stehende Schopf mit seinen

Papyrus braucht volle Sonne, sonst werden die Halme zu lang, dünn und knicken ab.

Die Früchte der Baumtomate – Tamarillos – können rot oder violett sein und haben Form und Größe eines Hühnereis. In manchen Ländern hochgeschätztes Gemüse, sind sie doch nicht jedermanns Geschmack.

bis 45 cm langen, fadenartigen Blütenstielen. Während des Sommers im Freien, wird Papyrus etwa 2,5 m hoch, im warmen Wintergarten – unter 10 °C sollte er nicht haben – bis 4 m. In Schattenlagen knicken die Triebe aber leicht ab. Deshalb sollte man Papyrus im Freien auch nur an windgeschützten Standorten aufstellen. Normalerweise bekommt Papyrus weder Schädlinge noch Krankheiten, als Folge falscher Behandlung kann jedoch Wurzelfäule auftreten.

Kritisch kann vor allem die Überwinterung werden, wegen seiner Schönheit stellt man ihn oft in Wohnräume, wo es bei der recht hohen Temperatur zu dunkel ist. Bis zum Frühjahr hat sich die Pflanze meist erschöpft und ihre Wüchsigkeit verloren. Im übrigen sollte man im Winter nur mit zimmerwarmem Wasser gießen, um jeden Schock zu vermeiden.

Wenn im Sommer ein paar Wedel abknicken, ist das nicht tragisch, sie werden schnellstens ersetzt. Stellt man die Wedel in die Vase, halten sie über Wochen. Leider ist die Vermehrung über abgeschnittene Blattschöpfe wie beim Zyperngras nicht möglich.

CYPHOMANDRA
Familie *Solanaceae*

Von dieser Gattung hat nur die Baumtomate als Zier- und Nutzpflanze Bedeutung.

C. betacea
Baumtomate, Tamarillo

Vor allem in den Anden kommt dieser je nach Überwinterungstemperatur laubabwerfende bis immergrüne Strauch oder kleine Baum vor. Allein schon durch ihre riesigen, bis 25 cm langen, breitovalen Blätter ist die Pflanze überaus dekorativ. Vergleichsweise unscheinbar, aber stark duftend sind die typischen zartrosa Kartoffelblüten. Mit Ausnahme der dunkelsten Wintermonate erscheinen sie das ganze Jahr über.

Hauptzierde dieses Busches, der auch leicht zu einem 3–4 m hohen Baum gezogen werden kann, sind die Früchte. Diese sind bis 8 cm lang, eiförmig, aber spitz zulaufend und eßbar. Je nach Herkunft der Pflanzen können sie orangerot, tomaten- oder auberginefarben sein. Die Konsistenz des Fruchtfleisches kommt der einer Fleischtomate ziemlich nahe, der Geschmack ist dem europäischen Gaumen fremd, er ist säuerlich herb und erinnert damit an eine nicht ganz reife Kakifrucht. In der Regel wird deshalb die Frucht in Zucker gestippt gegessen.

Die Kultur der Baumtomate entspricht der der Engelstrompeten, auch die Schädlinge und Krankheiten sind gleich. Frost verträgt die Pflanze nicht, aber ohne weiteres über längere Zeit niedere Bodentemperaturen, so daß eine gerade frostfreie Überwinterung ausreicht.

DASYLIRION Familie *Agavaceae*

Rauhschopf

Sieht man ältere *Dasylirion*, fühlt man sich an die eigenartigen Grasbäume Australiens erinnert. Ebenso wie diese bilden die in den Trockengebieten der südwestlichen USA und Mexikos beheimateten Pflanzen Stämme, die von einer Rosette aus zahlreichen langen, schmal lanzettlichen Blättern gekrönt sind. Der bei uns selten erscheinende Blütenstand ist eine schmale, bis 1,5 m lange Rispe auf bis zu 3 m langem Schaft. *Dasylirion* sind Prachtstücke jeder subtropisch orientierten Steingartenpflanzung, bei wesentlich geringerem Platzanspruch können sie sich in ihrer Ausdrucksstärke ohne weiteres mit Agaven messen.

Wie die meisten Pflanzen aus ariden und semiariden Gebieten wachsen sie ziemlich langsam. Sie sind überaus robust, vertragen extreme Hitze, Trockenheit und auch etwas Frost. Für einige Zeit, beispielsweise zur Überwinterung, können sie bei kühlem Stand auch im Schatten stehen. Besser ist jedoch ein ständig vollsonniger Standort.

D. longissimum
Mexikanischer Grasbaum

In der amerikanischen Fachliteratur wird man diese Art vergeblich suchen. Amerikanische Botaniker ordnen sie als *N. longifolia* der nahe verwandten Gattung *Nolina* zu. Während sie in der Jugend eine Fontäne aus 1 m langen und 2–3 cm breiten Blättern darstellt, bildet sie im Alter, wenn ihr Stamm bis 3 m hoch und manchmal verzweigt ist, einen kugeligen Schopf. Die Blätter sind dann bis 1,8 m lang und sehr steif, sie stehen also ganz gerade nach allen Seiten ab, auch nach unten. Diese ostmexikanische Art wächst vergleichsweise rasch und gilt, sobald sie ihren Altershabitus aufweist, als dekorativste Art. Ihr Blütenstand kann 4 m erreichen.

D. serratifolium

Typisch für diese kurzstämmige Art sind die an der Spitze pinselartig aufgespalteten Blätter. Sie sind grasartig, grün, 0,7–1 m lang, 2–3 cm breit und mit großen Stacheln versehen. Ihre weißen Blüten stehen in dichten, vergleichsweise kurzen Rispen. Diese aus dem südöstlichen Mexiko stammende Art ist wohl die am meisten verbreitete.

Baumtomaten können größer als Hühnereier werden. Ihr Geschmack … ist Geschmackssache.

Dasylirion in dieser Größe sind fast unbezahlbare Schmuckstücke jeder Felssteppenpflanzung. In Winter nicht von oben gießen, sonst kann es zu Herzfäule kommen.

DATURA (SYN.: BRUGMANSIA) Familie *Solanaceae*

Stechapfel, Engelstrompete

Neben dem Oleander ist *Datura* mit Abstand die am weitesten verbreitete Kübelpflanze. Obwohl es nur 25 Arten gibt, konnten sich die Botaniker bis heute nicht zu einer allgemein anerkannten Nomenklatur durchringen.

Hauptproblem der Botaniker ist, daß ihre Namensgebung fast ausschließlich auf Herbarmaterial

Solch üppige Engelstrompeten kann jeder in wenigen Jahren ziehen. Rezept: Viel Wasser, viel Dünger, große Kübel, ein nicht zu windiger Platz und keine Angst vor Pflanzenschutz.

und Literatur begründet ist. Diesem kann aber nicht entnommen werden, ob eine Engelstrompete duftet oder nicht, ob die Blüten hängen oder seitlich abstehen, zu welcher Zeit die Pflanze blüht oder wie wüchsig sie ist – also exakt die Dinge, die uns am allermeisten interessieren.

Um sich ganz unmißverständlich auszudrücken: Kaum eine der in Mitteleuropa gehandelten *Datura*-Typen läßt sich eindeutig einer Art zuordnen. Man nimmt deshalb an, daß alle entweder Hybriden oder Sports (= Mutationen) mit unbekannter Herkunft sind. Die im folgenden angegebenen botanischen Namen sind also nur Handelsnamen, botanisch exakt sind sie nicht.

Verwendungsorientiert unterscheidet man zwischen schwach, mittelstark und stark wachsenden *Datura*.

Von allen verholzenden *Datura* am schwächsten wächst *D. sanguinea*, sie verzweigt sich schon als frisch bewurzelter Steckling und blüht auch sofort. Die Pflanze baut sich rund auf, im Frühjahr vermehrt erreicht sie in einer Vegetationsperiode etwa 30 cm Höhe bei etwa gleichem Durchmesser. Ihre Blüte ist etwa 20 cm lang, fast röhrenförmig, rot mit gelber Zeichnung. Selten ist ein reingelber, als »Flava« bezeichneter Typ. Im übrigen ist man heute weitgehend der Ansicht, daß es sich bei den unter dem Namen *sanguinea* gehandelten Pflanzen fast ausschließlich um. *D. rosei* handelt. *D. sangiunea* ist ziemlich empfindlich gegen Virusinfektionen. Eine weitere schwachwachsende Art, *D. arborea*, zählt zu den Top-Favoriten unter den Engelstrompeten. Die ca. 15 cm langen, köstlich nach Vanille duftenden Blüten erscheinen fast ununterbrochen, sofern man nicht vergißt, den reichlich angesetzten Samen zu entfernen. Typisch für diese Art sind die durch feine Behaarung samtig wirkenden Blätter und der äußerst kompakte Habitus, der diese Art auch für kleinere Balkons bzw. Wintergärten empfiehlt.

Als mittelstark wachsend kann man alle *Datura* bezeichnen, die sich erst dann verzweigen und blühen, wenn ihre Jahrestriebe eine Länge von 1–1,5 m erreicht haben. Sieht man von den Liebhaberarten *D. mollis, D. insignis, D. versicolor* und einigen anderen Arten ab, gehören vor allem weißblühende »Arten« zu diesem Typ. Am verbreitetsten ist wohl *D. suaveolens* mit duftenden, schräg nach unten abstehenden Blüten.

Ebenfalls duftende, aber hängende Blüten haben *D. candida* und die gefüllte *D. cornigera* 'Knightii', die oft als *D. candida* 'Plena' gehandelt wird. Von *D. candida* sind etliche Selektionen im Handel, eine der schönsten ist die pfirsichfarbene *D. candida* 'Ocre'.

Den Übergang zu den stark wachsenden Engelstrompeten bildet *D. suaveolens* »Rosa«. Im Gegensatz zu den anfangs straff aufrecht wachsenden mittel- und starkwüchsigen Formen wird sie auf Grund ihrer früher einsetzenden Verzweigung viel breiter. Als 4–5jährige, kaum geschnittene Pflanze hat sie einen Platzanspruch von etwa 4 m^2 und eignet sich wegen ihrer bis unten geschlossenen Belaubung vorzüglich als freistehender Solitär. Die Blüten sind sehr groß, duften aber nur schwach. Das vielen *Datura* eigene schubweise Blühen – die Vollblüte wechselt mit blütelosen Zeiten ab – ist bei *D. suaveolens* »Rosa« kaum ausgeprägt. An großen Pflanzen sind immer Blüten offen.

Alles, was unter *D.* »Gelb«, *D. aurea* oder *D. aurea* »Weiß« im Handel ist, gehört zu den sehr stark wachsenden Typen. Die straff aufrechten Basistriebe erreichen bei optimaler Bewässerung und Düngung in wenigen Wochen eine Höhe von 3 m, bei einem Basisdurchmesser von etwa 5 cm. Vor der ersten Blüte – immer an der Triebspitze – verzweigen sich die Pflanzen im Gipfel und wachsen dort nur noch schwach. Gleichzeitig erscheinen aus der Basis oder aus altem Holz neue Langtriebe. Durch ihre riesigen, mit Blattstiel über 50 cm langen Blätter wirken die Pflanzen sehr üppig. Auf Grund der schlechten Statik – die Langtriebe brechen leicht an der Basis aus – sollten diese *Datura* nur an windgeschützten Stellen verwendet werden.

Trotz ihres identischen Habitus unterscheiden sich die starkwachsenden Datura untereinander in der Blüte erheblich: *D. aurea* blüht schubweise, hat gleichzeitig relativ viele, aber kleine Blüten, die nach allen Seiten abstehen. Die Blüten von *D. aurea* »Weiß« sind mit 30 cm Länge die größten der hier beschriebenen Arten, sie stehen schräg nach unten und erscheinen fast durchgehend. Beide duften stark.

D. aurea und *D. aurea* »Weiß« haben mit *D. sanguinea* oder *D. arborea* eine Eigenschaft gemein, die sie manchem als Wintergarten-Kübelpflanze geeignet erscheinen läßt: Wenn es hell und warm genug (über ca. 8 °C) ist, blühen sie im Winter durch.

Wegen des immensen Wasserbedarfs sollten *Datura*-Kübel möglichst groß und zwecks besserer Standfestigkeit relativ flach sein. Noch besser ist es, wenn man die Kübel etwas einsenkt oder die Pflanzen gleich in Kartoffelkörben in Rabatten setzt. Die Wurzeln wachsen dann in kürzester Zeit durch, Standfestigkeit, Wasser- und Nährstoffversorgung sind keine Probleme mehr.

Ein Rückschnitt ist bei *Datura* selbst bodeneben möglich. Allerdings dauert es dann bis zur Blüte wesentlich länger, als wenn man den Pflanzen die induzierten (also blühfähigen), verzweigten Triebe läßt.

Die Verwendung der Engelstrompeten im Wintergarten ist vor allem durch den hohen Arbeitsaufwand begrenzt, außerdem werfen sie in kühlen Glasanbauten ihr Laub ab. Keinesfalls unterbewertet werden darf ihre Empfänglichkeit für Krankheiten und Schädlinge aller Art. Im übrigen haben die meisten »Arten« einen gewaltigen Platzanspruch. Zusammenfassend mag sich das eindeutig negativ anhören; trotzdem ist der Zierwert von *Datura* als Kübelpflanze natürlich unbestreitbar, speziell was die Länge der Blütezeit und den Duft betrifft. Der Platzanspruch läßt sich durch Verwendung schwachwachsender Arten oder durch rigorosen Auslichtungsschnitt begrenzen. Die eleganteste Lösung ist jedoch, als Stämme gezogene Engelstrompeten zu verwenden. Der durch das Ausbrechen von Boden- und Stammtrieben entstehende Arbeitsaufwand ist vernachlässigbar.

Wie giftig sind Engelstrompeten und andere Solanaceen wirklich?

Die Mitglieder der Gattung *Datura*, speziell die als Stechapfel bezeichneten krautartigen einjährigen oder staudigen Vertreter, gelten allgemein als höchst giftige Pflanzen. Mehr oder weniger trifft dieser schlechte Ruf – zum Teil durchaus zu Recht – auch auf die anderen Nachtschattengewächse zu.

Wie Bilsenkraut und Tollkirsche, aber auch Kartoffel, Tomate, Paprika und Tabak enthalten *Datu-*

Von den zahlreichen *Datura*-»Arten« und »Sorten« sind nur wenige wirklich blühwillig. *Datura aurea* »Gelb« und *D. suaveolens* »Rosa« gehören zu den besten.

ra eine ganze Reihe giftiger bzw. medizinisch wirksamer Inhaltsstoffe. Ihrer Wirkung entsprechend, teilen die Pharmakologen die verschiedenen Nachtschattengewächse in Gruppen, von denen für uns die Solaneae (Tollkirsche, Bilsenkraut, Tomate, Kartoffel, *Solanum*-Arten), die Datureae (Engelstrompeten, Stechapfel) und die Cestreae (Hammerstrauch, Tabak) interessant sind.

Die Wirkung der Solanaceen auf den Organismus wird vor allem durch verschiedene Alkaloide, speziell Hyoscyamin und Scopolamin und deren Abkömmlinge wie Atropin bestimmt. Primär verursachen diese Alkaloide einen trockenen Mund und eine erhöhte Körpertemperatur, sekundär – speziell Scopolamin in höheren Dosen – eine Art Dämmerschlaf. Gleichzeitig können halluzinogene Reaktionen auftreten.

Allerdings muß man diese Wirkungen relativieren. Für Kleinkinder viel gefährlicher als die Kultur von Engelstrompeten im Garten ist eine achtlos liegengelassene Schachtel Zigaretten.

Der Nachahmungstrieb des Kindes in Verbindung mit der Tatsache, daß das Nikotin von 2–3 Zigaretten selbst für einen Erwachsenen tödlich wirken kann, zwingen zum Nachdenken. Demgegenüber braucht es immerhin etwa 5 Blüten der gängigsten strauchartigen *Datura (D. suaveolens)*, um bei einem Jugendlichen auch nur einen Rausch zu erzeugen. Dabei handelt es sich bei den Blüten ebenso wie bei den Früchten und Samen noch um die inhaltsreichsten Pflanzenteile, die Blätter enthalten ungefähr nurmehr halb soviel Wirkstoffe.

Wesentlich gefährlicher als die strauchartigen *Datura*, die man immer wieder als *Brugmansia* bezeichnet, sind die einjährigen Stechäpfel, besonders die auch bei uns auf nährstoffreichen Böden vorkommende *D. stramonium*. Diese setzt auch hier leicht Samen an, und gerade Samen sind aufgrund ihres hohen Wirkstoffgehaltes und ihrer hohen Trockenmasse gefährlich. Wenn nicht die »Blaue Datura« allgemein herumspuken würde, müßte man auf diese Art hier eigentlich nicht eingehen. Nun gibt es aber gerade von dieser Art blaublühende Auslesen, die im Gartenhandel als »Blaue Datura« erhältlich ist.

Im Zweifelsfall erkennt man diese *Datura* leicht. Ihre Früchte ähneln denen der Kastanie, die noch von den stacheligen grünen Schalen umgeben sind. Demgegenüber haben die selten angesetzten Früchte der baumartigen *Datura* die Form einer etwas dickeren Peperoni.

Am schönsten sind Kakipflaumen *(Diospyros kaki)* im Herbst, wenn das prächtig verfärbte Laub fällt und die apfelgroßen Früchte dann noch lange zieren.

DIOSPYROS Familie *Ebenaceae*

Diese Gattung laubabwerfender Bäume und Sträucher ist mit Ausnahme von Afrika in den gesamten Tropen und Subtropen heimisch. Von den etwa 200 Arten haben aber nur wenige als Obst- und Ziergehölze Bedeutung.

D. kaki
Kakipflaume

Aus dem temperierten (Süd)-Ostasien stammt dieser rundkronige, meist 6–12 m hohe Baum. Im Weinbauklima ist er bei uns an der Grenze der Winterhärte und kann ausgepflanzt werden, ansonsten ist er aber auch eine wunderschöne, sehr leicht zu überwinternde Kübelpflanze oder ein Baum für kühle Glasanbauten.

Hauptschmuck der Kaki sind die wohlschmeckenden rundlichen, pfirsichgroßen Früchte. Mit ihrer bestechend orangeroten Farbe kommen sie am besten zur Geltung, wenn der Baum das sich zuvor gelb, orange oder scharlach verfärbende Laub bereits verloren hat. Man läßt die Früchte hängen, bis sie abfallen. Sicherheitshalber sollen sie auch dann noch ein paar Tage nachreifen, bis sie druckempfindlich werden. Erst überreif sind sie wohlschmeckend und genießbar. Die reichlich eingelagerten Gerbstoffe bauen sich während der Nachreife ab. Es gibt inzwischen eine Reihe von Sorten (z. B.

'Fuyu'), deren Früchte schon vor der Vollreife nicht mehr adstringierend wirken.

Die Kultur von Kaki ist einfach. Übermäßigem Fruchtfall bei jungen Pflanzen begegnet man durch regelmäßige Bewässerung und Düngung mit einem vergleichsweise stickstoffarmen Volldünger. Kaki läßt sich beliebig schneiden und auch am Spalier ziehen. In der Regel führt man aber nur einen Formschnitt durch und entfernt totes Holz.

Kaki räumt man entweder sehr früh oder aber erst nach den letzten Frösten aus, der Neutrieb erscheint meist sehr zeitig und ist deshalb extrem spätfrostgefährdet.

DRACAENA Familie *Agavaceae*

Von dieser in den Tropen und Subtropen Asiens und Afrikas verbreiteten Gattung immergrüner Bäume und Sträucher haben einige Arten wegen ihrer Schattenverträglichkeit eine erhebliche Bedeutung als Zimmerpflanzen.

Für Kübel und für kühle Wintergärten ist eigentlich nur eine von den anderen ziemlich abweichende Art von Bedeutung.

D. draco
Drachenbaum

Unter Pflanzenfreunden gilt der Drachenbaum als Symbol der Kanarischen Inseln. Dort kann er, im Alter von einigen hundert Jahren, ein bis zu 18 m hoher, breitkroniger, stark verzweigter, dickästiger Baum werden. Obwohl der Drachenbaum kräftig wächst, vergehen im Kübel doch etliche Jahre, bevor sich ein Stamm zu bilden beginnt. Im unbedingt frostfreien Wintergarten ausgepflanzt, vorzugsweise als Solitär in einer Halbwüstenpflanzung, geht dies viel rascher. Schön ist er schon als Jungpflanze mit seinen weichen, bis 60 cm langen, schwertförmigen Blättern.

D. draco ist nicht schwer zu halten, in der Jugend gedeiht er sogar im Zimmer gut. Da er ganzjährig wächst, versorgt man ihn am besten mit einem Dauerdünger. Schädlinge sind weitgehend unbekannt, mehr Probleme machen Blattfleckenkrankheiten. Junge Pflanzen sind vor allem durch am Wurzelhals ansetzende Fäulnispilze gefährdet. Obwohl die Pflanze recht robust aussieht, soll doch darauf hingewiesen werden, daß auch alte Exemplare praktisch keinen Frost vertragen. Das empfindlichste Organ ist offensichtlich die Rinde, die wenige Tage nach Frosteinfluß matschig und übelriechend wird.

Dracaena draco kann man am dickeren Stamm von anderen ähnlichen Gewächsen unterscheiden. Staunässe und herabtropfendes Kondenswasser sind ihre größten Feinde.

DURANTA Familie *Verbenaceae*

Aus Mittel- und Südamerika stammt diese Familie bisher weitgehend unbekannter Sträucher. Wie fast alle Verbenengewächse ziemlich wüchsig, sollte man sie durch Schnitt im Zaum halten oder, besser, mit Dünger sparsam umgehen. Zumeist am Ende der Triebe blühend, kommt es bei regelmäßigem Schnitt nie zu vollem Flor.

D. repens
Taubenbeere

Dieser wüchsige, meist gut mannshohe, halbimmergrüne Strauch aus den nördlichen Subtropen Amerikas verliert bei kühler Überwinterung schadlos nahezu das gesamte Laub. Wird er dann dementsprechend trocken gehalten, ist er leicht durch den Winter zu bringen. In Wintergärten gibt er – als Stamm gezogen – einen prächtigen, fast ganzjährig blühenden kleinen Solitär ab.

Wären ihre Blüten nicht meist violettlila, könnte man diesen robusten Strauch für eine exotische Berberitzen-Art halten, *Duranta* ist aber eine Verbenen-Verwandte.

Die sehr auffallenden, 1–2 cm breiten, taubenblauen Blüten fallen in langen Rispen elegant herab. Fast schöner noch als die von der Farbe einem Bleiwurz ähnlichen, mehr oder weniger dauernd erscheinenden Blüten sind die Ketten der orange-gelben Beeren.

Die Früchte erscheinen so zahlreich, daß ungeschnittene Sträucher oft überladen wirken. Manchmal sieht man fast das Laub nicht mehr.

Entsprechend der weiten Verbreitung gibt es bei *Duranta* verschiedene Typen bzw. Auslesen. Sie unterscheiden sich vor allem in ihrer Wüchsigkeit, aber auch im Farbton und in der Blühwilligkeit. Um zu häufigen Rückschnitt zu vermeiden, sollte man, so man die Wahl hat, auf schwachwachsende Formen zurückgreifen. Krankheiten und Schädlinge sind bei *Duranta* leider nicht selten, beispielsweise wird sie des öfteren von der Weißen Fliege befallen.

ENSETE Familie *Musaceae*

Zierbanane

Die früher zu den Bananen *(Musa)* zählende Gattung unterscheidet sich von dieser vor allem durch ihren meist viel stärkeren Wuchs, ihren dickeren Scheinstamm und dadurch, daß sie nur sehr selten Ausläufer bildet. In Kultur befindet sich nur eine Art mit mehreren Sorten (Bild siehe Seite 169 oben).

E. ventricosum

Abessinische Banane

Diese immens üppig wirkende palmenartige Staude stammt aus dem tropischen Ostafrika. Aus dem, was bei uns als Bananensamen angeboten wird, entwickelt sich gewöhnlich diese Art. Bereits im ersten Jahr wird sie gut 1 m hoch.

Hält man sie im warmen Wintergarten ausgepflanzt in zügigem Wachstum, kann sie bereits nach 3 Jahren bis 6 m lange und über 1 m breite Blätter schieben.

Ihre Stammhöhe erreicht bis zu 7 m. Damit ist sie als ausgewachsenes Exemplar nur für sehr große Wintergärten geeignet. Wenn man einen geeigneten Winterstandort hat, kann man sie auch als Kübelpflanze halten, schneidet dann aber beim Einräumen den ganzen Blattschopf weg.

Als Kübelpflanze sollte *Ensete ventricosum* nicht zu warm überwintert werden, da sie sonst zu schnell wieder austreibt. Auf der anderen Seite liebt sie es auch nicht, wenn die Bodentemperatur für längere Zeit unter 10 °C fällt, Frost verträgt sie selbst kurzfristig nicht.

In der Kultur entspricht *Ensete* den Engelstrompeten. Man gibt ihr während des Hauptwachstums viel Wasser und Dünger, im Winter hält man sie ziemlich trocken.

Auf Spinnmilben sollte man achten. Verwendet man sie während des Sommers draußen, braucht sie unbedingt einen windgeschützten Stand, sonst sind ihre Blätter bald zerfetzt.

Wesentlich schwächer als die Art wächst die seltene und demzufolge etwas teurere 'Maurelii'. Die Blätter dieser wohl schönsten Sorte sind oberseits rot überhaucht, die Blattunterseite und die Blattstiele sind dunkelrot. Sie verträgt über längere Zeit anhaltende niedere Temperaturen besser als die Art.

ERIOBOTRYA Familie *Rosaceae*

Wollmispel

Die Gattung *Eriobotrya* ist mit etwa 10 Arten in Ostasien beheimatet. Vor allem wegen ihrer sehr großen, immergrünen Blätter sind sie als Zierpflanzen beliebt. Eine Art ist ein wichtiges Obstgehölz, das man im Mittelmeerraum in vielen Gärten findet.

Wollmispeln sind ziemlich anspruchslose, leicht zu kultivierende Pflanzen. Sie wachsen in Sonne und Halbschatten. Vermeiden sollte man allerdings dem Regen stark ausgesetzte Lagen, da regennasse Blätter dem schlimmsten Feind der Pflanzen, dem *Eriobotrya*-Schorf, Vorschub leisten.

Typische Symptome sind zuerst punktförmige Blattaufhellungen, die sich schnell zu flächigen, schwarzen Nekrosen ausdehnen. Auch die Äste können befallen werden. Jedes gegen Obstbaumschorf geeignete Spritzmittel hilft, allerdings meist nur bis zum nächsten Regenguß. Stehen *Eriobotrya* in Glasanbauten, tritt diese Krankheit mangels nasser Blätter nicht auf.

E. japonica
Wollmispel, Loquat

Anders als ihr Name vermuten läßt, stammt die Japanmispel aus China. Schon unmittelbar südlich der Alpen trifft man sie häufig an, meistens in Form eines rundkronigen, 5–7 m, gelegentlich bis 10 m hohen Baumes. Typisch für ihn sind die filzigen Triebe. Unterseits filzig sind auch die großen, grob gesägten, glänzend grünen Blätter, die bei gut ernährten Pflanzen bis zu 30 cm lang werden können. Aus den im Spätherbst und Winter erscheinenden, nicht sonderlich auffallenden weißen, duftenden Blüten entstehen etwa im Mai reifende eßbare Früchte, das erste Obst der Saison. Die höchstens 5 cm dicken kugeligen Früchte sind orangerot, säuerlich-aromatisch und saftig.

Als Strauch wie als Baum wirkt *Eriobotrya* ziemlich architektonisch, dominierend, dunkel. Im Kübel kommt sie – als Busch gezogen – am besten vor einer weißen Wand zur Geltung oder als Solitärbaum in größeren, nicht unbedingt frostfreien Glasanbauten. –10 °C verträgt sie ausgepflanzt ohne weiteres. Man kann *E. japonica* fast beliebig zurückschneiden.

ERYTHRINA Familie Leguminosae

Zu der die Tropen und Subtropen fast der ganzen Welt bewohnenden Gattung *Erythrina* gehören einige der schönsten Blütenbäume oder -sträucher überhaupt. Die meisten Arten sind laubabwerfend und haben dicke, oft dornige, weichholzige Triebe. Ihre Blätter sind entweder dreiteilig oder grob gefiedert. Der Hauptschmuck von *Erythrina* sind die in großen Trauben sitzenden, meist prächtig roten Blüten.

Wenn man berücksichtigt, daß *Erythrina* eine Ruhezeit durchmachen, während der sie kein Wasser brauchen, sind sie sowohl als Kübelpflanzen wie auch im frostfreien Wintergarten leicht zu halten. Außer einem durchlässigen Boden haben sie keine besonderen Ansprüche. Krankheiten kommen höchstens als Folge von Staunässe vor, als Schädlinge sind eigentlich nur Spinnmilben bedeutsam. *Erythrina* brauchen einen vollsonnigen Standort. Fröste vertragen sie nicht. Da sie ihr Laub abwerfen, ist die Überwinterung auch in einem dunklen, relativ kühlen Raum möglich. Die weichholzigen Triebe von *Erythrina* neigen zum Zurücktrocknen, weshalb man bereits Anfang August mit der Düngung aufhören und die Pflanzen auch nur noch wenig gießen sollte.

Ein typischer Baum mediterraner Gärten ist die aus Ostasien stammende Wollmispel, *Eriobotrya japonica*. Ihre duftenden Blüten erscheinen im Winter. Im Frühling findet man Loquat – auch Nespoli genannt – als erstes Obst auf den mediterranen Märkten. Aus Samen gezogene *Eriobotrya* lassen etwa ein Jahrzehnt auf die ersten Früchte warten.

Beim Korallenstrauch sollte man darauf achten, keine Sämlinge zu erhalten. Sie blühen erst im Alter und oft schlecht. Zuverlässig ist die Sorte 'Compacta'.

E. crista-galli
Korallenstrauch

Diese höchstens 8 m hohe, meist strauchige, laubabwerfende Art stammt aus dem subtropischen südlichen Südamerika. Die etwa 5 cm langen, scharlachroten Blüten stehen in langen Trauben am Ende des Neutriebes. Vom späten Frühjahr bis zum Herbst sind mehrere Blütenschübe möglich.

Während der winterlichen Ruhezeit hält man die Pflanze trocken, man kann sie auch völlig dunkel überwintern. Dann darf es jedoch nicht zu warm sein, im Schlafzimmer mit 15 °C treibt sie zu früh wieder aus. Bei dunkler Überwinterung muß es also wirklich kühl (ca. 5 °C) sein. Wichtig ist auch, daß beim einräumen im Herbst kaum mehr Restfeuchte im Boden ist. Licht braucht die Pflanze erst, wenn im Frühjahr der neue Austrieb hervorbricht.

Ganz junge Pflanzen, die noch keinen verdickten Stamm und somit kaum Reservestoffe eingelagert haben, bringt man sicherer durch den Winter, wenn man sie als »Zimmerpflanze« hält: warm und hell. Dann wird natürlich auch im Winter gegossen!

Viel größere Bedeutung als die Art hat die über Stecklinge vermehrte, schwachwüchsige Sorte 'Compacta'. Im Gegensatz zu Sämlingen, bei denen etliche Jahre bis zur Blüte vergehen, blüht sie schon als junge Pflanze. Auch alte Exemplare haben zumeist nur einen mächtigen breiten Erdstamm, der kaum aus dem Boden herausragt. Den Jahreszuwachs erkennt man dann an der zunehmenden Blütentriebzahl. Die Jahrestriebe werden höchstens 1 m lang, schließen mit dem Blütenstand ab und trocken im Winter wieder zurück.

Eucalyptus sind vorzügliche Bäume für hohe Wintergärten. Da sie auch im Winter viel Licht brauchen, können sie als Kübelpflanze nur bedingt empfohlen werden.

EUCALYPTUS Familie *Myrtaceae*

In ihrer Heimat Australasien bestimmt die Gattung *Eucalyptus* mit ihren über 500 Arten das Aussehen weiter Landstriche. Einige Arten findet man als Krüppelholz an der Baumgrenze, andere werden mit über 100 m Höhe mächtige Bäume.

Bei vielen *Eucalyptus* ist es vor allem das auch von Floristen hochgeschätzte Laub, wegen dem sie häufig als Zierpflanze verwendet werden; bei anderen Arten sind es die Blüten. Bemerkenswert ist, daß das Alterslaub in der Form stark vom Jugendlaub abweicht.

Die Kultur von *Eucalyptus* ist sehr einfach. Krankheiten und Schädlinge bekommen sie nahezu nie, einige Arten sind allerdings gegen Staunässe empfindlich. *Eucalyptus* lassen sich beliebig zurückschneiden und als Rundkrone formen. Alle Arten brauchen volle Sonne; im Winter reicht vielen Eucalypten selbst im Glashaus das Lichtangebot nicht, sie büßen dann viel Laub ein.

E. gunnii
»Cider Gum«

Neben *E. globulus*, dem Blaugummibaum, der wegen seines überaus raschen Wuchses eigentlich nur als »Sommerblume« Bedeutung hat, wird diese Art am häufigsten angeboten. Aus Tasmanien stam-

mend, ist sie eine der frosthärtesten Arten und erträgt ausgepflanzt je nach Herkunft zwischen –12 und –15 °C. Wegen ihrer Frosthärte und ihrem sehr schönen Habitus ist sie die Standardart in englischen Gärten. Sie kann dort im Alter bis 30 m hoch werden, bleibt aber meist viel kleiner. Ihre Blätter sind graugrün, in der Jugend kreisrund und bis 5 cm breit, im Alter lanzettlich und bis 12 cm lang. Die cremig-weißen Blüten erscheinen in Dolden. Sie sind nicht besonders auffällig, bilden sich jedoch schon bei relativ jungen Pflanzen.

E. niphophila

»Snow Gum«

Dieser bei uns baumartig wachsende und bis 6 m hohe *Eucalyptus* gilt allgemein als frosthärtester, er kann bis –18 °C vertragen. In australischen Gebirgen findet man ihn an der Baumgrenze. Neben den bis 10 cm langen, silberblauen, lanzettlichen Blättern ist vor allem die Rinde dieser Art besonders attraktiv. Sie ist im Alter weiß und wird, wenn sie sich schält, mit einer Pythonhaut verglichen. Die im Sommer erscheinenden Blüten sind cremefarben und bis 4 cm breit. Dieser malerische, langsam wachsende Baum verträgt viel Wind und Trockenheit. Milde Winter kann er in Mitteleuropa überleben. Man sollte ihn aber erst einige Jahre im Kübel ziehen, bis er einen kräftigen Stamm gemacht hat.

EUPATORIUM Familie *Compositae*

Eine große, mehr als 600 Arten umfassende Gattung, die neben vielen winterharten Arten auch einige schöne, nicht winterharte Kübelpflanzen aufweist.

E. atrorubens

Zu den wohl auffälligsten *Eupatorium*-Arten zählt dieser raschwüchsige, aber kaum über 1–1,5 m hohe Halbstrauch aus den subtropisch-feuchten Gebiete Mexikos. Die breitovalen Blätter sind riesig – bis 30 cm lang –, weich und rötlich behaart. Die Blütenstände ähneln stark denen der als einjährige Beet- und Balkonblume bekannten *Ageratum*, nur geht die Tönung vom rein Blauen etwas mehr ins lila-malvenfarbene Spektrum. Die Hauptblütezeit reicht vom frühen Frühjahr bis in den Hochsommer.

Rigoroser Rückschnitt nach der Hauptblüte wird gut vertragen. Werden die Pflanzen zu alt, degenerieren sie, was eine gelegentliche Verjüngung durch Stecklingsvermehrung angeraten erscheinen läßt.

Die strauchigen *Eupatorium*-Arten des tropischen und subtropischen Südamerika behandelt man wie Engelstrompeten.

FABIANA Familie *Solanaceae*

Die Solanaceen sind vor allem als großblättrige, oft großblumige, rasch wachsende Pflanzen bekannt. Bei *Fabiana* muß man von dieser Vorstellung abweichen. Obwohl sie wie viele andere Solanaceen auch aus dem südlichen Südamerika stammt, nimmt sie doch eine Extremposition in dieser Familie ein. Bei *Fabiana* handelt es sich um heideartige, in ihrer Heimat flächendeckende Sträucher. Sie gedeihen nur in voller Sonne und brauchen gleichzeitig einen gut drainierten, aber gleichwohl feuchten Boden.

Die seltene, aus den Hochlagen der Anden stammende *Fabiana* ähnelt einer Heide *(Erica)*, gehört aber wie die Engelstrompete zu den Nachtschattengewächsen.

F. imbricata

Nur selten bis 2 m hoch wird dieser in weiten Teilen der Hochlagen Chiles bestandesbildende Strauch. Mit seinen schuppenförmigen kleinen Blättern wirkt er wie eine Erika-Art, auch die etwa 8 mm langen, im Frühjahr und Sommer erscheinenden weißen, röhrenförmigen Blüten zeigen wenig Ähnlichkeit mit denen anderer Solanaceen. Ausgepflanzt verträgt *Fabiana* ohne weiteres –10 °C, in England gibt es Typen, die sogar –23 °C überlebt haben sollen. Es gibt einige Sorten, am bekanntesten sind die lila 'Violacea' und die kriechende 'Prostrata'.

In Pflanzungen wirkt Fabiana am besten mit Urgesteinsbrocken und verschiedenen anderen aus dem südlichen Südamerika oder Neuseeland stammenden Pflanzen.

FATSIA Familie *Araliaceae*

Die Gattung *Fatsia* umfaßt nur eine in Ostasien beheimatete Art. Als bekannte immergrüne Zimmerpflanze wird sie vor allem wegen ihrer großen, handförmig gelappten Blätter gezogen.

Im Gegensatz zu Aukuben sieht man *Fatsia* selten als Kübelpflanze. Dabei läßt auch sie sich in Schattenlagen bestens verwenden.

F. japonica
Zimmeraralie

Mit dem Vordringen der Zentralheizungen und der damit verbundenen niederen Luftfeuchtigkeit – und auch höheren Wohnraumtemperatur – hat die Zimmeraralie in ihrer Bedeutung als Zimmerpflanze stark abgenommen. Obwohl *Fatsia* ziemlich langsam wächst, kann sie doch im Alter ein bis zu 5 m hoher, aber nur wenig verzweigter Strauch werden, falls man sie nicht zurückschneidet. Dann hat sie allerdings den Höhepunkt ihrer Schönheit überschritten, da die ziemlich aufrechten Triebe verkahlt sind. Gut ernährt ist sie in jungen Jahren viel schöner, ihre bis 40 cm breiten, dunkelgrünen, lederigen Fächerblätter, die an einem ebenso langen Blattstiel sitzen, bedecken die Pflanze dann bis zum Boden.

Sehr auffällig sind auch die zwischen Spätsommer und Anfang Winter erscheinenden Blüten. Sie sind cremeweiß und stehen in großen kugeligen Dolden am Ende der Triebe, manchmal folgen schwarze, fleischige, etwa 1 cm dicke Beeren. Oft verzweigt sich die Pflanze nach der Blüte, im übrigen kann man eine Verzweigung durch das Entfernen der Gipfelknospe erreichen.

Neben *Aucuba* ist *Fatsia* die beste Blattschmuckpflanze für kühle, absonnige Plätze oder Schattenlagen, sowohl im Kübel als auch in Glasanbauten. Ausgepflanzt verträgt sie bis –12 °C, als Kübelpflanze läßt sie sich in jedem nicht allzu warmen Raum überwintern. Während sie im Sommer viel Wasser braucht, hält man sie im Winter eher etwas trockener. Besonders Tuffs könnten sonst wegen Staunässe von Stengel- oder Wurzelfäule befallen werden. Andere Krankheiten und Schädlinge sind selten. Überhitzung, konkret heißt das Temperaturen über 35 °C, verträgt sie aber vor allem während ihres Neutriebs im Frühjahr schlecht. Bei hohen Sommertemperaturen bleiben nur die Blätter kleiner.

FICUS Familie *Moraceae*

Feigenbaum

Die Gattung Ficus ist sehr vielgestaltig. Einige Mitglieder sind beliebte Zimmerpflanzen, so der Gummibaum *(F. elastica)*, die Birkenfeige *(F. benjamina)* oder der kleinblättrige, kriechende oder kletternde *F. pumila*.

Neben diesen immergrünen Arten ist für wenig beheizte Glasanbauten, für Kübel und für geschützte Freilandstandorte vor allem die als Fruchtgehölz wichtige Echte Feige von Bedeutung.

F. carica
Echter Feigenbaum

Als Pflanze temperierter Regionen unterscheidet sich der Echte Feigenbaum von seinen Verwandten vor allem dadurch, daß er laubabwerfend ist. Falls man bei dieser seit langem weltweit verbreiteten Art überhaupt noch von einer Heimat reden kann, so liegt diese im Bereich des Mittelmeeres und Vorderasiens.

Freiwachsend und nicht durch Schnitt oder Frost beeinträchtigt, entwickelt sich die Feige zu einem bis 10 m hohen, rundkronigen, baumartigen Strauch. Ist sie häufig starken Frösten ausgesetzt, wird sie aufgrund des guten Austriebsvermögens unterirdischer Organe ein vieltriebiger, breitlagernder Busch. Sprichwörtlich berühmt sind ihre 3–5fach gelappten, bis 20 cm langen und ebenso breiten Blätter.

Wer wohlschmeckende Früchte ernten will, sollte stecklingsvermehrte, gute Fruchtsorten wählen, wobei frühreifende vorzuziehen sind. Diese Sorten tragen auch ohne Bestäubung Früchte, während die wildwachsenden »Eselsfeigen« auf die Bestäubung durch ein bestimmtes Insekt – das es in Mitteleuropa nicht gibt – angewiesen sind.

Für draußen ausgepflanzte Feigen ist – falls man wirklich Feigen ernten will – eigentlich nur eine Spalierkultur an einer warmen Hauswand sinnvoll, und auch dann nur mit Winterschutz. In Glasanbauten macht demgegenüber die Kultur ausgepflanzter Feigen kaum Probleme, vorausgesetzt, die Lüftung funktioniert. Eine einzige Überhitzung im Frühjahr kann zum Abstoßen der Früchte führen.

Gleichzeitig ist in ungeheizten Glasanbauten daran zu denken, daß Feigen sehr früh austreiben und der Neutrieb keinen Frost verträgt. Stellt man vorgetriebene Pflanzen ins Freie, bekommen alle unter Glas gebildeten Blätter in kürzester Zeit einen Sonnenbrand und fallen ab, die Pflanze treibt dann oft erst im Sommer neue, an Freilandbedingungen akklimatisierte Blätter. Im Kübel gezogene Feigen räumt man deshalb nach kalter Überwinterung möglichst bald (März) aus, um den Austrieb zu verzögern.

FORTUNELLA Familie *Rutaceae*

Kumquat

Was die Verwendung und die Kultur angeht, kann man die Gattung *Fortunella* ohne Einschränkungen unter *Citrus* einordnen.

Als einzige *Citrus*-Frucht werden sie auch roh mit der Schale gegessen, die Schale ist süß und aromatisch. Ebenso wie die *Citrus*-Arten sind auch *Fortunella* veredelt.

Von den anderen *Citrus*-Früchten heben sich die Kumquats vor allem durch ihre hohe Frostresistenz ab. Ausgepflanzt vertragen beide Arten Temperaturen um –10 °C schadlos. Wegen dieser Frosthärte werden sie oft zu Kreuzungen mit *Citrus* verwendet, das bisher bekannteste Produkt ist die limonenartige, saure Limequat. Kumquats blühen zwar auch sehr reich, die Blüten sind jedoch klein und duften weniger stark. Kumquats sind gar nicht so selten. Da sie sehr leicht mit der bekannten Calamondinorange x *Citrofortunella* verwechselt werden können, bie-

Man sieht dieser Feige die glückliche Hand des Besitzers an: Gut ernährt und regelmäßig gegossen, behält sie ihre Früchte und wirkt sehr üppig.

Kumquats sind zwar sehr robust, ihr Fruchtansatz ist aber oft schlecht.

ten Gärtner oft aus Israel importierte Kumquats fälschlich als Calamondinorangen an.

Im Zweifelsfalle überläßt man die Unterscheidung seinem Geschmackssinn. Ganz im Gegensatz zur wohlschmeckenden, aromatischen Kumquat ist die Calamondinorange sauer und bitter, somit ungenießbar.

FREMONTODENDRON
Familie *Sterculiaceae*

Flanellstrauch

Von dieser Gattung immergrüner Sträucher sind nur zwei in Kalifornien beheimatete Arten bekannt. Ihr Hauptschmuck sind die großen gelben Blüten. *Fremontodendron* gedeiht nur in der vollen Sonne, der Boden muß gut drainiert sein. Beide Arten vertragen viel Kalk.

F. californicum

Während diese Art in Kultur kaum über 2,5 m hoch wird, findet man am Naturstandort auch baumartige, bis 6 m hohe Exemplare. Ihre an *Abutilon* erinnernden, aber fast lederigen Blätter sind zumeist gelappt und zwischen 3 und 10 cm breit und lang. Zwischen dem frühen Frühjahr und Herbst erscheinen ununterbrochen die bis 4 cm breiten zitronengelben Schalenblüten. Diese ziemlich seltene, sehr trockenheitsverträgliche Pflanze übersteht erhebliche Fröste schadlos, was sie besonders für wenig geheizte Wintergärten interessant macht. Man sollte sie öfter entspitzen und gelegentlich schneiden, um sie in Form zu halten. Keinesfalls verträgt sie Staunässe; während sommerlicher Regenperioden muß *Fremontodendron* deshalb unter ein Vordach gezogen werden.

GARDENIA Familie *Rubiaceae*

Gardenie

Diese uns vor allem als Topfpflanze bekannten Immergrünen können in ihrer Heimat auch baumartig werden. Berühmt sind ihre Blüten, sei es als Smoking- oder Abendkleidaccessoire oder als Dekoration eines festlichen Cocktails in einem Nobelrestaurant.

So schön Gardenien sind, als Kübelpflanzen in unseren Breiten sind sie nur sehr bedingt brauchbar und leben meist nicht lange. Viel besser gedeihen sie ausgepflanzt in einem Wintergarten, der – da die Pflanzen auch Fröste vertragen – nicht warm sein muß.

Gardenien vertragen weder Kalk noch Staunässe, auf beides reagieren sie mit chlorotischen Blättern. Ansonsten weicht ihre Kultur nicht von der anderer Immergrüner ab. Man kann sie fast beliebig zurückschneiden, sie treiben auch aus dem alten Holz wieder gut durch.

Wer die Möglichkeit hat, *Fremontodendron* hell zu überwintern, wird mit dieser – vorläufig noch – seltenen Rarität keinen Reinfall erleben. Ein selten schöner Dauerblüher.

G. jasminoides

In ihrer ostasiatischen Heimat wird diese Pflanze ein breitlagernder, 1–2 m hoher, unter günstigen Bedingungen üppiger, dicht verzweigter Strauch mit elliptischen, lederigen, glänzenden, bis 7 cm langen Blättern. Die Blütezeit schwankt je nach Sorte – im Handel sind fast ausschließlich Sorten – ganz erheblich. Sie kann zwischen dem frühen Frühjahr und dem späten Herbst liegen, mit einem Höhepunkt im Hoch- und Spätsommer. Die an Kamelien erinnernden Blüten sind weiß, mehr oder weniger stark gefüllt und duften ausgezeichnet. Sie können bis 12 cm breit werden.

Im Winter hält man Gardenien am besten hell, kühl und luftig. Herabtropfendes Kondenswasser mögen sie überhaupt nicht. Ausgepflanzt vertragen sie kurze Fröste bis –7 °C.

Gardenien lieben einen warmen Fuß, bei naßkaltem Standort verfärben sich die Blätter gelb.

GELSEMIUM Familie *Loganiaceae*

Aus Familie der Loganiaceae ist bei uns ausschließlich der gelbe Carolina-Jasmin, *Gelsemium sempervirens*, als Kübelpflanze zu finden.

Gelsemium sempervirens Carolina-Jasmin

Diese immergrüne Schlingpflanze kommt in den südöstlichen USA bis Mexiko und Guatemala vor.

Gelsemium sempervirens wächst relativ langsam. Am Heimatstandort wird sie höchstens 6 m hoch, für eine Kletterpflanze nicht eben viel. Ihre etwa 5–7 cm langen, ovalen Blätter glänzen grün. Hauptattraktion stellen jedoch die stark nach Veilchen duftenden, gelben, trichterförmigen, etwa 3 cm langen Blüten dar. Sie erscheinen zwischen Frühjahr und Frühsommer.

Während der Carolina-Jasmin in den südlichen USA sehr häufig angepflanzt wird und sogar im kommunalen Bereich als Bodendecker Verwendung findet, ist diese Pflanze bisher bei uns nahezu unbekannt. Da sie empfindlich gegen nassen Boden ist, sollte das Substrat gut drainiert sein. *Gelsemium sempervirens* genügt auch ein halbschattiger Standort.

GREVILLEA Familie *Proteaceae*

Mit etwa 230 Arten ist die in Australasien beheimatete Gattung *Grevillea* sehr vielgestaltig. Sie wird nie langweilig, weil die Pflanzen in Größe und Belaubung, Habitus, Blütencharakter und Blütenfarbe sehr stark voneinander abweichen. Von Art zu Art verschieden ist die Länge der Blütezeit, sie variiert von einigen Wochen bis ganzjährig. Oft ist die Hauptblüte im Winter.

In der Kultur gelten *Grevillea* vielfach als schwierig. Das stimmt nur bedingt, manche Arten sind ziemlich robust. Wichtig ist jedoch, daß man ihre Grundbedürfnisse berücksichtigt: Sie brauchen volle Sonne und vertragen weder Staunässe noch Kalk. Man zieht sie deshalb am besten in torfreichen, aber gut drainierten Substraten. Die als schwierig geltenden *Grevillea*-Arten stammen durchweg aus Gegenden mit geringen Sommerniederschlägen, Ausfälle während des Sommers sind deshalb fast immer auf zuviel Wasser zurückzuführen. Man umgeht die dadurch entstehenden Probleme oft durch Veredelung dieser »schwierigen« Arten auf *G. robusta*, leider treibt diese Unterlage stark durch.

Gelsemium, den Carolina-Jasmin, sollte man möglichst kalt überwintern, andernfalls blüht er schon im Winterquartier.

Die in vielen Farben blühenden strauchigen *Grevillea* lieben volle Sonne.

Im übrigen vertragen *Grevillea* – das gilt auch für alle anderen Proteaceen – nur wenig Dünger. Vor allem Phosphor ist geradezu Gift für sie. Auf Stickstoff und Eisen kann man jedoch nicht verzichten, da sonst die Blätter gelb werden.

Beim Umtopfen setzt man *Grevillea* am besten in eine sogenannte 0-Erde, Stecklingserde oder Erde für Aussaaten. Weiß man nicht sicher, ob diese Erde einen niederen Kalkgehalt ausweist, mischt man zur Hälfte reinen Torf (kein TKS oder Torfsubstrat) bei. Zuunterst kommt eine Drainageschicht aus Kies oder ähnlichem. Keinesfalls topft man die Pflanzen tiefer ein als zuvor, der Wurzelhals wird sonst leicht von Kragenfäule *(Phytophthora)* befallen. Außer Wurzelkrankheiten sind andere Krankheiten oder Schädlinge bei *Grevillea* sehr selten.

Bei fast allen *Grevillea* reicht eine gerade frostfreie Überwinterung aus, manche Arten ertragen sogar leichte Fröste. Allzu warm sollte es nicht sein, 15 °C sind etwa die Obergrenze. Alle Arten brauchen auch im Winter volles Licht.

Auch bei uns, allerdings erst als ältere Pflanze, blüht die Australische Silbereiche. Nur wenige Pflanzen haben einen prachtvolleren Flor.

G. robusta

Australische Silbereiche

Am Naturstandort ein bis zu 35 m hoher Baum, bleibt diese bei uns gelegentlich als Topfpflanze angebotene Art hier doch viel niederer. Ihre Hauptattraktion sind die 15–20 m langen, farnartig mehrfach gefiederten oder gelappten Blätter. Sie sind im Austrieb bronze, werden dann oberseits tiefgrün und unterseits silbergrau. Im Winter wirft sie einen erheblichen Teil, wenn nicht das gesamte Laub ab. *G. robusta* ist vor allem eine Blattschmuckpflanze, bis zur ersten Blüte können 10–15 Jahre vergehen.

Dann aber ist der Baum im Frühjahr und Frühsommer mit einer Fülle intensiv goldoranger Blüten bedeckt.

Diese *Grevillea* ist ein vorzüglicher Baum für hohe Wintergärten. Sie spendet nur lichten Schatten. Durch Schnitt läßt sie sich problemlos im Rahmen halten. Sehr gut verträgt sie hohe Temperaturen, aber nur bis etwa –5 °C Frost. Ansonsten ist sie, auch was den Boden betrifft, völlig anspruchslos. Nur Staunässe verträgt sie nicht.

G. × *semperflorens*

Diese heute ziemlich verbreitete Gartenform entstand in England aus *G. juniperina* 'Sulphurea' und *G. thelemanniana*. Sie wird etwa 2 m hoch. Ihre Blätter sind bis 4 cm lang, nadelartig und behaart. Mit einem Höhepunkt im Sommer erscheinen zu allen Jahreszeiten in den Blattachseln in kurzen Trauben die zahlreichen rosa und gelben Blüten.

HEDYCHIUM Familie *Zingiberaceae*

Die Gattung *Hedychium* ist vor allem in den wärmeren Gebieten Zentralasiens verbreitet. Sie umfaßt eine Reihe von Stauden mit kräftigem Speicherwurzelstock und erinnert an das Indische Blumenrohr *(Canna)*. Wie dieses kann sie auch behandelt werden. Die dicken, fleischigen Triebe schneidet man nach der Blüte ab, sie ziehen nicht ein. Triebe, die nicht geblüht haben, können an der Pflanze verbleiben. Alle Arten lieben einen kräftigen, humosen Boden und reichlich Wasser. Sie gedeihen gut im Halbschatten. Für ihre Verwendung als Kübelpflanze nachteilig ist die oft erst spät einsetzende Blüte.

H. gardnerianum
Kahili-Ingwer

Aus dem östlichen Himalaja, Nepal und Sikkim stammt diese bei uns am häufigsten gepflanzte Art. Sie gilt übereinstimmend als schönste und härteste. Ausgepflanzt kann sie in einer Vegetationsperiode 2,5 m Höhe erreichen, im Kübel nur 1–1,5 m. Ihre Belaubung ist sehr üppig, die Blätter sind bis 45 cm lang und 15 cm breit.
Im Spätsommer und Herbst bildet sie ihre oft bis zu 0,5 m langen, ährenartigen Blütenstände aus. Die zahlreichen, duftenden Blüten sind goldgelb, besonders auffällig sind die lange herausragenden roten Staubblätter.

Hedychium sind weitgehend schädlings- und krankheitsfreie, problemlose Pflanzen. Im Kübel oder während des Sommers im Freien ausgepflanzt gehalten, nimmt man sie erst herein, wenn das Laub abgefroren ist. Der Ballen darf aber nicht durchfrieren. Sie kann dann völlig dunkel überwintert werden.

Zeigt sich vor allem bei jungen Pflanzen erst im Spätherbst der Blütenstand, kann man die Pflanze in einem kühlen Raum abblühen lassen. In Glasanbauten, wo sie vorzüglich zu Bambus und verschiedenen ostasiatischen Immergrünen paßt, schneidet man sie erst im Spätwinter zurück. Die dort auch im Winter noch erscheinenden Blütenstände erfüllen den ganzen Raum mit ihrem Duft.

HIBISCUS Familie *Malvaceae*

Als Zier- wie als Nutzpflanze sind viele Mitglieder dieser Gattung von Bedeutung. So findet man auch bei uns in vielen Gärten den laubabwerfenden Roseneibisch, *H. syriacus*, einen unserer schönsten Sommer- und Herbstblüher. Schon ziemlich selten ist der oft riesenblumige Sumpfeibisch, *H. moscheutos*, eine Staude. Als Sommerblumen kennen wir den Stundeneibisch, *H. trionum*.

Für Kübel und eher warme Wintergärten kommt vorwiegend der als Topfpflanze weit verbreitete *H. rosa-sinensis* mit dessen zahlreichen Hybriden in Frage. Alle anderen Arten findet man nur selten.

Hedychium ist besser im Wintergarten als draußen im Kübel zu halten. Obwohl robust und pflegeleicht, ist er oft schwer rechtzeitig zum Blühen zu bewegen.

H. rosa-sinensis
Chinesischer Roseneibisch

In den Tropen der am weitesten verbreitete und am häufigsten gepflanzte Zierstrauch überhaupt ist der Chinesische Roseneibisch bei uns als dauerblühende Zimmerpflanze allgemein bekannt, allerdings meist nur als mit Hilfe von Wachstumsregulatoren verzwergte Topfpflanze. Wenn keine chemischen Stauchemittel eingesetzt werden, wird dieser *Hibiscus* ein meist 1–2 m, selten bis 10 m hoher, gewöhnlich locker und offen wachsender Strauch.

Von den allgemein bekannten Pflanzen als *Hibiscus rosa-sinensis* zu reden, ist nicht gerechtfertigt, es handelt sich durchweg um Hybriden. Allein in Hawaii, wo *Hibiscus* Nationalblume ist, unterscheidet man über 2000 Sorten.

Vollblüte erreicht *Hibiscus* nur im Temperaturbereich zwischen 17 und 28 °C, darunter und darüber nimmt Blütenzahl und Qualität rapide ab. Diese Zahlen sind auch der Schlüssel, warum in vielen subtropischen Ländern der *Hibiscus* als typischer Winterblüher gilt – im Sommer ist es zu heiß. Dementsprechend blüht auch bei uns der *Hibiscus* am besten im Winter im Zimmer – wo es ihm jedoch oft zu dunkel ist – und im zimmerwarmen Wintergarten. Im Sommer ist ein Standort im Freien günstiger. Wer in der Übergangszeit, also im Frühjahr und im Herbst, das richtige Lüften beherrscht, kann mit Hilfe eines Wintergartens einen *Hibiscs* ganzjährig in voller Blüte halten, die Pflanze braucht keine Ruhezeit. Auf Störungen wie Wassermangel, aber besonders auf die beim Aus- und Einräumen plötzlich veränderte Luftfeuchte und (Sonnen)-Einstrahlung reagiert er mit Blatt- und Knospenabwurf.

Nur durch regelmäßigen Rückschnitt – oder den Einsatz von Stauchemitteln – kann man *Hibiscus* so kompakt halten.

Hibiscus sollte zumindest alle 2 Jahre geschnitten werden, nach dieser Zeit nimmt die Vitalität ab. Dies erkennt man an kleiner werdenden Blättern und Blüten. Man kann die Triebe ohne weiteres auf die Hälfte zurücknehmen, gleichzeitig werden alle toten und dünnen Zweige ganz entfernt. Der Rückschnitt ähnelt also dem bei Rosen. Man sollte darauf achten, immer über einer nach außen weisenden Knospe zu schneiden.

Dem Schnitt fallen zwangsläufig alle bereits angesetzten Knospen zum Opfer, da *Hibiscus* immer nur an den Triebspitzen blüht. Ganz gleich, wie und wo man die Pflanze hält, ist bei uns ein Rückschnitt in der ersten Maihälfte am günstigsten. Sie wächst dann in den zunehmenden Tag und regeneriert sich am schnellsten. Außerdem kann man zu dieser blütenreichen Jahreszeit noch am ehesten auf den *Hibiscus* verzichten. Wer sich einen *Hibiscus*-Solitär aus einer Topfpflanze ziehen will, wird sich oft über Jahre fragen, was er eigentlich wegschneiden soll, die Pflanze zeigt ja fast keinen Zuwachs. Ursache dieses fehlenden Zuwachses sind die Wachstumsregulatoren, meist CCC (Cycocel), ohne die eine Topfhibiscuskultur heute nicht mehr möglich ist, da die Pflanzen sparrig, somit unverkäuflich wären. In der Regel nimmt der Staucheeffekt nach einem Jahr ab und ist nach einigen Jahren aufgehoben. Bei manchen Sorten jedoch, und das gilt vor allem für die riesenblumigen mit rundlichen bis ovalen, dicken und glänzend dunkelgrünen Blättern, ist das Wachstum oft über einige Jahre fast Null. Zumindest bei diesen Sorten sollte man darauf achten, daß man keine gestauchten Topfpflanzen bekommt, ein allerdings schwieriges Unterfangen. Ansonsten hilft nur Geduld.

Die Pflege von *Hibiscus* gleicht auch bei großen Kübelpflanzen der der meisten tropischen Topfpflanzen. Staunässe muß unbedingt vermieden werden, sonst kommt es zu Wurzel- und Stengelfäule. Gleichwohl braucht *Hibiscus* viel Wasser und Dünger. Schädlinge sind ziemlich häufig, an Krankheiten findet man neben den genannten Wurzelpilzen vor allem Blattflecken. Diese entstehen oft als Folge von in der Nacht nassen Blättern und treten sehr häufig bei der Überwinterung auf, wenn kaltes Kondenswasser auf die Blätter tropft.

HOMALOCLADIUM
Familie *Polygonaceae*

Bandbusch

Die Gattung, von der im übrigen nur eine Art bekannt ist, ist vor allem für Freunde bizarrer, kurioser, fremdländisch wirkender Gehölze geeignet.

H. platycladum

Von den Salomonen stammt dieser ziemlich raschwüchsige, immergrüne Strauch. Er ist sehr dichtbuschig und erreicht bei uns etwa 1,5 m Höhe bei gleicher Breite. Das Kuriose an diesem Busch sind die über die ganze Länge abgeflachten, etwa 2 cm breiten, aber nur 1 mm dicken, fast blattlosen Zweige. Sie sind alle paar Zentimeter etwas verengt und abgesetzt, also deutlich gegliedert. Gelegentlich schießen aus der Basis im Querschnitt ovale Leittriebe hoch.

Am Rande der Zweige erscheinen zahlreiche weiße Blüten, die aber wegen ihrer geringen Größe kaum auffallen – ganz im Gegenteil zu den im Winter folgenden roten Früchten.

Homalocladium ist eine sehr robuste Pflanze, die fast nie Schädlinge oder Krankheiten bekommt. Sie wächst in der Sonne und im Schatten, mit viel oder wenig Wasser. Man kann sie beliebig zurückschneiden. Für eine aus den Tropen und aus ozeanischem Klima stammende Pflanze ist es überraschend, daß sie sogar –5 °C Frost ohne weiteres verträgt.

IOCHROMA Familie *Solanaceae*

Aus dem tropischen Süd- und Mittelamerika stammt diese Gattung weichholziger, oft halb kletternder Sträucher und Bäume. Je nach Überwinterungstemperatur können sie ihre zumeist filzigen Blätter fast vollständig behalten oder auch völlig abwerfen. Die Blüten sind röhrenförmig oder glockig und stehen in Büscheln am Ende der neuen Triebe. Sie erinnern entfernt an *Cestrum*, sind aber meistens größer.

Ansprüche, Krankheiten und die übrige Kultur von *Iochroma* entsprechen der aller anderen raschwachsenden Solanaceen. Der in vielen Fachbüchern verbreiteten Ansicht, daß *Iochroma* Warmhauspflanzen sind, können wir nach unseren mehrjährigen Erfahrungen nicht zustimmen. Im Kalthaus bei 5 °C überwintert, blühen sie oft den Winter durch, verlieren dann aber das gesamte Laub; ihre Reaktion entspricht der von *Datura* und manchen *Cestrum*. Wie bei diesen auch, sind Jungpflanzen besonders bei nassem Boden stark fäulnisgefährdet.

Die Amerikaner nennen diese eigenartige Pflanze Bandwurmbusch. Ein Muß für Sammler botanischer Kuriositäten.

I. cyaneum
Veilchenstrauch

Auch heute noch ist diese häufigste und wertvollste Art zumeist unter ihren veralteten Namen *I. lanceolatum* und *I. tubulosum* im Handel, wobei es noch nicht ganz sicher ist, ob es sich bei den ursprünglich beschriebenen Pflanzen nicht vielleicht

Der Veilchenstrauch *(Iochroma)*, kahlt leider im Alter unten aus. *I. cyaneum* ist bei uns sicher die blühfreudigste Art.

Jacaranda ist wohl eine der beliebtesten Zierbäume der frostfreien Gebiete. Schneidet man nicht zur Unzeit, erscheinen auch bei uns Blüten.

doch um drei verschiedene, aber nahe verwandte Arten handelt.

Am Naturstandort soll diese Art freistehend ein bis zu 2,5 m hoher Strauch werden, aufgrund der Brüchigkeit ihrer Triebe wohl eher ein wildes Gestrüpp. Ihren langen, ziemlich dünnen Trieben nach zu urteilen, ist sie ein Spreizklimmer, der sich durch andere Gehölze zum Licht schiebt. Dementsprechend wird sie am Spalier aufgebunden oder aber man zieht ihre Triebe hoch und läßt sie über eine Pergola bzw. an Drähten unter dem Glas des Wintergartens herabhängen. Auch die Erziehung zum Stämmchen ist möglich.

Die Blüten dieser *Iochroma* sind zumeist blau bis lila, auch rosa- und purpurfarbene Typen kommen vor. Die Blüten stehen meist in Büscheln zu etwa 20, bei gut ernährten Exemplaren können es besonders im Herbst bis zu 50 sein. Da man diese gleichfalls an den Triebspitzen blühende Art in der Regel nach der Blüte stark zurückschneidet, blüht sie erst wieder, wenn ausreichend lange Triebe gebildet worden sind, also im Sommer und Herbst. Schneidet man nicht oder nur wenig zurück, kann die Pflanze das ganze Jahr blühen, mit einer möglichen, durch das Licht und zumeist niedere Temperaturen bedingten Pause im Spätwinter.

JACARANDA Familie *Bignoniaceae*

Mit etwa 50 Arten immergrüner oder laubabwerfender Bäume oder Sträucher ist die Gattung *Jacaranda* in den amerikanischen Tropen verbreitet. Ihre Blätter sind sehr attraktiv und meist farnartig doppelt gefiedert. Mit ihren blauen oder violetten Blüten, die in großen Rispen in den Blattachseln oder an den Triebenden erscheinen, gehören einige Arten in den Tropen und Subtropen zu den wichtigsten Ziergehölzen.

J. mimosifolia

Wegen ihrer großen, bis 45 cm langen, sehr fein doppelt gefiederten Blätter wird diese Art bei uns gelegentlich als Blattschmuckpflanze angeboten, oft unter dem falschen, aber verkaufsfördernden Namen Palisander. Der echte Palisander *(Dalbergia)* hat mit dieser Pflanze überhaupt nichts zu tun, er gehört zu den Schmetterlingsblütlern. Da *Jacaranda* relativ trockene Luft ausgezeichnet erträgt, läßt sie sich auch in lufttrockenen Wohnräumen lange halten, so sie nur hell genug sind.

J. mimosifolia ist ein fast vollständig laubabwerfender, rundkroniger Baum, der in seiner Heimat Argentinien bis 50 m hoch werden kann. Diese Dimensionen erreicht er sonst nie. Wo man ihn in frostfreien Gebieten findet – häufig als Alleebaum – wird er etwa 8–12 m hoch und 5–9 m breit. Durch Schnitt kann man ihn viel kleiner halten.

Die in lockeren, aufrechten, ungefähr 20 cm langen Rispen stehenden Blüten erscheinen erst bei älteren Pflanzen. In der Regel blüht die Pflanze während der laublosen Zeit im Spätwinter und Frühjahr; es gibt aber häufig Ausnahmen, die Blüten erscheinen dann über dem Laub.

Selbst große *Jacaranda* sind als Baum immer licht und luftig, was sie trotz des Laubverlustes als Wintergartenbäume ebenso wie als dadurch leicht zu überwinternde Kübelpflanzen äußerst wertvoll macht. Leider neigt sie zum »Rieseln«! Im Sommer sind sie nicht anspruchsvoll, bei reichlicher Bewässerung wachsen sie in jedem gut drainierten Boden.

Jacaranda lassen sich zwar in frostfreien Glashäusern halten, höhere Temperaturen, auch Zimmertemperaturen, sind ihr jedoch lieber. Das Fallaub sollte man rasch entfernen, es riecht nicht sonderlich gut.

JASMINUM Familie *Oleaceae*

Jasmin

Mit Ausnahme Amerikas, wo nur eine Art vorkommt, sind die etwa 200 Jasminarten in den tropischen, subtropischen und warm temperierten Gebieten der ganzen Welt verbreitet. Bedeutung als Zierpflanze haben eigentlich fast nur die ostasiatischen Arten und einige andere, deren Herkunft nicht mehr festgestellt werden kann, da sie zum Teil seit Jahrtausenden in Kultur sind. Die wild vorkommenden Pflanzen dieser Arten gelten als Kulturflüchtlinge. Die Jasmin-Arten werden besonders wegen ihrer Blüten geschätzt, einige haben auch sehr dekoratives, gefiedertes Laub. Ihre Kultur ist nicht schwierig, die starkwachsenden Arten leiden jedoch – im Kübel gezogen – häufig an Nährstoffmangel. Man sollte also große Kübel nehmen, kräftige Erde sowie reichlich gießen und düngen. Da sie alle mehr oder weniger klettern, brauchen sie ein Spalier. Jasmin können beliebig zurückgeschnitten werden.

J. mesnyi

Chinesischer Jasmin, Primel-Jasmin

Diese Art ist eine ganz besondere Pflanze. Sie ist nahe mit unserem winterharten *J. nudiflorum* verwandt und soll ähnlich diesem aus Westchina stammen. Dort kommt sie zwar vor, allerdings ist sie steril, eine Vermehrung über Samen also ist bei dieser Jasminart ausgeschlossen.

Wo *J. mesnyi* winterhart ist – er verträgt bis –10 °C – wird er dem *J. nudiflorum* wegen seiner viel größeren, oft doppelten Blüten vorgezogen. Während der Vollblüte, und diese dauert in einem gerade frostfreien Wintergarten von Januar bis weit ins Frühjahr, ist dieser Strauch mit seinen lang herabhängenden Trieben ein einziger, leuchtend gelber Wasserfall. Für große und kleine, kühle oder kalte Glasanbauten gibt es kaum einen Winterblüher, der sich mit *J. mesnyi* messen kann. Ein kleiner Nachteil für die Verwendung im Wintergarten ist, daß er teilweise im Herbst sein Laub verliert. Für die Überwinterung im

Jasmin verträgt nicht nur jeden Schnitt, die starktriebigen, halbkletternden Arten (Spreizklimmer) lassen sich auch zu freitragenden Büschen erziehen.

Kübel ist das von Vorteil, man kann die Pflanze dunkel und so kalt wie möglich stellen. Will man sie im Freien zum Blühen bringen, läßt man sie im Herbst draußen, bis Fröste von –10 °C drohen. Anschließend kommt sie – eventuell nur für ein paar Tage – an den kühlstmöglichen Winterstandort. Der Ballen darf durchfrieren. Sobald die härtesten Fröste vorüber sind, stellt man die Pflanze wieder ins Freie. Man kann so den Blütebeginn bis Ende März verzögern. Zu einer Jahreszeit, wo andere Gartenfreunde ihre Krokusse betrachten, hat man dann schon eine prächtig blühende Kübelpflanze auf der Terrasse. Zurückgeschnitten wird nach der Blüte, keinesfalls beim Einräumen, man schneidet sonst die nächstjährigen Blütenanlagen mit weg.

J. officinale

Dichter-Jasmin

Auch diese Art gibt einige Rätsel auf und ist oft Gegenstand von Mißverständnissen. Viel häufiger als die Art selbst ist ein heute als *J. affine* bezeichneter Typ, der früher und auch heute noch als *J. officinale*

Die verschiedenen selbstkletternden weißblühenden Jasmine unterscheiden sich vor allem im Duft und in ihrer Wüchsigkeit.

Häufig als Topfpflanze angeboten wird *Jasminum polyanthum*. Nur läßt er sich so nicht lange halten; die Stengelbasis kann schenkelstark werden, die oberirdische Entwicklung ist entsprechend.

f. *grandiflorum* – oft verkürzt zu *J. grandiflorum* – angeboten wurde und wird. Nun gibt es aber tatsächlich einen *J. grandiflorum*, der *J. officinale* ähnlich sieht. Während aber *J. officinale* und seine Formen erheblichen Frost vertragen, ist der echte *J. grandiflorum* ausgesprochen frostempfindlich. Das Rätsel löst sich meist, wenn es einmal in das Winterquartier hereinfriert.

Weil er schon seit Jahrtausenden wegen seiner zu Parfümzwecken verwendeten Blüten angebaut wird – in Europa vor allem um Grasse in Südfrankreich – ist die Heimat dieses Jasmins nicht genau bekannt. Sie soll zwischen Iran und China liegen. Eigentlich laubabwerfend, kann er in warmen Glasanbauten seine Fiederblätter im Winter behalten. Die weißen, etwa 2,5 cm breiten Blüten erscheinen in Trugdolden am Ende der Triebe. Wenn er nicht durch warme Überwinterung aus der Fassung gebracht wird, blüht er vom Hochsommer bis zum Spätherbst, im Gewächshaus oder in warmen Wintergärten auch schon ab Frühsommer. Der Duft seiner Blüten ist sprichwörtlich und bei weitem nicht so aufdringlich wie der des inzwischen häufig als Topfpflanze angebotenen *J. polyanthum*. *J. officinale* kann bis 10 m hoch werden. Man sollte ihn aber öfter zurückschneiden, da er sonst unten kahl wird. Außerdem entfernen sich seine an den Triebenden stehenden Blütenstände sonst bald in unerreichbare Höhen.

Die Blüten des Arabischen Jasmins werden zum Würzen von Tee verwendet.

J. polyanthum

Auf den ersten Blick ist diese aus Westchina stammende Art der vorhergehenden ähnlich, allerdings ist sie immergrün und schlingt von alleine. Sie wächst ziemlich rasch auf etwa 6 m und ist, da sie sich gut verzweigt, sehr dicht. Ihre aus 5–7 Fiederblättchen bestehenden, bis 12 cm langen Blätter sind üppig tiefgrün.

Die Blüten dieser Art sind rein weiß und außen oft rosa überhaucht, sie erscheinen zu 30–40 zusammen in achselständigen Rispen. Je nach Überwinterungstemperatur beginnt die Blütezeit zwischen Dezember und April, sie hält für etwa 2 Monate an. Fällt die Frühjahrsblüte aufgrund irgendwelcher Störungen entweder nur schwach oder gar ganz aus, erfolgt in der Regel eine zweite Blüte im Sommer. Die Blüten von *J. polyanthum* duften ganz vorzüglich, nur sind meist zu viele gleichzeitig offen. so daß der Duft einer großen Pflanze für einen kleinen Wintergarten zu intensiv ist.

An die Überwinterungstemperatur stellt er keine besonderen Ansprüche, sie kann zwischen gerade frostfrei und lauwarm liegen. Bei zu hoher Temperatur läßt die Blütenfülle oft zu wünschen übrig.

J. sambac

Arabischer Jasmin

Von den anderen Jasminarten unterscheidet sich diese vermutlich aus Indien und Ceylon stammende, schon seit langem häufig angebaute Art ganz erheblich. Zum einen sind ihre bis 12 cm langen, ledrigen Blätter fast rund und ganzrandig, sie stehen meist zu dritt an einem Nodium. Zum anderen wächst die Art für einen Jasmin sehr schwach, klettert kaum und erreicht aufgebunden im Alter gerade 3 m. Ihre reinweißen Blüten sind sehr viel dicker als die anderer Arten, sie erscheinen in Büscheln zu 3–12 und duften sehr angenehm.

In der Natur scheint man *J. sambac* nicht mehr zu finden, gleichzeitig ist sie wohl die in den Tropen meistangebaute Art. Sie liefert Parfüm, meist jedoch werden ihre noch knospigen Blüten zum Aromatisieren von Jasmintee verwendet. Obwohl ihre Blüten wohl den stärksten Duft aller Jasminarten aufweisen, wirkt dieser nie aufdringlich, da immer nur vergleichsweise wenig Blüten offen sind. Für kleinere Spaliere, sei es im Kübel oder ausgepflanzt im kleinen Wintergarten, ist sie wohl die beste Art. Bis das Spalier ausgefüllt ist, muß man jedoch einige Jahre Geduld haben.

J. sambac läßt sich ebenso beliebig schneiden wie die anderen Jasminarten, nötig ist es zumeist nicht. Im Prinzip liebt er zwar höhere Temperaturen, er kann jedoch ohne weiteres auch gerade frostfrei überwintert werden.

KENNEDIA Familie *Leguminosae*

Die aus Australien stammende Gattung *Kennedia* ist nahe mit *Hardenbergia* verwandt, auch ihre Mitglieder kriechen oder klettern. Sie sind zumeist immergrün, ihre Lichtansprüche hoch. Typisch für *Kennedia* sind die relativ großen roten Blüten. Man kann sie im Kübel ebenso wie im kalten oder lauwarmen Wintergarten ziehen.

K. coccinea

Diese immergrüne Art ist nur relativ schwach belaubt, ihre Blätter sind meist 3-zählig, manchmal auch 5-zählig. Die dünnen Triebe schlingen nur leicht. Sehr auffällig sind die vergleichsweise großen, tomatenroten Blüten. Sie erscheinen mit Ausnahme des Spätwinters während des ganzen Jahres, 15–20 Blüten sitzen jeweils in einer langen, hängenden Traube zusammen. In Anbetracht der langen Blütezeit, der auffälligen Farbe und Robustheit ist es überraschend, daß diese Art so selten ist.

Wenn sie sehr viel Licht erhält, blüht *Kennedia coccinea* fast das ganze Jahr. Die Blüten haben eine enorme Fernwirkung.

LAGERSTROEMIA
Familie *Lythraceae*

Die Gattung *Lagerstroemia* ist in Süd- und Ostasien, Teilen von Indonesien und Australien beheimatet. Typisch für sie sind die end- oder achselständigen Blütenrispen mit zahlreichen wellig-krausen Blüten. Als Kübel- oder Wintergartenpflanze ist nur eine Art mit ihren Hybriden von Bedeutung.

L. indica
Kreppmyrte

Dieser sommergrüne Großstrauch oder kleine Baum ist in den warm temperierten und subtropischen Gebieten der ganzen Welt eines der wichtigsten Ziergehölze.

In Italien sieht man ihn ebenso häufig wie den Oleander. Wegen seiner großen Frosttoleranz – er verträgt –15 °C bis –20 °C – findet man ihn gelegentlich auch in mitteleuropäischen Weinbaulagen. Den Winter 1984/85 und die folgenden strengen Winter haben hier aber nur wenige Pflanzen überlebt, auch in Italien gab es große Ausfälle.

Wer *Lagerstroemia* als Kübelpflanze zum Schmuck der Terrasse ziehen will, muß ihr einen extrem heißen, vollsonnigen Standort geben, am besten vor einer Wand. Andernfalls setzt die Blüte erst im Herbst ein. Kühle Herbstnächte lassen die Knospen zwar noch Farbe zeigen, sie öffnen sich aber meist nicht mehr, besonders wenn sich Grauschimmel einnistet. Am frühesten blüht die weiße Sorte 'Nivea'. Gelegentlich wird versucht, die Pflanzen vorzutreiben. Manchmal gelingt das, meistens aber nicht erfolgreich. Die Triebe werden zwar schnell lang, kurz nach dem Ausräumen brechen bei Wind aber gerade die stärksten, schwersten Triebe zum großen Teil aus. Was an Blättern übrig bleibt, bekommt oft Sonnenbrand, die Blätter fallen dann ab.

Außerhalb des Weinbauklimas scheint *Lagerstroemia* vor allem ein Strauch für kalte oder gar ungeheizte Glasanbauten zu sein, wo sie ab Hochsommer über Monate blüht. Dort kann man alle Sorten

So schön *Lagerstroemia* südlich der Alpen sind, in Mitteleuropa gehören sie nicht zu den zuverlässig blühenden Kübelpflanzen.

mit ihren weißen, rosa, roten oder violetten, gelegentlich auch zweifarbigen Blüten verwenden. In winterkalten, aber sommerwarmen Gebieten kann man *Lagerstroemia* auch vor einer warmen Hauswand auspflanzen, wenn man sie, wie das in den USA häufig geschieht, als »Halbstrauch« zieht. Man läßt die Triebe abfrieren und gibt nur einen Bodenschutz (Mulch). Die im Frühjahr erscheinenden Neutriebe werden bis zum Sommer gut meterhoch und blühen bis weit in den Herbst.

Lagerstroemia blüht nur an der Spitze der dicken, neuen Triebe reich. Dem muß sich der Schnitt anpassen. Diesen könnte man am leichtesten mit »kopfweidenartig« umschreiben oder auch mit »weinrebenartig«. Wer im Winter durch italienische Parks streift und dort Beete mit meist nur hüfthohen, knorrigen Knüppeln sieht, steht vor *Lagerstroemia*. Als Busch zieht man nur wenige Triebe hoch, schneidet sie auf die gewünschte Höhe zurück und entfernt alles andere. Dieser Vorgang wiederholt sich Jahr für Jahr, die Pflanze bleibt immer in der gewünschten Höhe, nur werden die Leittriebe immer dicker. Entsprechend geht man beim Kronenaufbau von Stämmen vor. Je mehr alte Triebe man beläßt, desto größer ist die Zahl der neuen Triebe, desto dünner sind sie und desto spärlicher blühen sie.

Lagerstroemia brauchen im Sommer gleichmäßig Wasser und Dünger. Besonders während der Knospenentwicklung und zu Beginn der Blüte darf man sie keinesfalls trocken werden lassen, sonst rieseln die Knospen. Schädlinge, besonders Blattläuse am Neutrieb, sind nicht selten. Vor allem, wenn viele dünne Triebe den Strauch zu dicht machen, ist die Gefahr von Krankheiten groß. Während es in heißen Sommern Mehltau ist, macht in kühlen, verregneten Sommern der Grauschimmel den Pflanzen zu schaffen. Beim ersten Anzeichen sollte man spritzen, befallene Blüten öffnen sich nämlich nicht mehr.

Die Überwinterung von kann in jedem kalten und auch dunklen Raum erfolgen, ein durchgefrorener Ballen schadet einer erwachsenen, gesunden Pflanze nicht. Vor dem Einräumen wird zurückgeschnitten, *Lagerstroemia* braucht dann kaum Platz.

Mittagsblumen – eine der farbenprächtigsten sukkulenten Bodendecker. Im Topf gehalten, darf man ihren Wasserbedarf nicht unterschätzen.

LAMPRANTHUS Familie *Aizoaceae*

Mittagsblume, Feuer von Granada

Mit zahlreichen Arten und Sorten sind diese meist kriechenden sukkulenten Halbsträucher nicht nur in ihrer Heimat Südafrika, sondern in allen subtropischen ariden und semiariden Gebieten als Zierpflanzen weit verbreitet. Während man sie dort vor allem als großflächigen Bodendecker in Beeten und Steingärten verwendet, sind sie bei uns meist als Ampelpflanzen und in Balkonkästen zu sehen. Sie eignen sich auch gut zur Unterpflanzung von Palmen oder *Cordyline* in Kübeln.

Lampranthus haben silbergraue, nadelartige, jedoch fleischige Blätter. Die Blattfarbe ist bei ziemlich trockenem Stand und in der vollen Sonne am schönsten. Im Schatten vergrünen die Blätter, außerdem blühen *Lampranthus* dort nicht.

Die 4–7 cm breiten Strahlenblüten erscheinen – so lange die Lichtintensität ausreicht – praktisch ganzjährig. Oft ist die Blüte so reich, daß man das Laub nicht mehr sieht. Das Farbspektrum reicht je nach Art und Sorte von Weiß über Gelb, Orange, Rosa und Rot zu Lila. Schubweise treten Hauptblütezeiten auf. Danach schneidet man die Pflanzen leicht zurück, um die Samenkapseln zu entfernen und die Nachblüte anzuregen.

Sonst machen *Lampranthus* kaum Arbeit, außer daß sie für Sukkulenten einen gewaltigen Durst entwickeln. Am saftigen Neutrieb treten öfter Blattläuse auf, besonders wenn die Pflanzen nicht vollsonnig stehen. Frost vertragen *Lampranthus* nicht.

LANTANA Familie *Verbenaceae*

Wandelröschen

Am Naturstandort im tropischen und subtropischen Amerika und Afrika immergrün, verlieren die strauchigen Mitglieder dieser Gattung hier bei kühler Überwinterung ihr Laub vollständig. Die Blätter sind meist klein, rauh und gezähnt und riechen streng. Die kleinen Blüten sind röhrenförmig und stehen in halbkugeligen Köpfchen in den Blattachseln. Besonders bei den allgemein bekannten *Lantana*-Camara-Hybriden folgen zahlreiche erst grüne, dann schwarze Beeren, die man im Interesse der Blühfreudigkeit entfernen sollte, außerdem sind sie stark giftig. Lantanen brauchen volle Sonne. Schädlinge, besonders Blattläuse und Weiße Fliege, sind häufig. Beim Einräumen schneidet man sie stark zurück und kann sie dann auch dunkel überwintern.

L. montevidensis

Diese aus dem subtropischen südlichen Südamerika stammende Art ist freiwachsend ein kriechender, bis 2 m breiter dünntriebiger Strauch. Ihre spitzeiförmigen Blätter sind nur etwa 2,5 cm lang mit scharf gesägtem Rand.

Bei kühler Witterung oder Nährstoffmangel verfärben sie sich rötlich purpurn. Ihre rosalila Blüten erscheinen in etwa 5 cm breiten Büscheln vom Frühjahr bis in den Spätherbst überreich; so es warm genug ist, vereinzelt auch im Winter. Man kann *L. montevidensis* zu »Trauerstämmchen« oder Pyramiden formen, das ist aber aufwendig und zeitraubend. Die Pflanzen sind dann viel bewunderte Blickfänger, nur leider sehr brüchig. Ungefährdeter erreicht man den Kaskadeneffekt, wenn man sie am Spalier, in einer Ampel zieht, oder im Blumenkasten wie Hängegeranien.

Links: Wandelröschen können sehr alt werden. Solch üppige Exemplare sieht man jedoch selten, da die Überwinterung oft nicht klappt.

Rechts: *Lantana montevidensis hat* viel dünnere Triebe als die bekannten *L.*-Camara-Hybriden. Sie ist deshalb vorzüglich für Ampeln geeignet.

Der Lorbeer ist eine unverwüstliche Kübelpflanze. Beim Kauf sollte man allerdings auf Schildläuse achten.

LAURUS Familie *Lauraceae*

Diese Gattung umfaßt nur zwei Arten immergrüner Sträucher mit lederigen, steifen, aromatischen Blättern. Die grünlichgelben Blüten erscheinen im Spätwinter und Frühjahr in den Blattachseln.

L. nobilis

Lorbeer

Im Mittelmeergebiet, seiner Heimat, kann der Lorbeer ein bis zu 12 m hoher, breit kegelförmiger, bis unten belaubter Großstrauch werden. Seine Blätter sind als Küchengewürz allgemein bekannt. Zwar ist der Lorbeer auch freiwachsend sehr schön, da er sich aber beliebig schneiden läßt, wird er hauptsächlich als Stämmchen oder Pyramide gezogen. Er ist die klassisch strenge Kübelpflanze zur Flankierung von Eingängen oder als Begleiter an Promenaden.

Lorbeer ist auch heute noch sehr beliebt und weit verbreitet, weil er Pflegefehler nicht krumm nimmt. Zumindest regeneriert er sich wieder schnell. Nur während des Austriebes darf er nicht trocken werden. Im übrigen kontrolliert man Lorbeer bereits beim Einkauf intensiv auf lebende Schildläuse, man wird sie kaum mehr los. Lorbeer gedeiht in der vollen Sonne wie im Schatten. Selbst im Kübel hält er Fröste bis –10 °C und sogar einen durchgefrorenen Ballen aus. Überwintern kann man ihn ohne weiteres im dunklen, kalten Keller oder einer Garage.

Lorbeerstämmchen und Pyramiden sollte man keinesfalls mit der Heckenschere formieren, abgetrocknete Blattränder verleihen der Pflanze sonst eine schmutzig-braune Farbe. Am leichtesten kommt man zu schönen, dichten Pflanzen, wenn man nach zwei Blättern die Spitze des Neutriebes auskneift.

LEONOTIS Familie *Labiatae*

Löwenohr

Vor allem im südlichen Afrika ist diese aus Stauden, Halbsträuchern und Sträuchern bestehende Gattung beheimatet. Typisch für sie sind ihre auffällig gefärbten, taubnesselähnlichen Blüten, die in mehreren größeren Scheinquirlen an aufrechten Blütenständen sitzen.

L. leonurus

Diese Art ist bei weitem die bekannteste und wohl auch die attraktivste. Meist zieht man sie – so man sie überhaupt im Kübel hält – als Halbstrauch; sie wird dann beim Einräumen auf nur 10–20 cm zurückgeschnitten. In diesem Falle ist sie nur an der Basis verzweigt, wird mit ihren dicken Trieben jedoch rasch über 1 m hoch.

Die halbimmergrünen Blätter des Löwenohrs sind lanzettlich, bis 12 cm lang und meistens behaart. Prachtvoll sind die gleichfalls behaarten, bis 5 cm langen, röhrenförmigen Blüten. Sie sind tieforange und stehen in mehreren Etagen in dichten Quirlen um die steif aufrechten Stengel. Die Blüte setzt meist im Spätsommer oder Herbst ein – etwas spät für eine Freiland-Kübelpflanze – und hält dann bis zum Rückschnitt an. Oft ist die Pflanze in voller Blüte, wenn man sie einräumen muß. Dann schneidet man die Blütenstengel ab, sie halten sich etwa zwei Wochen in der Vase.

Leonotis sind anspruchslos, sie brauchen nur volle Sonne. Gießen und Düngen sollte man eher spärlich, sonst werden die Triebe rasch sehr lang und brechen dann bei Wind oder Berührung leicht aus. Die Brüchigkeit und die späte Blüte dieser Pflanze sind zumindest für ihre Kultur im Kübel ein erheblicher Nachteil. Sicher würde sie sonst als prachtvolle spätblühende Kübelpflanze öfter verwendet.

Wären die Triebe nicht so brüchig, würde das Löwenohr *(Leonotis)* sicher zu den beliebtesten herbstblühenden Kübelpflanzen zählen.

LIRIOPE Familie *Liliaceae*

Diese kleine Gattung immergrüner Stauden stammt aus Ostasien. Obwohl sie an geschützten Stellen gut als winterhart gelten können, eignen sie sich gleichwohl auch als Zimmerpflanzen. Vorzüglich gedeihen sie in absonnigen Wintergärten, entweder als blühender Tuff zwischen niederen Bodendeckern oder aber selbst als Bodendecker. Als Tuffs gepflanzt, erinnern sie außerhalb der Blütezeit mit ihren grasartigen Blättern stark an die Japansegge, *Carex morrowii*.

L. muscari
Liliengras

Diese anspruchslose und wohl bekannteste Art kann am optimalen Standort und bei bester Ernährung bis 45 cm hohe Tuffs bilden, die Blätter sind dann bis 60 cm lang und 1 cm breit. Gewöhnlich wird sie aber kaum über spannenhoch. Aus diesen Tuffs ragen im Sommer und Herbst die an *Muscari* erinnernden Blütenstände mit lavendelblauen Blüten. Sie sind 15–20 cm lang und stehen über dem Laub.

Liriope läßt sich in Wintergärten gut mit Blattschmuckpflanzen kombinieren, die gleichfalls niedere Lichtansprüche haben. Sehr gut gedeiht sie als Vor- und Zwischenpflanzung bei bestandsbildenden Bambus wie den *Phyllostachys*-Arten.

LOTUS Familie *Leguminosae*

Hornklee

Die Gattung *Lotus* ist vor allem wegen einiger Unkräuter ein Begriff. Es sind meist Halbsträucher oder Stauden mit oft kriechenden Trieben und gefiederten Blättern. Die als Zierpflanzen wichtigen Arten brauchen alle volle Sonne und viel Wasser. Im Halbschatten gedeihen sie zwar üppig, blühen aber nicht. Im übrigen ist eine ziemlich kühle Überwinterung notwendig, zur Blüte brauchen *Lotus* eine Kälteperiode (Temperatur zwischen 2 °C und 10 °C).

Gut zur Geltung kommt *Lotus* in einer Ampel, einem Balkonkasten oder als Unterpflanzung von Kübelpflanzensolitärs, die langen Triebe hängen sehr elegant herab. *Lotus* dürfen nicht trocken werden, die nadelartigen Blätter werden schnell braun und fallen ab. Im Sommer erholt sich die Pflanze aber rasch wieder. Im Spätherbst schneidet man *Lotus* stark zurück, sonst verkahlt er an der Basis.

L. berthelotii

Dieser kriechende Halbstrauch macht ausgepflanzt und gut ernährt Jahrestriebe bis zu 2 m, in Ampeln meist nur 0,6–1 m. Die Blätter bestehen aus 5–7 nadelartigen, 2 cm langen silbrigen Blättchen.

Im Spätwinter beginnt die bis in den Hochsommer oder gar Herbst anhaltende Blüte. Allein oder zu mehreren stehen die bis 3 cm langen, schmalen, einer Hummerschere ähnlichen tiefroten Blüten in den Blattachseln vor allem am Ende der Triebe. Nicht nur während der Blüte ist *Lotus berthelotii* immens

Ebenso wie der rotblühende *Lotus berthelotii* ist *Lotus maculatus* eine der besten Ampelpflanzen. Man darf ihn nur nicht trocken werden lassen.

Die südafrikanische *Mackaya* blüht auch im Schatten zuverlässig.

Mit ihren krallenartigen Ranken kann sich *Macfadyena* (früher *Doxantha)* an jeder rauhen Wand festhalten. Leider blühen erst ältere Pflanzen reichlich.

dekorativ, allein schon wegen des Laubes wird er inzwischen öfter als Ampelpflanze fürs Zimmer angeboten. Dort ist er allerdings nur an einem Südfenster glücklich.

L. maculatus

Wie die vorige stammt auch diese kriechende Art mit behaarten Trieben von den Kanarischen Inseln. Auch bei ihr ist das graugrüne Laub in nadelartige Segmente geteilt, allerdings viel grober als bei *L. berthelotii*. Die geflügelten Blüten von *L. maculatus* sind denen von *L. berthelotii* gleichfalls ähnlich, mit ihren 4–5 cm aber etwas länger als die der anderen Art. Ihre Farbe ist ein lebhaftes Orangegelb mit einem braunen Rücken.

MACKAYA Familie *Acanthaceae*

Auch wenn die Familie der Acanthaceen eine ganze Reihe wichtiger Zierpflanzen wie *Aphelandra* oder *Thunbergia* aufweist, ist bei uns die kleine Gattung *Mackaya* noch weitgehend unbekannt.

M. bella

Mackaya bella ist eine Kübel- und Wintergartenpflanze mit großer Zukunft. Sie dürfte wohl in den nächsten Jahren auch als Topfpflanze angeboten werden, weil sie bereits als junges Exemplar willig blüht und leicht aus Stecklingen zu vermehren ist.

Ihr Heimatstandort ist das Unterholz höherer Wälder vom nordöstlichen Kap über das ganze östliche Südafrika. Sie gedeiht deshalb selbst im Schatten.

Etwas überraschend für eine Pflanze aus dem Unterholz ist, daß *Mackaya bella* sogar einige Grade Frost erträgt. *Mackaya* bleibt meistens strauchartig, kann aber auch als Stämmchen gezogen werden. Zurückgeschnitten werden sollte erst nach der Blüte.

Die Pflanze ist immergrün und wirkt üppig. Ihre Blätter sind länglich lanzettlich, bis 14 cm lang und glänzend. Die trichterförmigen Blüten erscheinen im Frühjahr und Sommer in langen Trauben an den Triebenden, sind bis 5 cm breit und gewöhnlich hell malvenfarben oder weiß mit zart purpurfarbenen Streifen.

MACFADYENA (SYN.: DOXANTHA) Familie *Bignoniaceae*

Diese immergrünen Kettersträucher sind mit nur zwei Arten im subtropischen Amerika beheimatet. Gemeinsam sind ihnen ihre dreizähligen Blätter, wobei das Endblatt meist zu einer dreiteiligen, krallenartigen Ranke umgebildet ist.

M. unguis-cati

Katzenkralle, Gelber Trompetenwein

Diese Pflanze erhielt ihren Namen von den in drei Krallen geteilten Blattranken, mit der sie sich fast überall – außer an Glas, poliertem Stein und ähnlichen glatten Flächen – festhalten kann. Sie läßt sich zwar ohne weiteres im Kübel halten. Da erst ältere Pflanzen reichlich blühen, zieht man sie als gut mannshohe Pyramide oder begrünt Spaliere in Glasanbauten. Es reicht aus, wenn diese gerade frostfrei sind. Allerdings kann *Macfadyena* dann gegen Ende langer, kalter Winter einen Teil des Laubes abwerfen.

Ausgepflanzt, gut ernährt und gewässert kann diese argentinische Art in wenigen Jahren 12 m erreichen, falls man sie nicht kräftig schneidet.

MAGNOLIA Familie *Magnoliaceae*

Magnolie

Diese große Gattung schöner, meist laubabwerfender Sträucher und Bäume ist uns durch einige winterharte Arten aus vielen Gärten bekannt. Sie brauchen alle einen eher schweren, nährstoffreichen Boden bei guter Drainage. In kalkreichen Böden werden sie oft chlorotisch. Ihr Wasseranspruch ist hoch.

M. grandiflora
Immergrüne Magnolie

In geschützten Lagen im Weinbauklima ist dieser aus den südöstlichen USA stammende immergrüne Baum auch in Mitteleuropa hart, erst unter −15 °C gibt es Frostschäden.

Während *Magnolia grandiflora* am Heimatstandort ein rundkroniger, bis 25 m hoher und 12 m breiter Baum wird, kennen wir sie aus südlichen Ländern vor allem als gewaltige, formale, bis unten belaubte Kegel. Die lederigen, oberseits glänzenden dunkelgrünen und unterseits rostbraun filzigen Blätter werden bis 20 cm lang. Entsprechend gewaltig fallen auch die Blüten aus, sie sind bis 30 cm breit, cremeweiß und vorzüglich duftend. Bei veredelten Sorten erscheinen die ersten Blüten frühestens nach 3 Jahren, bei Sämlingen muß man oft Jahrzehnte warten. Die Blütezeit erstreckt sich über den ganzen Sommer und Herbst. Pflanzt man *Magnolia grandiflora* aus, muß man sie im Winter vor Sonne und Wind schützen. Steht sie im Kübel, nützt man ihre Frosthärte aus und läßt sie möglichst lange draußen.

In großen, nicht unbedingt geheizten Wintergärten gedeiht diese Magnolie viel besser als draußen im Kübel, wo ihre Blätter doch ziemlich Sonnenbrand- und hagelfährdet sind. Man kann sie, wenn man dies jährlich tut, fast beliebig schneiden und sie leicht zu einem nur wenige Meter hohen, rundkronigen, dicht belaubten Baum formen. Leider reduziert jede

Die Immergrüne Magnolie ist im Weinbauklima ein Schmuckstück in »Spezialistengärten«, für die meisten Wintergärten wird sie zu groß.

Schnittmaßnahme die Anzahl der Blüten. Mit gesunden Blättern erinnert die Pflanze im Wintergarten fast an einen Gummibaum. Im Kübel wirkt sie am besten als mächtige, formale Dekorationspflanze, solitär oder als Flankierung von Portalen. Da Magnolien viel Hitze, trockene Luft und sogar Abgase vertragen, eignen sie sich sehr gut für innerstädtisches Klima. Sie brauchen dann aber viel Wasser.

MAHONIA Familie *Berberidaceae*

Mahonie

Die Gattung immergrüner Sträucher, von denen einige Arten winterhart sind, unterscheidet sich von den nahe verwandten Berberitzen durch ihre dornigen Fiederblätter. Wie diese sind sie robuste, leicht wachsende Pflanzen mit einem kräftigen Wurzelwerk und somit trockenheitsverträglich, zudem fast frei von Schädlingen und Krankheiten. Sie gedeihen in Sonne und Schatten. Durch ihre gelben Blüten in meist sehr großen Blütenständen, ihre Früchte und ihre beeindruckenden Blätter sind die Pflanzen ganzjährig attraktiv.

M. lomariifolia

Westchina und Burma ist die Heimat dieses mehrstämmigen, meist unverzweigten, straff aufrecht wachsenden Busches. Mit seinen waagerecht abstehenden steifen, bis 60 cm langen, gefiederten, als Büschel nur an den Triebspitzen stehenden Blättern gibt er eine überaus markante Silhouette ab, besonders wenn er beleuchtet wird. Ungeachtet der Überwin-

Zwar sind die ostasiatischen Mahonien und ihre Hybriden nur ganz wenig verzweigt, gerade dies bringt aber ihre oft über halbmeterlangen Blätter erst richtig zur Geltung (unten). Ähnlich riesig sind auch die Winterhalbjahr erscheinenden Blütenstände (rechts).

Malvaviscus arboreus wird zwar gelegentlich als gestauchte Topfpflanze angeboten, trotz ihrer vor allem im Winter auffallenden Blüten sieht man sie in Glasanbauten aber nur selten.

terungstemperatur – die Pflanze steht besser in kühleren Häusern – erscheinen zwischen Spätherbst und Frühjahr über den Blättern die Büschel der bis zu 25 cm langen traubenartigen Blütenstände. Jede Traube trägt bis zu 250 Blüten, auf die zahlreiche blaue, bepuderte Beeren folgen. Diese Art gilt als schönste Mahonie überhaupt. Man verwendet sie solitär in schattigen Innenhöfen, vor beschatteten Wänden oder in absonnigen Glasanbauten. Da sie bei uns kaum über 2–3 m hoch wird, ist sie auch für niedere Wintergärten geeignet. Man sollte sie aber wegen ihrer dornigen Blätter nicht direkt an einen Sitzplatz pflanzen. Da *M. lomariifolia* ausgepflanzt bis –15°C verträgt, muß der Wintergarten nicht unbedingt geheizt sein.

M. × media

Aus der Kreuzung von *M. japonica* mit *M. lomariifolia* ist eine ganze Reihe sehr interessanter Hybriden hervorgegangen. Sie werden alle nur mittelhoch, wachsen langsam und straff aufrecht. Ihre Blätter und Blüten ähneln denen von *M. lomariifolia*, auch die Blütezeit ist gleich.

Die bekannteste Hybride ist *Mahonia × media* 'Charity' mit tiefgelben Blüten in bis zu 30 cm langen Trauben. In Kultur und Verwendung entsprechen die Hybriden der *M. lomariifolia*.

MALVAVISCUS Familie *Malvaceae*

Diese Gattung meist halbimmergrüner Sträucher und Bäume ist mit etwa einem Dutzend Arten im tropischen und subtropischen Amerika beheimatet. Ähnlich wie die Schönmalven *(Abutilon)* und einige *Hibiscus*-Arten sind sie weichholzig und ziemlich raschwüchsig. Da sie sich kaum verzweigen, sollte man sie, um eine gute Form zu erhalten, häufiger kräftig zurückschneiden. Im übrigen behandelt man sie wie *Abutilon*, sie vertragen allerdings nur sehr wenig Frost.

M. arboreus

Diese rasch wachsende, mexikanische Art erreicht schnell eine Höhe von 4 m, läßt sich durch regelmäßigen Rückschnitt aber auch leicht bei 2 m halten. Ihre breitovalen, tiefgrünen Blätter sind 8–12 cm lang und nicht ganz so breit. Sie sind in 3 große Lappen gegliedert und am Rand unregelmäßig gezähnt. Die etwa 2,5 cm langen Blüten hängen an langen Stielen aus den Blattachseln. Sie sind tiefrot und besitzen auffallende, lange herausragende Staubfäden. Die Form dieser Blüten ist eigenartig, sie scheinen in ihrer Entwicklung mitten im Öffnungsvorgang stehengeblieben zu sein und öffnen sich nie ganz. *Malvaviscus* blüht, wo es warm genug ist, das ganze Jahr. Er läßt sich sehr gut als Stamm ziehen. Nachteilig ist vor allem seine Anfälligkeit für Blattläuse und Weiße Fliege. Die seltene *M. mollis* unterscheidet sich von dieser Art durch die etwas kleineren, senkrecht nach oben stehenden Blüten und die samtige Behaarung des Laubes.

MANDEVILLA Familie *Apocynaceae*

Mit dem üblichen Bild, das man sich von einer *Apocynaceae* (einem Hundsgiftgewächs) macht, haben diese aus dem tropischen Südamerika und aus Mittelamerika stammenden Sträucher wenig zu tun. *Mandevilla* sind durchweg raschwachsende, milchsaftführende, zumeist dünntriebige und oft laubabwerfende Kletterpflanzen. Ihre trichterförmigen, entfernt an Winden erinnernden Blüten sind meist groß und stehen in Trauben zusammen.

M. laxa

Chilenischer Jasmin

Aus Argentinien und Bolivien stammt dieser rasch 5 m Höhe erreichende laubabwerfende Schlinger. Seine frischgrünen Blätter sind oval-lanzettlich und 5–15 cm lang. Die reinweißen Blüten gleichen Trichterwinden, manchmal haben sie einen zartgelben Schlund. Sie sind etwa 5 cm breit und stehen bis zu 20 in lockeren, end- und achselständigen Blütentrauben. Ihr Duft ist vorzüglich, manchen erinnert er an Gardenien. Die Blüten erscheinen vom Frühsommer bis weit in den Herbst. Ihnen folgen lange, an runde Stangenbohnen erinnernde Früchte.

Im Sommer will diese *Mandevilla* in voller Sonne stehen, sie braucht viel Wasser und Dünger. Hält man sie im Kübel zum sommerlichen Terrassenschmuck, kann man sie nach dem Laubfall fast bodeneben zurückschneiden. Völlig trocken überwintert, treibt sie im Frühjahr gut aus dem Wurzelstock, sie verkahlt dann auch nicht an der Basis. *Mandevilla* gehört zu den wenigen Kletterpflanzen, die man im Freien an einem festen Spalier wachsen lassen kann, zur Überwinterung schneidet man sie unter Verzicht auf die alten Triebe einfach ab. Allein schon wegen ihres Duftes hat sie eine viel größere Verbreitung verdient. Die Blüten heben sich besonders in der Nacht, wenn sie beleuchtet sind, vorzüglich von dem sattgrünen Laub ab.

Als Nachteil von dieser *Mandevilla* ist ihre hohe Schädlingsanfälligkeit zu nennen, Spinnmilben und Blattläuse an den Triebspitzen sind die Regel. An Krankheiten wird ihr aber nur Wurzelfäule gefährlich, und auch die nur, wenn die Pflanze naß ins Winterquartier kommt. Sie braucht im Winter kein Licht, erst wieder mit einsetzendem Austrieb.

Mit Jasmin hat der »Chilenische Jasmin« nichts zu tun, außer daß auch er klettert und duftet.

Als kleiner, laubabwerfender Baum für hohe Wintergärten ist *Melia* ausgezeichnet. Die Blüten erscheinen mit dem Neutrieb im Spätwinter

MELIA Familie *Meliaceae*

Diese laubabwerfenden oder halbimmergrünen Großsträucher oder Bäume stammen aus Asien und Australien. Sie haben große, doppelt gefiederte Blätter. Ihre Hauptzierde sind die in mächtigen, meist achselständigen Rispen erscheinenden Blüten, denen sehr oft auffällig gefärbte Beeren folgen.

Melia sind ziemlich raschwachsende, äußerst anspruchslose Pflanzen, manche ertragen ausgepflanzt erhebliche Fröste. Am besten gedeihen sie in voller Sonne.

M. azedarach
Zedrachbaum, Paternosterbaum

Zu Zierzwecken ist dieser meist nur 5–12 m hohe üppige Baum bei weitem die wichtigste Art. In wärmeren Ländern sieht man ihn sehr oft als Allee- oder Gartenbaum.

Mit seinen 30 cm, unter besten Bedingungen und in günstigen Lagen bis 100 cm langen, eschenähnlichen, aber doppelt gefiederten Blättern wirkt er sehr üppig. Im Frühjahr und Sommer erscheinen abends in bis 25 cm langen lockeren Rispen die angenehm fliederartig duftenden, violetten Blüten, auf die dann kugelige, bis 1,5 cm breite gelbe Früchte folgen.

Wegen seiner Anspruchslosigkeit, seiner doch nur begrenzten Größe und seiner vielfältigen Schmuckwirkung ist *M. azedarach* ein für größere Glasanbauten sehr gut geeigneter Baum. An die Temperaturen stellt er keine Ansprüche, ausgepflanzt hält er sowohl kräftige Fröste wie auch Zimmertemperaturen aus. Auch als Kübelpflanze ist er wertvoll, zumal er völlig dunkel überwintert werden kann.

METROSIDEROS
Familie *Myrtaceae*

Neuseeland, Australien und Polynesien ist die Heimat dieser immergrünen Bäume, Sträucher und Kletterpflanzen.

Sie sind nahezu ausnahmslos sehr robuste, in Blatt und Blüte viel Farbe zeigende Pflanzen. Ihre end- oder meist achselständigen Blüten gehören zum Flaschenbürstentyp, auffallend daran sind die intensiv gefärbten, weit herausragenden Staubfäden. Blühende *Metrosideros* sind spektakuläre Gestalten.

Im Gegensatz zu vielen Myrtaceen vertragen *Metrosideros* sogar etwas Kalk, dafür ziemlich wenig Frost. Sie sind meist von Grund an verzweigt, ein Schnitt ist nicht nötig. Gleichwohl lassen sie sich beliebig schneiden und formen, Stämmchen oder gar Hochstämme sind sehr schön. Mit ihren festen, immer gesunden Blättern, die die Zweige dicht bedecken, sind sie auch außerhalb der Blütezeit ungewöhnlich attraktiv.

M. excelsa
Eisenholzbaum, Pohutukava, »Neuseeländer Weihnachtsbaum«

Dieser am Naturstandort in Neuseeland zu Weihnachten blühende Baum zeigt sich bei uns und bei kühler Überwinterung ein halbes Jahr später in seiner vollen Pracht. Allerdings nur, wenn man aus Stecklingen gezogene Pflanzen hat, Sämlinge brauchen meist über 10 Jahre zur Blüte. Die Blüten sind scharlachrot und erscheinen in solcher Fülle, daß sie das Laub fast vollständig verdecken.

Während Sämlingspflanzen bis zu 20 m hohe Bäume werden können, wachsen die aus Stecklingen gezogenen Pflanzen eher breitbuschig und erreichen nicht annähernd diese Höhe.

Das Kennzeichen für alte Exemplare bzw. Stecklingspflanzen sind weißfilzige Blätter und Triebspitzen. Der Austrieb ist im Gegensatz zum alten Laub ziemlich frostempfindlich.

In Form und Größe sind die Blätter ziemlich veränderlich, aber meist 3–8 cm lang und am Rand etwas gebogen.

Als Blattschmuckpflanze hält sich *Metrosideros* überraschend gut im Zimmer, nur werden die Triebe etwas lang. Außerdem blüht er dort nicht so üppig, es sei denn, er ist schon mit bereits fertig ausgebildeten Blütenknospen ins Zimmer gekommen.

Für Glasanbauten ist *Metrosideros* eine der besten Pflanzen überhaupt. Er ist anspruchslos und ganzjährig attraktiv, fast schädlings- und krankheitsfrei, läßt sich vielfältig kombinieren und gibt einen wunderschönen Solitär auch im Kübel ab.

Nur in seiner Heimat blüht der »Neuseeländer Weihnachtsbaum« an Weihnachten, bei uns in den Monaten Juni bis August. Auf Pflanzen aus Stecklingsvermehrung achten.

MUSA Familie *Musaceae*

Banane

Die Bananen umfassen eine Gruppe manchmal baumartig werdender Stauden mit einem dicken, klumpenförmigen Wurzelstock. Sie bilden mit ihren Blattscheiden einen oft mehrere Meter hohen Scheinstamm. Alle haben sie sehr lange und breite, oft vom Wind zerfetzte Blätter. Im Kübel gehalten sollten sie deshalb immer windgeschützt stehen.

Bananen sind ziemlich anspruchslos. Sie brauchen eine nahrhafte Erde und im Sommer viel Wasser und Dünger. Die Wärmeansprüche sind bei den meisten Arten hoch. Vor allem Spinnmilben werden oft zur Plage, man sollte die Blätter ständig auf der Unterseite entlang der Mittelrippe kontrollieren. Bei nasser und zu kühler Überwinterung können Bodenpilze auftreten. Wenn bei der Überwinterung das letzte grüne Blatt vergilben sollte, muß man so tief in den Stamm zurückschneiden, daß sich deutlich ein frischgrünes Zentrum abhebt. Dann stellt man die Pflanze wärmer. Bei nicht zurückgeschnittenen Pflanzen fehlt jungen Blättern oft die Kraft, durch die Reste des alten, abgestorbenen Laubes hindurchzustoßen.

Werden Bananen außerhalb eines Wintergartens überwintert, schneidet man sie beim Einräumen bis auf das letzte, noch nicht voll entwickelte Blatt zurück. Der Winterstandort sollte, wenn er nicht sehr hell ist, nicht viel wärmer oder kälter als 10 °C sein. Ist er zu kalt, können Bodenpilze auftreten. Ist er zu warm, treibt die Pflanze zu schnell durch. Die neuen Blätter vergeilen und knicken leicht ab, die Pflanze braucht plötzlich viel Platz und verliert gleichzeitig einen Großteil ihrer Reserven. Alle Bananen sind vorzüglich für lauwarme und warme Wintergärten geeignet, in kalten Glasanbauten kann man nur die dort problemlos gedeihende Japanische Faserbanane verwenden. Weil sie wenig Schmutz machen, sind Bananen gut zur Umpflanzung von Swimmingpools geeignet.

M. basjoo
Japanische Faserbanane

Alle paar Jahre wieder meldet die eine oder andere Gartenzeitschrift eine Sensation: Eine in Mitteleuropa winterharte Banane. Auch wenn das »winterhart« mit Vorsicht zu genießen ist, so kann man die Meldung doch nicht als Zeitungsente abtun. In kleinklimatisch sehr günstigen Lagen, bei bester Drainage und mit sehr aufwendigem Winterschutz

Die (Schein-)Stämme der echten Bananen (*Musa*, links) sind sehr viel dünner als die der verbreiteten Zierbanane (*Ensete*, rechts).

Eine Bananenblüte ist immer ein Ereignis, auch wenn der blühende Trieb abstirbt.

überlebt der Wurzelstock von *M. basjoo* tatsächlich unsere Winter. Zwar kann man die oberirdischen Teile nicht retten, wenn aber der Wurzelstock nicht durchfriert, erreicht die Pflanze in wenigen Monaten wieder ihre alte Gestalt und wird von Jahr zu Jahr höher und durch Seitentriebe aus dem Wurzelstock auch breiter und mehrstämmig. Bevor man aber einen Auspflanzversuch macht, sollte man sich erst über den nötigen Winterschutz im klaren sein. Auch hat es keinen Zweck, Jungpflanzen zu setzen.

M. basjoo kann auch bei uns Stämme von bis zu 4 m Höhe machen, dazu kommen dann die bis zu 3 m langen Blätter. Sie blüht und fruchtet auch in Mitteleuropa, die Früchte sind allerdings nicht genießbar. Wenn man eine große Banane braucht, ist die Japanische Faserbanane wohl für alle Zwecke die beste und robusteste. Werden Triebe zu hoch, köpft man die Pflanze einfach, sie treibt sicher wieder durch. Wegen ihrer Ausläufer braucht sie im Alter viel Platz.

M. × paradisiaca
Banane

Als Sammelbezeichnung für verschiedene Hybriden mit unterschiedlichen Eltern umfaßt *M. × paradisiaca* sowohl einen Großteil unserer Eßbananen als auch etliche Zierformen. Die für die Tropen typischen, extensiv angebauten Bananen sind vieltriebige Riesenstauden, bis zu 8 m Höhe sind nicht selten. Es gibt auch Typen, die kaum 3 m hoch werden. Die Früchte dieser Formen sind meist nur finger- bis spannenlang (»Ladyfingers«) und haben keine Samen, weshalb man die Pflanzen nur über Schößlinge vermehren kann. Die Blütenstände sind sehr dekorativ, bis 1,5 m lang mit bepuderten, purpurnen Hochblättern.

Wer diese Bananen in voller Üppigkeit erleben will, braucht einen großen, in der Regel hohen Wintergarten, in dem die Temperatur nicht unter 10 °C sinkt. Pflegemaßnahmen und Schädlinge entsprechen denen der Japanischen Faserbanane.

Myrten gehören zu den dankbarsten Kübelpflanzen. Mit Schnitt kompakt gehalten, brauchen sie wenig Platz und sind deshalb Favorit bei »Balkongärtnern«.

MYRTUS Familie *Myrtaceae*

Myrte

Die Gattung *Myrtus* umfaßt etwa 100 Arten immergrüner Sträucher oder kleiner Bäume mit lederigen, aromatischen Blättern. Die verhältnismäßig kleinen, aber meist sehr zahlreichen Blüten sind weiß oder selten rosa, sie stehen einzeln oder in wenigblütigen Trugdolden. Besonders auffällig sind die langen, kräftig ausgebildeten Staubblattbündel. Häufig folgen schwarze oder weiße Beeren.

Die Myrten mögen wie die meisten anderen Myrtengewächse keinen Kalk. Ansonsten sind sie ziemlich anspruchslos, nur darf man sie nie austrocknen lassen. Sie gedeihen sowohl in der vollen Sonne wie im Halbschatten, im Winter sollten sie möglichst hell und kühl stehen und nur wenig gegossen werden. Myrten lassen sich fast beliebig schneiden und zu schönen Stämmchen, und Figuren formen.

M. communis
Brautmyrte

Die aus dem Mittelmeergebiet stammende Brautmyrte ist eine Kübelpflanze mit langer Tradition. Seit dem Mittelalter spielt sie im Brauchtum eine wesentliche Rolle und auch heute begegnet man ihr oft noch als Topfpflanze, besonders in blühendem Zustand vom Sommer bis in den Spätherbst.

Am Naturstandort in der Macchie wird dieser dicht belaubte Strauch bis 4 m hoch. Die Blättchen sind nur klein, etwa 3–5 cm lang. Die 2 cm breiten Blüten sind weiß und erscheinen in den Blattachseln. Die echte Myrte verträgt nur wenig Frost, unter –5 °C muß mit Schäden gerechnet werden.

Viel häufiger angeboten als die Art findet man verschiedene Formen oder Sorten. Am häufigsten ist die

Links: Ähnlich dicht wie die Blüten können bei Myrten auch die runden, 1 cm dicken purpurschwarzen Beeren stehen.

kleinlaubige, reichblühende var. *tarentina*, von der es ebenso wie von der Art unter dem Namen 'Variegata' eine panaschierte Sorte gibt. Gängiger sind Sorten wie die 'Hamburger' oder die 'Königsberger Brautmyrte'.

NANDINA Familie *Berberidaceae*

Die Gattung *Nandina* kommt mit nur einer Art in Japan und China vor. Wegen ihrer äußerst zierenden Beeren wird sie dort als Schnittgehölz angebaut.

N. domestica

»Heiliger Bambus«

Typisch für diesen höchstens 2,5 m hohen, äußerst langsam wachsenden Strauch sind die steif aufrechten, kaum verzweigten Triebe aus der Basis. In Verbindung mit seinen bis 40 cm langen, dreifach gefiederten, eleganten Blättern hat er viel vom Habitus eines Bambus an sich, daher der Name. Der Austrieb von *Nandina* ist rosa, rot und bronzefarben, dann werden die Blätter hellgrün, um sich schließlich im Herbst und Winter – besonders in der Sonne und nach Frost – rot zu verfärben. Da meist mehrere Blattentwicklungsstadien an der Pflanze sind, wirkt das Laub von *Nandina* das ganze Jahr über mehrfarbig. Es gibt auch Typen, deren Laub ständig rot bleibt. Je nach Überwinterungstemperatur erscheinen ab dem Spätwinter bis in den Sommer hinein die kleinen weißen Blüten in 20–30 cm langen aufrechten Rispen am Ende der Triebe. Ihnen folgen zahlreiche glänzend rote Beeren, die neben dem Laub den Hauptschmuck der Pflanze ausmachen. Für Kübel, für lauwarme bis kalte, eventuell auch ungeheizte Wintergärten ist *Nandina* aufgrund ihrer das ganze Jahr anhaltenden Attraktivität und ihres geringen Zuwachses eine vorzüglich geeignete Pflanze, zumal sie kaum Arbeit macht und weder Schädlinge noch Krankheiten auftreten. Nur sehr kalkreichen Boden mag sie nicht. Sie wächst in der Sonne so gut wie im Halbschatten. Reich gedüngt und gewässert wird sie üppiger, aber auch wenn sie vernachlässigt wird, bleibt sie dekorativ.

Auch wenn *Nandina* als freistehender Solitär am besten wirkt, sollte man doch eine oder zwei kleine Pflanzen in die Nähe setzen, da einzelne Exemplare oft schlecht fruchten. Falls *Nandina* zu groß werden sollte, schneidet man sie, indem man die ältesten Triebe herausnimmt. So läßt sie sich bei etwa 1 m Höhe halten.

Nur wenige Pflanzen sind ganzjährig so dekorativ wie *Nandina*. Ein reiches Farbenspiel im Laub (links), Blüten, attraktive Früchte (oben), pflegeleicht, schattenverträglich – trotzdem eine stille Schönheit.

Oben links: Oleander als Alleebäume sind im nördlichen Mittelmeergebiet selten geworden.

Oben rechts: Oleander läßt sich im Kübel kaum »unterpflanzen«. Man kann aber Töpfe mit Hängepflanzen, wie hier *Lotus berthelotii*, auf den Kübel stellen.

Unten: Der größte Feind des Oleanders – *Ascochyta*. Von links: Welken der obersten Blätter trotz feuchtem Boden. Der mittlere Trieb ist auch mit Spritzungen nicht mehr zu erhalten (Man beachte die abgestorbenen Blattachseln!). Der Trieb rechts muß bodennah weggenommen werden.

NERIUM Familie *Apocynaceae*

Oleander

Von Natur aus kommt Oleander zwischen dem westlichen Mittelmeer bzw. der Atlantikküste und dem Himalaja vor. Inzwischen weltweit als Zierstrauch verbreitet, ist er aber überall dort, wo es ihm behagt, zum Kulturflüchtling geworden.

N. oleander

Wie keine andere Blütenpflanze ist der Oleander das Symbol seiner mediterranen Heimat. Das Mittelmeergebiet ist ein Winterregengebiet mit ausgeprägten heißen und trockenen Sommern. Mitteleuropa dagegen ist ein Sommerregengebiet, kühle Perioden sind häufig. Oleander läßt sich nicht »umstellen«. Ist der Sommer gut, wird bei richtigem Standort, reichlicher Düngung und Bewässerung der Oleander auch in Mitteleuropa zum Prachtstück. Ist der Sommer jedoch naß und kalt, nützen sämtliche blütenunterstützenden Maßnahmen wenig oder nichts, dann blüht er nur unter Glas.

Oleander ist eine vielgestaltige Pflanze. Vom kniehohen Krüppelholz im marokkanischen Hohen Atlas bis zum baumartigen, über 6 m hohen Großstrauch: Alle Farbschattierungen von Rot über Rosa, Aprikosenfarben, Lachs, Gelb bis Weiß kommen vor. Die Blüten sind einfach bis gefüllt, mit allen Zwischenformen, desgleichen findet man alle Übergänge von der duftlosen Wildform bis zur stark duftenden Sorte. Die Blütengröße schwankt zwischen 3 und 7 cm, die Blattlänge zwischen 10 und 30 cm. Es gibt etwa 400 Sorten, leider des öfteren nicht echt in Kultur, oft findet man auch dieselbe Sorte unter verschiedenen Namen.

Oleander liebt – entsprechend seines Heimatstandortes in mediterranen Flußtälern – kalkhaltigen

Boden. Deshalb sollte man ihn nicht mit Regenwasser gießen, je härter das Leitungswasser, desto besser.

Oleander ist eine der wenigen Pflanzen, die einen ständig »nassen Fuß« – also Wasser im Untersetzer – liebt. Wohlgemerkt nur im Sommer, im Winter bei kühlem Standort gießt man wieder entsprechend der alten Faustregel dann, »wenn sich die Erde vom Topfrand löst«.

Geschnitten wird beim Oleander nur dann, wenn die Pflanzen unten auskahlen (siehe Seite 73). Mandarinfarbene, gelbe und weiße Sorten werden das selten nötig machen, sie treiben willig von unten mit neuen Trieben durch. Ganz anders bei vielen rosa und roten Sorten. Wem der Radikalschnitt – alle Triebe auf 40–60 cm Höhe herunternehmen – Herzklopfen verursacht, dem sei ein »sanfter« Oleanderschnitt empfohlen: Jährlich schneidet man etwa ein Viertel der Triebe bis auf 10 cm über den Boden zurück. Die schlafenden Augen am Stummel treiben dann aus, in vier Jahren läßt sich so wieder ein buschiges Exemplar erzielen.

Auf die Standardfrage: »Soll ich die verblühten Blütenstände beim Oleander vor dem Einräumen entfernen?« können wir nur immer wieder mit »Nein, nein, nein!« antworten. Aus diesen »alten« Blütenständen entwickelt sich nämlich im nächsten Frühjahr der erste Flor – ansonsten müßte man auf die erste Blüte bis August warten!

Oleander verträgt ziemlich viel Frost. Um jedoch die bereits im Herbst fürs nächste Frühjahr angelegten Blütenstände zu schonen, räumt man ihn ein, sobald Temperaturen unter –5 °C drohen. Notfalls hält er sich in einem dunklen, kalten Keller, besser ist jedoch ein kühles, helles Treppenhaus oder Ähnliches.

Oleander ist in Mitteleuropa fast immer von zwei Krankheiten befallen, vom Pilz *Ascochyta* und dem von Bakterien verursachten Oleanderkrebs. Beide Krankheiten treten oft gleichzeitig auf. Die Symptome des Oleanderkrebses sind deutlich: Auf Blättern findet man erst stecknadelkopfgroße Stellen braunen, abgestorbenen Gewebes. Die Punkte werden schnell größer, bleiben jedoch streng kreisförmig und haben einen deutlich sichtbaren hellen Rand. Bald ist das ganze Blatt abgestorben. Oft blähen sich die befallenen Stellen zu gallenartigen Wucherungen auf. Gallenartig, verkrüppelt, schwarz und holzartig vertrocknet können auch die Blüten sein. Ganz typisch sind krebsartige Wucherungen an Stämmen, sie führen mittelfristig zum Absterben des Triebes.

Die einzige Möglichkeit, die Krankheit etwas einzudämmen, ist die Entfernung offensichtlich befallener Triebe. Die früher in südeuropäischen Baum-

Die Farben- und Formenvielfalt bei Oleander ist überwältigend, es gibt hunderte von Sorten. Was es nicht gibt, sind blaue Oleander.

Oleander verträgt sich gut mit »Rustikal« – sie schönsten Exemplare sieht man in Bauernhöfen.

schulen üblichen und wirksamen Spritzungen mit Antibiotika oder Sulfonamiden sind auch dort nicht mehr gestattet. Häufig verwendet man noch die Bordeaux-Brühe, die jedoch nur die Ausbreitung auf gesunde Pflanzen verhindern kann.

Das zweite Problem ist *Ascochyta*. Dieser Pilz tritt vor allem bei der Überwinterung in Gewächshäusern mit hoher Luftfeuchte und herabtropfendem Kondenswasser auf, ebenso in regenreichen Sommern. Ohne »tropfbar flüssiges Wasser« kann sich der Pilz nicht ausbreiten. Wo die Tropfen hängen bleiben, vor allem in Blüten, Blattachseln und der obersten Verzweigung, setzt der Pilz an. Das Gewebe fault in kurzer Zeit, der Trieb über der Befallstelle stirbt ab. Typisch ist eine dunkelbraune Verfärbung der Blüten und rund um den Stengel, je weicher das Gewebe ist, desto rascher erfolgt der Verfall. Wirksam begegnet man dieser Krankheit durch Spritzungen mit verschiedenen Fungiziden (z. B. Polyram Combi, Dithane Ultra oder Saprol). Die Wirkung ist nur vorbeugend.

Oleander ist giftig. Schwere Oleandervergiftungen sind jedoch fast unbekannt, weil Oleander völlig ungenießbar ist.

OLEA Familie *Oleaceae*

Die Gattung *Olea* umfaßt etwa 40 Arten meist immergrüner Bäume und Sträucher. Sie kommen im Mittelmeergebiet, aber auch im ganzen wärmeren Asien und Afrika vor. Als Zier- wie als Nutzpflanze ist eigentlich nur eine Art von Bedeutung.

O. europaea
Ölbaum, Olive

Dieser weidenartige, bis 10 m hohe, im Alter knorrige und malerische Baum prägt mit seinem silbern schillernden Laub das Aussehen weiter Landstriche nicht nur ums Mittelmeer. Ursächlich für das Schillern der Olivenhaine sind die zweifarbig wirkenden Blätter, sie sind oberseits blaugrün und unterseits weißfilzig. Der Baum wächst relativ schnell in die Höhe, aber nur sehr langsam in die Substanz. Solitärexemplare sind durchweg Jahrzehnte alt.

Was als Obstbaum heute in den Handel kommt, ist veredelt oder aus Stecklingen gezogen. Sämlinge haben nur als Unterlage Bedeutung. Man unterscheidet zwischen zwei Sortengruppen – den Sorten für Olivenöl und den Tafelsorten. Die Früchte sind pflaumenförmig bis rundlich, bis 3,5 cm lang, bei den Tafelsorten werden sie bis 14 g schwer. Oliven befruchten sich selbst in der Regel nicht oder nur sehr schlecht, weshalb zum Fruchtansatz normalerweise zwei zueinander passende Sorten notwendig sind. Es gibt jedoch auch einige selbstbefruchtende Sorten, als Beispiel sei hier nur 'Cailletier' angeführt.

Wer von seinen Oliven ernten will, braucht mindestens zwei Pflanzen in verschiedenen Sorten. Oliven sind selbststeril.

Unbefruchtete Oliven werden kaum erbsengroß. Im übrigen sind reife Oliven immer dunkel, oft schwarzblau. Die bekannten grünen Oliven sind unreif geerntet worden.

Die Pflege von Oliven ist sehr einfach. Sie gedeihen, selbst wenn man sie vernachlässigt. Schädlinge sind selten, nur auf Schildläuse sollte man achten. Als wichtigste Krankheiten sind die Augenfleckenkrankheit *Cyclogonium* (Syn.: *Spilocaea)* und die im Schadbild ähnliche *Cercospora* zu erwähnen, besonders in kühlen, regenreichen Jahren. Auf der Blattoberseite erscheinen kleine dunkle Flecken, die von grauen und gelben Ringen umgeben sind. Spritzt man nicht rasch mit einem wirksamen Fungizid, kann totaler Blattverlust die Folge sein.

Schneiden lassen sich Oliven beliebig. Man kann sie, wenn man sie erst im November oder Dezember einräumt und bereits im März wieder ins Freie bringt, auch an einem dunklen, aber dann kalten Ort wie einem Keller oder einer Garage überwintern. Temperaturen bis –10 °C schaden in der Regel nicht, der Ballen kann sogar durchfrieren. Diese Eigenschaft macht die Olive sehr wertvoll als schwachwüchsigen Solitärbaum in nicht oder nur wenig geheizten Wintergärten. Selbst in Wohnräumen lassen sich Oliven halten, solange es nur hell genug ist. Sonst verlieren sie viel Laub.

Oliven sind als größere Pflanzen sehr teuer, weil sie auch mit viel Dünger nicht zu raschem Wachstum zu bewegen sind.

Nur wenige Kübelpflanzen sind so anspruchslos wie die Oliven.

PANDOREA Familie *Bignoniaceae*

Vor allem aus Australien und Indonesien stammt diese kleine Gattung immergrüner, windender Sträucher. Ihre Blätter sind gefiedert. Die Blüten sind meist weiß bis rosa und trichterförmig, sie erinnern etwas an eine Winde.

Wie alle Bignoniaceen brauchen *Pandorea* zu einer guten Blüte viel Licht und im Sommer reichlich Wasser und Nährstoffe. Schädlinge besonders am frischen, saftigen Neutrieb sind nicht selten. Jungpflanzen sind empfindlich gegen kalten, nassen Stand im Winter, sie faulen leicht ab.

P. jasminoides

Obwohl diese Art für eine kletternde Bignoniacee noch vergleichsweise langsam wächst, kann sie im Alter 10 m erreichen. Wegen ihrer dekorativen, glänzenden Belaubung ist sie vorzüglich zur großflächigen, immergrünen Berankung von Klettergerüsten

In hellen Wintern blüht die *Pandorea jasminoides* durch. Ihren Handelsnamen *Bignonia semperflorens* (= immerblühend) trägt sie dann zu Recht.

geeignet und erinnert dann etwas an einen großlaubigen Jasmin. Obwohl die Pflanzen von selbst schlingen, sollte man zum Füllen des Spaliers die Triebe dirigieren.

Als Blütezeit wird bei *P. jasminoides* Juni bis August bzw. Juli bis September angegeben. Das trifft den Blührhythmus dieser Pflanze, die in Italien *Bignonia semperflorens* heißt, nicht. In Wintergärten blüht sie, sobald ihr das Licht ausreicht. Das kann bereits im März der Fall sein. Wenn das Licht wieder weniger wird, etwa Anfang Dezember, öffnen sich die Knospen nicht mehr und fallen ab. Je heller die Pflanze steht, desto reicher blüht sie. Die Trichterblüten sind weiß, am Schlund rot und etwa 5 cm breit. Sie stehen in ziemlich großen Rispen. Von *P. jasminoides* gibt es einige Sorten, so die reinweiße 'Alba' und die rosafarbene 'Rosea'.

Eingewurzelte Pflanzen vertragen zwar gut niedere Temperaturen, aber kaum Frost.

PASSIFLORA Familie *Passifloraceae*

Passionsblume

Mit dem Sammelbegriff Passionsblumen bezeichnen wir die etwa 500 Mitglieder einer Gattung krautiger oder verholzender Lianen, die mit Hilfe einzeln in den Blattachseln stehender Ranken klettern. Bei weitem die meisten Passionsblumen-Arten stammen aus dem tropischen und subtropischen Amerika, aus Australien und Polynesien. Die als Zierpflanzen wichtigen sind in ihrer Heimat zumeist vollständig immergrün, bei kühler Überwinterung können jedoch viele schadlos ihr Laub ganz oder teilweise verlieren.

Wenn man sich die vielen Arten vor Augen hält und sich der Tatsache bewußt ist, daß sich *Passiflora* leicht kreuzen lassen bzw. zur Bastardierung neigen, ist es nicht verwunderlich, daß sich Arten und Sorten schwer identifizieren lassen. Dies gilt um so mehr, als verschiedene, zur Identifizierung wichtige Merkmale wie Blattform oder Stengelquerschnitt nicht konstant sind. Vielfach ist es deshalb unmöglich, Pflanzen nach rein vegetativen Merkmalen zu bestimmen, man braucht Blüten und Früchte. Das kann, besonders bei Sämlingen, Jahre dauern.

Passiflora caerulea 'Constance Elliot' gilt in England als härteste Sorte. Sie zählt zu den am reichsten blühenden Hybriden.

Falls es überhaupt eine Steigerung von »Exotisch« gibt, dann vermitteln nur wenige Blüten einen exotischeren Eindruck als die der Passionsblumen. Und um nur wenige spinnt sich soviel Legende und Mythologie. Frühe spanische Missionare, die die Pflanzen in der »Neuen Welt« kennenlernten, assoziierten die verschiedenen Blütenmerkmale mit den religiösen Symbolen der Kreuzigung Christi.

Die Struktur der *Passiflosa*-Blüten ist so kompliziert, daß man die verschiedenen Organe und die entsprechenden Fachbegriffe hier eigentlich erläutern müßte. Um aber den Lesefluß nicht ständig bremsen zu müssen, sei nur bemerkt, daß die hier bei der Beschreibung der Arten verwendeten Begriffe botanisch nicht unbedingt exakt sind.

Passionsblumen sind nicht nur bezaubernde Zierpflanzen, einige Mitglieder gehören auch zu den wichtigsten tropischen Obstarten. Ihre Früchte sind uns als Granadilla oder Maracuja bekannt, wir genießen sie meist als Saft oder Nektar.

Aus der Kultur der Fruchtarten lassen sich einige allgemeine Regeln zum nicht obligatorischen Rückschnitt der Zierarten ableiten. Gleichgültig, ob die Pflanze nun am Spalier, als Pyramide oder im Wintergarten an Drähten gezogen wird, wird man als erstes einen oder mehrere Leittriebe als Rahmen ziehen. Die sich an den Leittrieben entwickelnden Nebentriebe werden im Spätwinter auf 4–8 Augen zurückgeschnitten, sie bilden dann die Fortsetzung des Gerüsts. Bei Pflanzen im Kübel, die im Sommer draußen stehen sollen, kann man ohne weiteres die Nebentriebe bereits beim Einräumen auf 2 Augen einkürzen, besonders wenn das Winterquartier schlecht zu lüften ist. Dieses Schnittmuster ist nur ein Leitfaden und läßt sich nicht über längere Zeit durchhalten. Wid die Pflanze nach einigen Jahren zu üppig, kann man ganze Leittriebpartien herausnehmen und sie durch jüngere Triebe ersetzen. Der Rückschnitt ist am einfachsten, wenn man die Pflanzen, falls sie es vertragen, kühl (ca. 5 °C) überwintert. Sie verlieren dann nämlich viel Laub, worauf das Zweigmuster deutlich wird. Von den unten beschriebenen Arten hält *P. quadrangularis* nicht über längere Zeit niedere Temperaturen aus, bei ihr darf man keinen Laubfall riskieren. Sie eignen sich somit auch nur für wärmere Wintergärten, in denen die Temperaturen nicht unter 15 °C fallen.

Während der Hauptwachstumszeit brauchen die *Passiflora* viel Wasser und Nährstoffe, anderenfalls werden die ältesten Blätter schnell gelb und fallen ab. Ansonsten sind die Ansprüche an den Boden gering, nur Staunässe muß, vor allem im Winter, unbedingt vermieden werden. In nassen und kalten Böden können die sonst ziemlich krankheitsfreien Passionsblumen von Wurzel- und Stengelfäule befallen werden, was man recht bald an Welkesymptomen erkennt. Manchmal hilft es dann noch, wenn man mit einem Breitbandfungizid wie Polyram gießt.

An tierischen Schädlingen sind es vor allem Spinnmilben, die manchen Arten zu schaffen machen können. Sie sind gerade am Spalier schwer zu bekämpfen, da Spinnmilben auf der Blattunterseite sitzen, die Pflanze aber die Blattoberseite dem Licht entgegenstreckt. Gelegentlich treten Wolläuse auf. Manche Arten, zum Beispiel die bekannte *Passiflora caerulea*, sind – nahezu – schädlingsfrei.

Die Blüte von *Passiflora* wird offensichtlich durch wachsende Lichtmengen gefördert, allerdings mit einem gewissen Zeitverzug. Dementsprechend ist eigentlich bei allen Arten der Blütenhöhepunkt im Sommer und Herbst. Bei vielen können sich, optimale Belichtung vorausgesetzt, bereits im März/April die ersten Knospen öffnen. Im Dezember hört dann die Blüte auf.

P. × alato-caerulea

Von dieser Hybride aus *P. alata × P. caerulea* gibt es mehrere Varianten. Sie haben im Gegensatz zur Elternart *P. caerulea* unterseits rot geäderte Blätter mit drei breiten Lappen. Die Stengel sind im Querschnitt 4–5eckig, die Ranken stark entwickelt. Mit 12–14 cm Durchmesser sind die Blüten selbst für eine *Passiflora* sehr groß. Während der untere Blütenblattkranz weiß mit lila Hauch ist, ist der zweite, gleichfalls lila überhauchte Kranz rosa. Die Strahlenkrone ist am Grunde purpur, dann weiß und lila-rosa, gebändert, die Strahlenspitze ist wieder weiß. Früchte setzt diese Hybride nicht an. Die bekannte Sorte 'Imperatrice Eugénie' stellt eine Auslese dar.

P. 'Amethyst'

Als im Freien verwendete Kübelpflanze hat uns dieser früher als *P. violacea* gehandelte Typ äußerst positiv überrascht. Setzt man eine kräftige, zurückgeschnittene Pflanze im großen Kübel (über 50 Liter) im Frühjahr an ein ausreichend großes Spalier, kann sie bis zum Hochsommer eine Fläche von 20 m² so

Passiflora x *alato-caerulea* 'Imperatrice Eugénie' gehört zu den großblumigsten und robustesten Züchtungen. Ihre Blüten halten oft drei Tage.

Im Wintergarten oder als Kübelpflanze für Terrassen: An die Reichblütigkeit von *P. × caerulea-racemosa* kommt nur *P.* 'Amethyst' (im Bild) heran, ein Blatt – eine Blüte, und dies fast das ganze Jahr.

Links: Häufig als Topfpflanze angeboten findet man *P. caerulea*. Sie ist nicht umzubringen, blüht aber als importierte, aus Samen gezogene Kübelpflanze oft schlecht.

Rechts: Die Riesen-Granadilla ist nur etwas für Besitzer warmer Wintergärten. Man erkennt sie leicht an den vierkantigen Trieben und den ungelappten Blättern.

decken, daß man die Wand nirgendwo mehr durchsieht. Gleichzeitig sind dann hunderte von überaus attraktiven, 8–10 cm breiten, an langen Stielen hängende Blüten offen. Ihre Farbe ist violett in allen Abstufungen. Diese Art mit ihren herzförmigen, tief dreigelappten Blättern ist der bisher im Freiland einzig üblichen *P. caerulea* im Blütenreichtum, in der Farbwirkung und in der Wüchsigkeit um Klassen überlegen. Viel Frost verträgt sie allerdings nicht.

P. caerulea

Wenn man von Passionsblumen spricht, ist meist diese Art gemeint. Sie hat bläulich grüne Blätter, die sich in 5, selten 3, 7 oder 9 schmale Lappen teilen. Ihre Blüten sind meist etwa 6 cm breit und weiß oder zartrosa. Die Strahlenkrone ist am Grund purpurn, die Mitte ist weiß, die Spitzen sind blau. Ihre auch bei uns reichlich angesetzten ovalen bis runden, etwa 6 cm langen orangegelben Früchte sind leider ungenießbar. Diese allgemein bekannte, zuverlässige und robuste Art stammt aus Südbrasilien und Argentinien, sie verträgt relativ viel Frost. Bereits am Lago Maggiore ist sie weit verbreitet, selbst in der Nordschweiz sollen winterharte Typen vorkommen. Als noch frosthärter gilt die reinweiße, duftende Sorte 'Constance Elliot'.

P. × caerulea-racemosa

Diese Hybride ist seit kurzer Zeit in kleinen Stückzahlen als Topfpflanze auf dem Markt. Wegen ihrer Reichblütigkeit und ihrer auffallenden Farbe erweist sie sich als eine der besten, zumal sie auch robust ist. Diese sehr üppige Art hat ziemlich schlanke, mit zahlreichen Blüten beladen herabhängende Triebe und etwa 10 cm breite, dreilappige Blätter. Die Blüte hat einen ganz seltenen Farbton, sie ist lapislazuliblau, die Kronenstrahlen sind tief purpurn mit weiß. Ihr Durchmesser beträgt etwa 7 cm. In windgeschützten Lagen läßt sie sich den Sommer über im Freien halten und blüht ebenso reich wie die erprobte *P.* 'Amethyst'.

P. edulis
Maracuja, Purpurgranadilla

Es ist vor allem diese aus Brasilien stammende Art, deren Früchte als Maracuja bezeichnet werden. Sie unterscheidet sich durch ihre dicken, kantigen Stengel und ihre großen, bis 20 cm breiten dreilappigen Blätter erheblich von den meisten Zierarten. Ihre Blüten sind weißlich und etwa 7 cm breit, oft auch kleiner. Die Strahlenkrone ist gleichfalls weiß, am Grunde purpurn. Besonders auffällig sind die gewellten Strahlen. Der Zierwert der Blüten ist im Vergleich zu anderen *Passiflora*-Arten eher gering. Dafür trägt sie aber auch bei uns ihre runden oder ovalen, bis etwa 8 cm langen, grünen, gelben, bräunlich oder dunkelpurpurnen Früchte mit gelborangefarbigem Fleisch.

P. quadrangularis
Riesen-Granadilla

Dieser als ältere Pflanze starkwüchsige Strauch hat dicke, vierkantige Triebe. Die breit eiförmigen Blätter sind ganzrandig und 10–20 cm lang. Die Blüten können 8–12 cm breit werden und sind zartrosa oder weiß, mit weiß und purpur gebänderter Strahlenkrone. Wegen ihrer bis 20 cm langen, eßbaren Früchte wird diese Art in den Tropen häufig angebaut, im Geschmack können sich die Früchte aber nicht mit denen der Maracuja messen. *P. quadrangularis* braucht viel Platz und ist auch nur für große, warme Glasanbauten geeignet.

PHAEDRANTHUS
Familie *Bignoniaceae*

Diese in Deutschland unter *Phaedranthus* geführte Gattung mit nur einer Art findet man in der aktuellen amerikanischen Fachliteratur nicht. Dort wird die einzige bekannte Art, *P. buccinatorius*, der Gattung *Distictis* zugeordnet.

P. buccinatorius
Roter Trompetenwein, Blutwein

Die Blätter dieses immergrünen, aus Mexiko stammenden Kletterstrauches sind aus zwei länglich-ovalen, 5–10 cm langen Blättchen zusammengesetzt. Wie bei vielen anderen kletternden Bignoniaceen befindet sich zwischen ihnen manchmal – anstelle eines dritten Blättchens – eine Ranke. Die Blüten von *Phaedranthus* erscheinen in end- oder achselständigen Trauben. Sie sind 5–10 cm lang, trompetenförmig, orangerot bis bläulich rot und haben einen gelben Schlund. Sobald die Temperaturen und die Belichtung ausreichend sind, erscheinen sie – am Naturstandort schubweise während des ganzen Jahres, bei uns vom Frühjahr bis zum Spätherbst, allerdings erst bei älteren Pflanzen. Wie die meisten Bignoniaceen kann *Phaedranthus* viel Wasser und Dünger verwerten, er läßt sich auch beliebig schneiden. Nur in voller Sonne blüht er gut.

So schön *Phaedranthus* ist – auf die Blüten muß man manchmal lange warten. Aber schon als immergrüne Blattschmuckpflanze ist sie ausgesprochen dekorativ.

PHOENIX Familie *Palmae*

Dattelpalme

Mit vorläufig 17 Arten kommt diese Gattung in den Tropen und Subtropen Asiens und Afrikas vor, eine Art erreicht sogar Europa. Es handelt sich um vorwiegend mächtige Fiederpalmen mit oft über 6 m langen Blättern. Die Blattstiele tragen zu starken, oft weichen Dornen umgeformte Fiederrelikte. Im Alter können manche Dattelpalmenarten mehrstämmig werden.

P. canariensis
Kanarische Dattelpalme

Diese Art ist die im Handel mit weitem Abstand am häufigsten angebotene Palme überhaupt und auch dort, wo sie winterhart ist, zu Zierzwecken die wichtigste Art. Ausgepflanzte Exemplare können einen mächtigen, bis 60 cm starken Stamm bilden. Meist nur bis 6 m lang, kann er unter günstigen Umständen auch 15 m werden. Der Durchmesser des Blattschopfes ist gewaltig, 15 m kommen vor.

Bei uns vergehen Jahrzehnte, bis die kanarische Dattelpalme einen Stamm bildet und wirklich ausladend wird; solange kann sie im Topf oder Kübel gehalten werden. Sie braucht für zügiges Wachstum möglichst hohe Temperaturen und viel Wasser. Kurze, leicht Fröste übersteht sie schadlos.

Nicht nur im Mittelmeergebiet, sondern weltweit hat die kanarische Dattelpalme die Echte Dattelpalme als Park- und Alleebaum verdrängt, weil sie durch den kürzeren, dicken Stamm, die vollere Krone und die größeren, üppigeren, überhängenden Wedel sehr viel dekorativer wirkt als ihre Verwandte. Außerdem wächst sie wesentlich schneller als die echte Dattelpalme und ist entsprechend preisgünstiger. Ihre Früchte sind allerdings nicht eßbar.

Entsprechend ihrer Frostverträglichkeit kann man die Kanarische Dattelpalme etwa zwischen März und November draußen lassen, dann überwintert man sie in einem kühlen Raum. Für sehr warme Räume ist weder die Kanarische, noch die Echte Dattelpalme gut geeignet, im Verhältnis zur Temperatur ist es ihnen zu dunkel. Ihr Wuchsbild verändert sich erheblich, die Wedel werden übermäßig lang, die Fiedern werden weich und hängen kraftlos nach

Kanarische Dattelpalmen (*Phoenis canariensis*) eignen sich bestens für trockenheißes Innenstadtklima.

unten. Schädlinge wie Spinnmilben treten verstärkt auf. Werden solche Pflanzen im Frühjahr ins Freie gebracht, bekommen die Blätter in der Regel einen starken Sonnenbrand und sterben ab.

P. dactylifera
Echte Dattelpalme

Die Echte Dattelpalme kann bis 30 m hoch werden. Man erkennt sie sofort an ihrem im Vergleich zur Kanarischen Dattelpalme viel schlankeren Stamm. Ihre Wedel sind graugrün und ziemlich steif. Früchte werden nur angesetzt, wenn männliche und weibliche Pflanzen vorhanden sind. Die Echte Dattelpalme verträgt kurze Fröste bis –10 °C. sie macht eine Art »Winterschlaf« und stellt ihr Wachstum völlig ein, wenn die Durchschnittstemperaturen unter 10 °C fallen oder die Tiefsttemperaturen –6 °C erreichen.

P. roebelenii
Zwerg-Dattelpalme

Für helle Zimmer, kleine warme Wintergärten und Terrassen ist diese sehr grazile Art wohl die beste. Ihr Stamm wird kaum über 2 m hoch, er hat dann eine Stärke von 15–20 cm. Entsprechend ihrer südostasiatischen Herkunft verträgt sie im Winter mehr Wärme als die gängigen Arten. Gleichwohl braucht sie in Zimmern sehr viel Licht, draußen gedeiht sie auch gut im Halbschatten. Ihr Wasseranspruch ist hoch. *P. roebelenii* war früher als Zimmerpflanze weit verbreitet, heute ist sie selten. Die Umstellung auf zentralgeheizte lufttrockene Wohnräume scheint ihr nicht bekommen zu sein. In Wintergärten hält sie sich ganz vorzüglich und ist allen anderen auf Dauer weit überlegen. Bei geringem Platzanspruch kann sie ihre ganze Schönheit entfalten, da ihre Wedel meist nur etwa 60 cm lang sind. Eine Wedellänge von knapp 2 m bei 40 cm Breite ist allerdings bei wüchsigen, nicht im Kübel stehenden, sondern ausgepflanzten Exemplaren gleichwohl möglich.

PHORMIUM Familie *Liliaceae*

Neuseeland ist die Heimat dieser meist mächtigen, fremdländisch anmutenden Pflanzen. Mit ihren zahlreichen immergrünen, steifen, schwertartigen Blättern gleichen sie gigantischen Schwertlilienhorsten. Ihre Blüten sind rot oder gelb und stehen an langen aufrechten, die Blätter weit überragenden Blütenständen.

Alle *Phormium* sind anspruchslose, ganzjährig dekorative, vielseitig verwendbare Pflanzen. Sie wachsen mit viel oder wenig Wasser, in Hitze oder Kälte, in Sonne oder Halbschatten. Sehr gut lassen sie sich mit Sukkulenten kombinieren, wirken vorzüglich in Sumpfpflanzungen oder am Rande von Wasserbecken. Besonders eindrucksvoll sind sie solitär in Kiesbeeten, beispielsweise neben einem Swimmingpool.

Phormium bekommen, abgesehen von Wolläusen, die sich mit Vorliebe am Blattgrund einnisten, weder Schädlinge noch Krankheiten. Die Pflegearbeiten beschränken sich auf gelegentliches Ausreißen der alten, abgetrockneten Blätter. Er wächst am besten, wenn er sehr feucht gehalten wird und viel Dünger bekommt.

P. tenax
Neuseeländer Flachs

Diese Pflanze wurde früher in den Subtropen häufig als Nutzpflanze angebaut, sie lieferte die stärksten Fasern, die das Pflanzenreich kennt. Selbst ein Herkules kann ein Blatt nicht quer zur Faserrichtung zerreißen. In feuchtem, nahrhaften Boden – in seiner Heimat kommt *Phormium* an Ufern vor – erreichen die Blätter bis zu 3 m Länge, die Blütenstände sind dann etwa 4,5 m hoch. Im Kübel gehalten, werden die Blätter meist nur 1,5 m lang.

Viel häufiger als die Art werden zu Zierzwecken die verschiedenen buntlaubigen Sorten verwendet. Die schwachwüchsigen sind wohl alle Hybriden mit *Phormium colensoi*. Mit die wichtigsten sind:

'Atropurpurea' – Diese Sorte wächst wesentlich niederer und schwächer als die Art. Sie hat wunderschönes, purpurbraunes bis kupferrotes Laub, ist aber wegen dieser Laubfarbe schwer mit anderen Pflanzen zu kombinieren.

'Bronce' – Wie 'Atropurpurea', aber noch dunkler und viel schwächer im Wuchs.

'Cream Delight' – Auch diese Sorte wächst schwächer. Ihre Blätter sind cremefarben längsgestreift.

'Tricolor' – Ebenfalls schwach wachsend, Blätter mit gelben und weißen Längsbändern.

'Variegatum' – Verbreitetste und wohl auch dekorativste starkwüchsige Sorte. Die Blätter sind hellgrün bis blaugrün und intensiv cremeweiß gestreift.

'Yellow Waves' – Klein bleibend, gelblich grüne Blätter mit gelben Streifen.

Die Sorten sind frostempfindlicher als die Art, gleichwohl halten sie leichte Minustemperaturen aus. Sie gedeihen in kalten wie zimmerwarmen Glasanbauten vorzüglich, lassen sich aber auch notfalls dunkel und kalt überwintern.

PHYLLOSTACHYS
Familie *Gramineae*

Diese Gattung überwiegend hochwachsender Bambus ist im Himalaja und Ostasien beheimatet. Sie haben einen kriechenden Wurzelstock und bilden damit lichte, waldähnliche Bestände. Somit wirken sie ganz anders als die bekannten winterharten horstbildenden Bambusarten.

Alle *Phyllostachys* brauchen während der Hauptwachstumszeit viel Stickstoff und Wasser. Sie gehören zu den wenigen Pflanzen, für die Silizium essentiell ist. Silizium ist meist ausreichend im Boden vorhanden, die Vorräte werden durch das Fallaub immer wieder ergänzt. Wer aus ästhetischen Gründen das Fallaub unbedingt entfernen will, sollte mit Bentonit oder Zement (!) düngen.

Phyllostachys sind fast schädlings- und krankheitsfrei, gleichwohl sind die Blätter sehr oft weit davon entfernt, schön zu sein. Physiologische Störungen aller Art verursachen flächige braune Blattverfärbungen, braune Spitzen oder verstärkten Laubfall. Schocks gilt es deshalb unbedingt zu vermeiden.

Die folgenden *Phyllostachys*-Arten halten alle kurze Fröste um –20 °C aus, Dauerfrost, verbunden mit Sonne und Wind, ist für Bambus mörderisch.

Pflanzt man *Phyllostachys*-Arten im Freien, brauchen sie unbedingt einen windgeschützten Standort und eine Mulchschicht, am besten aus ihren eigenen alten Blättern.

Eine der robustesten Kübelpflanzen überhaupt – der Neuseeländer Flachs (hier: *Phormium tenax* 'Variegatum').

P. aurea
Goldbambus

Dieser ziemlich frostresistente japanische Bambus bildet ausgepflanzt bis 6 m hohe Dickichte, im Kübel wird er kaum 3 m hoch. Seine Blätter sind linealisch zugespitzt, bis 12 cm lang und 2 cm breit. Die Stengel werden bis 5 cm stark, im ersten Jahr sind sie hellgrün, später strohgelb, in der Farbe der bekannten Tonkinstäbe.

P. aurea hält sich gut in kühlen Zimmern, nach dem Einräumen wird er aber, speziell in der Nähe von Heizungen und wo es zu dunkel ist, viel Laub verlieren. Während er in zentralgeheizten Wohnräumen versagt, ist er eine der schönsten und zuverlässigsten Arten für kühle bzw. ungeheizte hohe Glasanbauten oder verglaste Windfänge.

P. nigra
Schwarzer Bambus

Ausgepflanzt wird diese Art noch etwas höher als der Goldbambus, die Halme werden aber nur bis et-

Phyllostachys passen vorzüglich in glasierte Schmucktöpfe aus Ostasien. Ihre tatsächliche Leistungsfähigkeit lernt man aber nur kennen, wenn man sie auspflanzt.

Mastixsträucher (*Pistacia lentiscus*) blühen und fruchten auch bei uns.

wa 4 cm stark. Typisch für diese Art ist die Farbe der Stengel, im ersten Jahr grün, verfärben sie sich im zweiten über olivgrün zu schwarz gefleckt, in der Sonne rein schwarz. In seiner Verwendung entspricht *P. nigra* dem Goldbambus.

P. viridiglaucescens

Diese in südlichen Ländern als »P. mitis« bezeichnete Art kann an ihrem Naturstandort bis zu 14 m Höhe erreichen. Bei uns wird sie zwar nur bis 8 m hoch, aber damit doch erheblich mächtiger als *P. aurea* und *P. nigra*. Ihre Triebe sind am Boden bis zu 7 cm stark, die lang zugespitzten Blätter bis 15 cm lang und 2 cm breit. In der Jugend kann man diese Art leicht mit *P. aurea* verwechseln, nur ist *P. viridis* in allen Teilen etwas größer. Als wichtigste Unterscheidung gilt, daß die Triebe manchmal bogig wachsen.

PISTACIA Familie *Anacardiaceae*

Die Gattung *Pistacia* umfaßt eine Reihe immergrüner oder laubabwerfender Sträucher hauptsächlich aus dem Mittelmeergebiet. Ihr Hauptschmuck ist das dekorative, harte, meist dreizählige oder gefiederte Laub und die interessante Zweigstruktur. Die Blüten sind oft ziemlich unscheinbar, ganz im Gegensatz zu den sehr zierenden Früchten. Diese erscheinen allerdings nur, wo weibliche und männliche Pflanzen zusammenstehen.

Pistazien gehören – abgesehen von *P. vera* – zu den anspruchslosesten und äußerst pflegeleichten Pflanzen für Kübel und kühle Wintergärten. Sie ertragen viel Trockenheit, wachsen ziemlich langsam, lassen sich beliebig schneiden und werden so gut wie nie von Schädlingen oder Krankheiten befallen.

P. lentiscus
Mastixstrauch

Dieser bis 6 m hohe, immergrüne, reich verzweigte Strauch kommt rund ums Mittelmeer vor. Im Norden findet man Ausläufer bis Bozen, in sehr günstigen Lagen hält er sich oft einige Jahre auch nördlich der Alpen im Freien. Ausgepflanzt übersteht er etwa −14 °C, er eignet sich dadurch auch für ungeheizte Glasanbauten.

Schon als junge Pflanze dekorativ, sieht man ihn gelegentlich als Zimmerbonsai angeboten. In zentralgeheizten, lufttrockenen Räumen gedeiht er überraschend gut. In Wintergärten kombiniert man ihn am besten mit anderen Hartlaubgewächsen, beispielsweise dem Johannisbrotbaum, Myrten oder Oliven. Sehr gut paßt er auch zu Sukkulenten. Stehen mehrere Exemplare zusammen, können zahlreiche pfefferkorngroße, anfangs rote, reif schwarze Früchte folgen. *P. lentiscus* ist eine typische Pflanze der Macchie.

PITTOSPORUM
Familie *Pittosporaceae*

Klebsame

Von Westafrika bis zu den Pazifischen Inseln, mit einem Schwerpunkt in Australien und Neuseeland, reicht die Heimat dieser Gattung immergrüner Sträucher und Bäume. Wegen ihrer lederigen, glänzenden, sehr dekorativen Belaubung und ihrer Anspruchslosigkeit werden sie weltweit als Solitärs und auch als Heckenpflanzen verwendet. Sie vertragen jeden Schnitt und treiben selbst aus altem Holz noch gut durch.

Einige *Pittosporum*-Arten haben auffallende, meist weiße oder cremefarbene, stark duftende Blüten, denen kugelige Früchte folgen. Der Name Klebsame rührt daher, daß die Samen in einem klebrigen Fruchtfleisch eingebettet liegen, was nach dem Aufplatzen der Früchte sichtbar wird.

Pittosporum vertragen viel Trockenheit, sind aber gut gewässert und gedüngt sehr viel schöner und üppiger. Sie wachsen in der Sonne und im Halbschatten gleich gut. Selbst einige Monate in nicht allzu warmen Räumen machen ihnen nicht viel aus.

P. tenuifolium

Diese neuseeländische Art wird im Alter ein bis zu 9 m hoher, dicht verzweigter Großstrauch oder Baum. Die vergleichsweise kleinen, ovalen Blätter erreichen höchstens 7 cm Länge. Ihre Blattstiele sind, ebenso wie die Rinde der jungen Zweige, fast schwarz. Diese Art hat dunkelrote Blüten, sie erscheinen im Frühjahr in den Blattachseln.

P. tenuifolium läßt sich sehr gut formieren und wie Lorbeer oder Liguster als Stämmchen, Pyramide oder als andere Kunstform ziehen. Zu solchen Zwecken werden oft die zahlreichen Sorten mit silbrigen, roten oder panaschierten Blättern verwendet.

P. tobira

Bereits in Italien ist dieser aus dem subtropischen China, Japan und Südkorea stammende Strauch eine der wichtigsten Heckenpflanzen. Er wird dann aber oft nicht wie unsere Hecken rechteckig beschnitten, sondern halbrund. Solche Hecken brauchen zwar sehr viel Platz, sind aber dem halbkugeligen Wuchs von *P. tobira* angeglichen, sind sehr dicht und blühen auch reich.

Ungeschnitten wird diese Art ein bis zu 5 m hoher und fast ebenso breiter und ziemlich dicht verzweigter Strauch. Seine Belaubung ist sehr gesund und üppig, die lederig glänzenden Blätter sind tief dunkelgrün, verkehrt eiförmig, bis 12 cm lang und 4 cm breit. Je nach Überwinterungstemperatur erscheinen die vorzüglich duftenden, cremeweißen Blüten zwischen März und Frühsommer am Ende der Triebe in breiten Büscheln.

P. tobira hält ausgepflanzt Temperaturen um –10 °C ohne weiteres aus. Diese Art ist deshalb sogar in ungeheizten Glasanbauten einen Versuch wert.

Von *P. tobira* gibt es eine extrem schwachwüchsige, unter dem Namen 'Nanum' verbreitete Sorte. Sie ist sehr kompakt und gleichmäßig, wird selbst im Alter kaum über 0,5 m hoch, aber doppelt so breit. Blüten sind bei dieser Sorte selten, sie ist aber ein hervorragender, allerdings ziemlich kostspieliger Bodendecker für kühle Wintergärten. Ideal ist sie als extrem gleichmäßiger kleiner Solitär in Japangärten, zwischen Felsen oder an Kiesflächen.

Als Heckenpflanze ist der Klebsame, *Pittosporum tobira*, im Süden so häufig wie bei uns Liguster. Mit etwas Geduld kann man ihn auch zum Stamm erziehen.

P. undulatum

Aus Ostaustralien stammt diese im Alter bis zu 12 m hohe und dann baumförmige Art. Sie ist wegen ihrer extrem gleichmäßigen, kuppelförmigen Krone einer der schönsten Bäume für kühle Glasanbauten, viel Frost hält sie allerdings nicht aus. Sie wächst ziemlich langsam, ist aber auch schon als Topfpflanze mit ihren dunkelgrünen, glänzenden, am Rande gewellten, bis 15 cm langen Blättern sehr schön. Ihre Blüten erscheinen im späten Frühjahr und Frühsommer, gelegentlich folgen gelborange Früchte.

P. undulatum läßt sich sehr gut in Pflanzungen mit großlaubigen ostasiatischen Immergrünen verwenden, sie paßt aber auch in feuchte Australpflanzungen, zusammen mit *Eucalyptus*, der Silbereiche *(Grevillea robusta)*, dem Neuseeländer Flachs *(Phormium)* und *Leptospermum*.

PLUMBAGO
Familie *Plumbaginaceae*

Bleiwurz

Die Gattung *Plumbago* umfaßt eine Reihe tropischer und subtropischer Stauden, Halbsträucher und Sträucher. Typisch für sie sind ihre oft langen, rutenförmigen Triebe und die auffallenden, endständigen Blütenähren. *Plumbago* gehören zu den zuverlässigsten und robustesten Dauerblühern.

Ob als Busch, als Stamm, als Pyramide oder am Spalier – die Bleiwurz gehört unbestritten zu den besten dauerblühenden Kübelpflanzen. Nur ist sie etwas brüchig.

P. auriculata

Wegen seiner vielseitigen Verwendbarkeit und seiner vergleichsweise sicheren Dauerblüte von März bis Dezember gehört dieser halbimmergrüne südafrikanische Strauch zur Handvoll der besten Kübelpflanzen für sonnige Lagen. Freiwachsend macht er anfangs aufrechte, später überhängende lange Triebe und bildet schließlich einen nestförmigen, bis 2 m hohen und 3 m breiten Busch.

Durch jährlichen, fast bodenebenen Rückschnitt läßt er sich viel kleiner halten. Man kann ihn auch als Stämmchen oder Pyramide ziehen, muß ihn dann aber wegen seiner Brüchigkeit unbedingt windgeschützt aufstellen. Sehr schön wirkt *Plumbago* am Spalier, in kürzester Zeit bildet er dann dichte, hellblaue Wände. So oder als Pyramide kann er ohne weiteres 4 m Höhe erreichen, aber auch niederer gezogen werden. Damit sind die Verwendungsmöglichkeiten noch lange nicht erschöpft, man kann ihn nämlich auch in Ampeln oder Balkonkästen setzen oder ihn als kniehohen Bodendecker ziehen. Überwintert wird kühl und ziemlich trocken.

Besser noch als im Freien gedeiht er in zumindest gerade frostfreien Glasanbauten aller Art. Sind dort die Wintertemperaturen sehr gering, sieht er von Dezember bis März nicht sonderlich attraktiv aus, da das alte Laub zum größten Teil eintrocknet, aber nicht abfällt. Man muß die Pflanze also im Winter 2–3mal ausputzen, nachdem man sie nach dem Abklingen der Blüte sehr kräftig zurückgeschnitten hat. Sobald im Frühjahr neue (Boden)triebe erscheinen, stellt man ihn wieder hell und treibt ihn an.

Obwohl *Plumbago* sehr robust und trockenheitsverträglich ist, macht er doch im Sommer ziemlich viel Arbeit. Es sind weniger die lang herausschießenden Triebe, die man öfter einkürzen muß, als vielmehr die Tatsache, daß Verblühtes nicht abfällt. Die in großen Büscheln erscheinenden phloxartigen Blüten haben nämlich einen mit klebrigen Haaren besetzten Kelch, was den ganzen Blütenstand fest zusammenhält. Besonders nach Regenfällen muß man, wie das früher auch bei »Geranien« (*Pelargonium*) vielfach nötig war, die Blütenstände auszupfen. *Plumbago* gehört zu den ganz wenigen Kübelpflanzen, die man auch dem Anfänger, der über kein günstiges Winterquartier verfügt, ohne Bedenken empfehlen kann. Wenn der Sommerstandort sonnig ist, kann nichts schiefgehen.

P. auriculata ist vor allem in der hellblau blühenden Sorte 'Caerulea' verbreitet, sehr viel seltener ist eine tiefblaue, noch namenlose Auslese und die reinweiße, etwas kompakter wachsende 'Alba'.

PODRANEA Familie *Bignoniaceae*

Mit nur zwei Arten ist diese Gattung immergrüner oder kurzzeitig laubabwerfender Klettersträucher in Südafrika beheimatet. Sie haben große, gefiederte Blätter und rosa bis lila Trichterblüten in mächtigen Rispen. Sehr reich und zuverlässig blühend gehören sie zu den besten Bignoniaceen. Ihre Ansprüche sind gering, sie brauchen aber im Sommer viel Wasser und vollsonnige Standorte. Frost vertragen sie kaum.

P. ricasoliana

Viele Kübelpflanzenliebhaber halten *P. ricasoliana* für eine der schönsten kletternden Bignoniaceen. Dem ist noch hinzuzufügen, daß sie auch in ihren anderen Eigenschaften äußerst »anwenderfreundlich« ist.

Podranea ricasoliana ist ein reines Blütenwunder. Hell genug aufgestellt, blüht sie fast dauernd und ist dann nahezu immergrün, dunkel überwintert verliert sie schadlos das Laub und blüht vom Frühsommer bis zum Frost.

An einem vollsonnigen Standort blüht *P. ricasoliana* etwa ab Juli bis zum Frost. Die glockig-trichterförmigen, bis 5 cm breiten Blüten sind rosa mit roter Zeichnung, sie stehen in mächtigen, bis 30 cm langen Rispen am Ende der Triebe. Leider läßt sich *Podranea* oft viel Zeit, bis im Sommer die ersten Blüten erscheinen. Sie wächst dann rein vegetativ und bildet lange, peitschenartige Triebe ohne Blüten. Blütenfördernd wirken hier phosphor-kali-betonte Dünger (sogenannte »Blütendünger«) sowie ein möglichst vollsonniger Standort. Plätze im Glashaus sind zu vermeiden. Früchte werden bei uns selten angesetzt.

P. ricasoliana verliert ihr Laub im Winter fast vollständig. Ohne Laub läßt sich *P. ricasoliana* auch dunkel überwintern, es sollte dann allerdings kühl sein. Da sie sehr stark wächst, wird man sie, so man sie im Kübel hält, beim Einräumen kräftig zurückschneiden. Im Sommer zieht man sie dann an einem Spalier oder an Bambusstäben als Pyramide, man muß sie allerdings anbinden. *P. ricasoliana* ist ziemlich anspruchslos, sie kann aber im Sommer sehr viel Wasser und Dünger umsetzen und hat dann einen Jahreszuwachs bis zu 3 m. Krankheiten sind selten. Schädlinge, vor allem Blattläuse an den weichen Triebspitzen, können schon einmal auftreten.

POLYGALA Familie *Polygalaceae*

Kreuzblume

Mit etwa 600 Arten Stauden, Halbsträucher oder Sträucher kommt die Gattung *Polygala* in den warmen und gemäßigten Gebieten fast der ganzen Welt vor, einige Arten sind wegen ihrer extrem langen, zum Teil das ganze Jahr über anhaltenden Blüte sehr wertvolle Pflanzen für Kübel und Wintergärten.

P. myrtifolia

Alles, was sich unter diesem Namen in Kultur befindet, dürfte wohl zur großblumigen var. *grandiflora* gehören, für die auch die folgende Beschreibung zutrifft. *P. myrtifolia* ist ein immergrüner, südafrikanischer Strauch, der nach etwa 10 Jahren seine Endhöhe von 1,5 m erreicht hat. Er wirkt mit seinen elegant überhängenden Trieben sehr grazil. Nur, wenn er gerade sehr stark wächst, zumeist im späten Frühjahr, verschwinden seine Blüten etwas unter dem Laub. Ansonsten blüht er während des ganzen Jahres, die Blütenstände sitzen immer am Ende der gerade das Wachstum abschließenden Triebe. Farbe und Form der Blüten sind sehr ungewöhnlich und schwer zu beschreiben, man fühlt sich an eine überdimensionierte Leguminosenblüte erinnert, die Farbe ist ein sattes, rot geädertes Purpurrosa, das zum Zentrum ins Weiße übergeht. *P. myrtifolia* wächst von Natur aus sehr locker. Man kann sie – bei zeitweiligem Verzicht auf die Blüte – kompakter halten, wenn man den Neutrieb im Sommer kräftig einkürzt oder man gibt den Haupttrieben Stäbe, wobei die Triebspitzen dann kaskadenartig nach unten hängen. Im Kübel gezogen, hält man sie im Winter am besten wie eine Zimmerpflanze, wenn möglich an einem kühlen, sehr hellen Platz und fast trocken. In Wintergärten hält sie ohne weiteres Temperaturen bis zum Gefrierpunkt aus, wenn sie nur trocken genug steht. Sie blüht den ganzen Winter voll durch, allerdings werden die Blüten etwas blasser. Wenn man sie in einem Wintergarten auspflanzt, sollte man zuvor die Erde mit 50 % Perlite, Styromull, Lavagrus oder scharfem Sand mischen.

Ein Schatz aus Südafrika ist *Polygala myrtifolia*. Dieser absolute Dauerblüher gilt als etwas heikel. Das Rezept: Sparsam gießen und sparsam düngen.

Außer Wurzel- oder Stengelfäule treten eigentlich nie Krankheiten auf, auch von Schädlingen bleibt *Polygala* weitgehend verschont.

Wegen ihrer auffallenden Farbe ist *Polygala* schwer mit anderen Pflanzen zu kombinieren. Weitaus am besten wirkt sie solitär zwischen Steinen. Oder man unterpflanzt sie mit niederen, trockenheitsresistenten Büschen, um ihre im Alter etwas verkahlende Basis zu verdecken.

PONCIRUS Familie *Rutaceae*

Von *Poncirus* kennt man nur eine, im nördlichen China beheimatete Art. Sie ist weltweit mit der Sauerorange die wichtigste Veredelungsunterlage für *Citrus*. Als frosthärteste *Citrus*-Verwandte ist sie

Die Bitterorange ist das einzige Citrusgewächs, das zumindest im Weinbauklima ziemlich zuverlässig winterhart ist. Leider sind die den sehr großen, duftenden Blüten folgenden Früchte nicht genießbar.

aufgrund ihrer bei uns reichlich angesetzten Blüten und Früchte sowohl ein wertvoller Zierstrauch in Weinbaulagen, als auch ein vorzüglicher *Citrus*-Ersatz in ungeheizten Glasanbauten.

P. trifoliata
Bitterorange

Freiwachsend ist die Bitterorange ein vollständig laubabwerfender, grob bedornter, dichtbuschiger Strauch, in Weinbaulagen kann sie auch ein bis zu 7 m hoher Baum werden. Ihre Zweige sind grün und kantig, die Blätter dreizählig. Die weißen, duftenden, bis 5 cm breiten Blüten erscheinen im April und Mai, noch vor dem Laubaustrieb. Ihnen folgen zahlreiche, etwa 5 cm dicke, gelbgrüne, zitronenartige Früchte. Diese bleiben bis weit in den Winter am Baum hängen. Genießbar sind sie nicht.

Poncirus ist ziemlich anspruchslos, er wächst in jedem besseren Gartenboden. Schädlinge und Krankheiten treten so gut wie nie auf. Er eignet sich ganz vorzüglich zur Einbindung eines größeren Glasanbaus in den Garten, indem er auf der Außenseite gepflanzt die durch den Wintergarten geschaffenen günstigen kleinklimatischen Verhältnisse ausnützt, gleichzeitig vorzüglich mit im Inneren verwendeten Zitrusgewächsen korrespondiert. Ausgepflanzt werden erst Temperaturen unter –20 °C gefährlich.

PUNICA Familie *Punicaceae*

Von der Gattung *Punica* gibt es nur zwei Arten, wovon auch nur eine als Zier- wie als Nutzpflanze von Bedeutung ist.

P. granatum
Granatapfelbaum, Granatbaum

In seiner Urform ist der vermutlich aus Südosteuropa und Vorderasien stammende Granatapfelbaum ein laubabwerfender, oft dorniger, dicht verzweigter Großstrauch oder kleiner Baum. Seine Blüten stehen einzeln oder in Büscheln am Ende von Kurztrieben, manchmal folgen vielsamige Früchte.

Seit Jahrtausenden als Zier- wie als Nutzpflanze gezogen, ist *P. granatum* inzwischen in zahlreiche Kulturformen aufgespalten.

Ihnen gemeinsam ist der bronzefarbene Austrieb, die relativ kleinen, glänzend grünen, ovalen Blätter und die intensiv gelbe Herbstfärbung. Damit ist aber die Gemeinsamkeit weitgehend erschöpft. Weiter unterteilt man am besten in Nutz- und Zierformen, letztere wiederum in stark und schwachwachsende Typen.

Die schwachwachsenden Zierformen des Granatapfels – sie werden zwischen knie- und mannshoch – sind unter zahlreichen Sortennamen im Handel. Verkompliziert wird ein Überblick über die Zwergformen dadurch, daß manche Früchte mit keimfähigen Samen ansetzen, die aus Samen angezogenen Pflanzen aber ganz anders aussehen und meist sehr viel stärker wachsen als Stecklingspflanzen desselben Namens.

Die wichtigste Zwergsorte ist 'Nana'. Aus Stecklingen gezogen, ist sie nach einem Jahr etwa faustgroß, später beträgt der Jahreszuwachs etwa 5 cm in Höhe und Breite. Die Pflanze wächst eher breit als hoch und blüht bereits als frisch bewurzelter Steckling, die Blütezeit reicht vom Austrieb bis über den Laubfall hinaus. Die Blütenfarbe ist orangerot, nicht selten werden granatrote, knapp 2 cm breite Früchte mit keimfähigen Samen angesetzt. Daraus gezogene Pflanzen können nach 2 Jahren leicht 30 cm hoch sein, sind meist ziemlich dünntriebig und blühen selten vor dem 3. Jahr. Obwohl auch sie sehr reich blühen können, wirkt aufgrund ihres starken Triebwachstums der Behang doch nie so voll wie bei Stecklingspflanzen.

Noch schwächer als die aus Stecklingen vermehrte 'Nana' wächst eine gefüllt blühende Form. Auch ohne Blüten kann man sie leicht von 'Nana' unterscheiden. Da sie viel weniger verzweigt ist und ihre kurzen Triebe viel steifer und dicker sind, wirkt sie bonsaiartig.

Ebenso reich blühend wie 'Nana', aber wesentlich stärker und pyramidal aufrecht wachsend ist 'Nana Racemosa'. Diese Sorte kann im Alter über meterhoch werden, wächst selbst dann noch ohne Schnitt streng pyramidal. Ihre Blüten unterscheiden sich kaum von 'Nana', nur stehen sie nicht einzeln an den Triebenden, vielmehr erscheinen oft über 10 Stück hintereinander an derselben Stelle. Auch 'Nana Racemosa' bringt gelegentlich Früchte mit keimfähigen Samen. Im Gegensatz zu den Zwergsorten sind die starkwüchsigen Ziersorten des Granatapfels im Habitus ziemlich einheitlich. Im Vergleich zu den Fruchtsorten blühen sie viel länger und machen wesentlich dickere, steifere Triebe. Sie sind auch bei weitem nicht so dicht. Da ihre Blüten meist mehr oder weniger gefüllt sind, setzen sie keine Früchte an. Obwohl aus Stecklingen vermehrt, blühen die Pflanzen erst im 3. bis 5. Lebensjahr. Wohl die wichtigste Sorte ist 'Flore Pleno', man findet sie häufig auch als 'Rubro Pleno'. Die Blüten dieser Sorte entsprechen weitgehend den normalen Granatapfelblüten, wirken aber, da sie gefüllt sind, etwas größer. Fast ebenso häufig wie diese Sorte ist 'Legrellei'. Sie ist gleichfalls gefüllt, ein großer Teil der Blütenblätter ist jedoch weiß gerandet. 'Legrellei' hat oft fast handtellergroße Blüten, bis zu 13 Stück erscheinen hintereinander am selben Triebende. Sie ist in Blütengröße und Reichblütigkeit den folgende Sorten überlegen.

Gelegentlich werden noch die reinweiße 'Albo Pleno' und die cremegelbe 'Flore Luteo' angeboten. Beide blühen sie gefüllt. Wegen der geringen Leuchtkraft der Blüten empfehlen sie sich nur den Sammlern ausgefallener Arten und Sorten.

Als ganz wesentlicher Unterschied zu den Fruchtsorten muß erwähnt werden, daß die Ziersorten zumeist zwischen dem späten Frühjahr und dem Laubfall durchblühen, während die Fruchtsorten einen deutlichen Blütehöhepunkt haben und dann nur noch remontieren. Im übrigen haben die Ziersorten keine oder kaum Dornen.

Natürlich gibt es vom Granatapfel auch zahlreiche »Fruchtsorten«. So begeisternd sie in südlichen Ländern wirken können, in unseren Breiten enttäuschen sie des öfteren. Selbst Stecklingspflanzen blühen manchmal nach 5 Jahren noch nicht. Zur Blüte kommen, wohl aufgrund ihres Alters, eigentlich nur Stämme und Solitärbüsche. Früchte werden nur in ganz heißen Sommern oder im Wintergarten angesetzt. Man sorgt also am besten für einen windgeschützten, vollsonnigen Platz wie ihn auch *Bougainvillea* oder *Lagerstroemia* brauchen.

Ungeachtet der Vorbehalte bei den Fruchtsorten sind doch die Ziersorten Kübelpflanzen, die man ohne Bedenken allgemein empfehlen kann. Sieht man davon ab, daß man Granatäpfel unbedingt kalt (nicht zwingend frostfrei) und ab Austriebsbeginn unbedingt hell kultivieren muß, ist ihre Pflege äußerst einfach.

Vorne ein aus Stecklingen gezogener Zwerggranatapfel, hinten eine Fruchtsorte (mit angesetzten Früchten). Weitere Fragen zur Blühwilligkeit?

Die Blüten der Granatapfelsorte 'Legrellei' können fast handtellergroß werden.

Hält man Granatäpfel im Wintergarten – ausgepflanzt gedeihen sie im (fast) ungeheizten ebenso wie im zimmerwarmen – ist nur darauf zu achten, daß sie im laublosen Zustand kaum Wasser brauchen und ihr auch im ungeheizten Wintergarten ziemlich früher Austrieb (Ende Februar/Anfang März) nicht wieder erfriert.

Im Kübel gezogen, versucht man, falls nicht ein sehr heller Platz zum Vortreiben zur Verfügung steht, den Austrieb zu verzögern. Dies erreicht man am einfachsten, wenn der Granatapfel so spät wie möglich ein-

Von den starkwüchsigen Ziersorten sind die reinrote 'Flore Pleno' und die rotweiße 'Legrellei' mit Abstand die besten.

geräumt (wenn Temperaturen unter −10 °C drohen), so kalt wie möglich überwintert (nicht unbedingt frostfrei) und so früh wie möglich wieder ausgeräumt wird (nicht angetriebene Pflanzen Anfang bis Mitte März). Bereits beim Einräumen lichtet man die Pflanze aus, entfernt alle dünnen Triebe und schneidet die Leittriebverlängerungen auf die Hälfte zurück. Der Sommerstandort sollte möglichst vollsonnig sein. Falls ein kräftiger Zuwachs gewünscht wird, düngt und wässert man bis Ende Juli reichlich. Später wird – damit die Triebe ausreifen – kein Dünger mehr gegeben und außerdem die Bewässerung eingeschränkt. Granatäpfel nehmen auch in der Wachstumszeit kürzere Durststrecken klaglos hin, besser als die im selben Topf wachsenden Unkräuter. Außer ein paar Blattläusen am Neutrieb muß weder mit Schädlingen noch mit Krankheiten gerechnet werden.

PYROSTEGIA Familie *Bignoniaceae*

Die Gattung *Pyrostegia* umfaßt vier oder fünf mit fadenförmigen Ranken kletternde immergrüne Lianen. Sie stammen aus dem tropischen Südamerika. Wie bei den anderen Bignoniaceen sind die großen, glocken- bis röhrenförmigen Blüten ihr Hauptschmuck.

Bis *Pyrostegia* in unseren Breitengraden einmal blüht, muß man sich in Geduld üben. Die Blütenknospen sind gegenüber Störungen sehr empfindlich und werden oft abgeworfen.

P. venusta

Flammenwein

Als Kübelpflanze zum Terrassenschmuck wegen ihrer im Herbst und Winter erscheinenden Blüten bedeutungslos, ist diese Bignoniacee eine der schönsten Kletterpflanzen für mäßig kühle bis zimmerwarme Wintergärten. Dort erreicht sie in wenigen Jahren eine Höhe von etwa 6 m. Ihre Blätter setzen sich meist aus 2 gegenüberstehenden, 5–7 cm langen, ovalen Blättchen zusammen. Die Blüten stehen in Rispen von 15–20 am Ende der Triebe, sie sind röhren- bis trichterförmig, bis 7 cm lang und leuchtend orange. *P. venusta* sollte bei uns immer in voller Sonne stehen, dann gibt sie den ganzen Winter über den Blickpunkt im Wintergarten ab. Leider blühen erst ältere Pflanzen reich.

Wie die meisten Bignoniaceen ist sie ziemlich anspruchslos, kann gleichwohl sehr viel Wasser und Dünger umsetzen. In eher kühlen Glasanbauten sollte man aber im Winter mit Wasser sparsamer umgehen, sie verliert hier viel Laub.

ROSMARINUS Familie *Labiatae*

Rosmarin

Die Gattung *Rosmarinus* umfaßt einige wenige, sehr nah miteinander verwandte Arten kleiner Sträucher. Typisch ist ihr immergrünes, nadelartiges Laub und ihre meist im Spätwinter und Frühjahr in kurzen Trauben in den Blattachseln erscheinenden Blüten. Alle Arten stammen aus dem Mittelmeerbereich. Sie sind sehr anspruchslos, brauchen jedoch einen vollsonnigen Standort und eine gute Drainage.

R. officinalis

In seiner typischen Form ist der Rosmarin ein zerklüfteter, malerischer, gelegentlich bis 2 m hoher Strauch mit graufilzigen Trieben und Blättern. Die hell lavendelblauen, selten weißen Blüten erscheinen – kühle Überwinterung vorausgesetzt – über einen langen Zeitraum im Frühjahr, oft ein zweites Mal im Herbst. Manche Rosmarinformen sind ziemlich winterhart und gedeihen an einem sehr geschützten, gut drainierten Standort auch im Freien ausgepflanzt. Besser ist ein Platz in einem kühlen Wintergarten, wo dann oft schon im Februar die Blüte erscheint. Als typische Pflanze der Macchien kombiniert man Rosmarin in Pflanzungen am besten mit Zistrosen *(Cistus)*, dem Mastixstrauch *(Pistacia lentiscus)* und anderen kalkliebenden Mediterranpflanzen.

Selbst wenn man ihn vernachlässigt, gedeiht Rosmarin noch zufriedenstellend. Mit Ausnahme von Blattläusen am Neutrieb muß man kaum mit Schädlingen und Krankheiten rechnen, es sei denn, er steht zu naß. Schneiden läßt er sich fast beliebig, auch zu

Pyramiden oder Stämmchen formen. Ein leichter Rückschnitt nach der Blüte ist angebracht, sonst wird er ziemlich bald sparrig und von unten kahl. Rosmarin muß hell und ziemlich trocken überwintert werden, auch ein Platz am Küchenfenster bietet sich an.

Rosmarin gehört zu den dankbarsten Kübelpflanzen, nur darf er nicht zu naß stehen und sollte auch nur sparsam gedüngt werden.

RUSSELIA Familie *Scrophulariaceae*

Aus Mittelamerika stammt diese Gattung sehr interessanter Kleinsträucher. Ihre langen, dünnen, grünen Triebe erscheinen fast blattlos und hängen stark über. Sie eignen sich dadurch sehr gut für Ampeln oder Stellen, an denen ihre Zweige über Felsen oder Mauern herunterhängen können.

R. equisetiformis

Diese Art wird im Laufe von Jahren ein etwa 1 m hoher, etwas an Ginster erinnernder Strauch. Mit seinen zahlreichen schlanken, stark überhängenden Zweiglein wirkt er sehr graziös. Die zahlreichen Blüten sind scharlachrot und etwa 2,5 cm lang, sie stehen in hängenden Trauben zusammen. Kühl überwintert, erscheinen sie vom Frühjahr bis spät in den Herbst. In warmen, sehr hellen Wintergärten sind ganzjährige Blüten möglich. Auch wenn man *R. equisetiformis* in südlichen Ländern oft im Schatten sieht, braucht sie bei uns volle Sonne und im Sommer reichlich Wasser. Schädlinge und Krankheiten sind selten, gelegentlich können aber ganze Astpartien aus unerfindlichen Gründen absterben. Dies ist weiter nicht schlimm, da man zur Erneuerung des Strauches – die Blüten erscheinen vor allem an den jungen Trieben – alte Triebe entfernen sollte. Frost verträgt *Russelia* nicht, im Winter sind mindestens +10 °C einzuhalten.

SALVIA Familie *Labiatae*

Salbei

Von der Stauden, Halbsträucher und Sträucher umfassenden Gattung *Salvia* sind uns einige Arten als Gewürz und Heilmittel, andere als Sommerblumen bekannt. Typisch für sie sind ihre auffällig gefärbten, in aufrechten Quirlen stehenden Blüten. Die als Kübelpflanzen oder für Glasanbauten verwendeten Arten sind leicht zu kultivierende, raschwüchsige Pflanzen, die fast nie von Schädlingen oder Krankheiten befallen werden. Sie brauchen volle Sonne.

S. heerii

Vergleichsweise langsam wächst diese strauchige, bis 1,5 m hohe, reich verzweigte Art. Ihre ovalen bis lanzettlichen Blätter sind bis 10 cm lang, oberseits hellgrün und unten weißlich. Stutzt man die Pflanze nicht oder nur beim Einräumen, erscheinen die scharlachroten, 2 cm breiten Blüten vom Frühjahr bis in den Herbst. Will man die Blüte im Spätherbst und Winter – sie ist dann allerdings nicht so reich wie im Sommer – wird im Sommer mehrfach entspitzt.

Als unkomplizierte, zuverlässig, reich und lange blühende Pflanze hat diese aus Peru stammende Art als Kübelpflanze eine viel größere Verbreitung verdient. Sie ist nicht zuletzt deshalb wertvoll, weil es bei der Überwinterung so gut wie nie Ausfälle gibt. Man kann sie warm halten und hell, dann ist sie immergrün, oder man läßt sie durch die ersten Fröste ihr Laub verlieren, stellt sie in einen dunklen Keller und hält sie trocken. Zurückschneiden kann man sie beliebig, notwendig ist das aber nicht.

Russelia zeigt, daß ihr Rot im Pflanzenreich nicht zu übertreffen ist. Im Winter vorsichtig gießen!

Salvia heerii, ein unkomplizierter Strauch, der durch geschicktes Entspitzen ganzjährig in Blüte gehalten werden kann.

S. rutilans

Diese nur etwa 1 m hoch werdende Art zeichnet sich vor allem durch das intensiv nach Ananas duftende Laub aus. In der fernöstlichen Küche wird es beispielsweise zur Herstellung von Fruchtsalaten genutzt. Auch wenn die leuchtend karminroten Blüten mit der Farbenpracht von *S. heerii* konkurrieren können, erscheinen sie nur in Schüben, längere blütenlose Zeiten schieben sich dazwischen. *S. rutilans* sollte des öfteren rigoros zurückgeschnitten werden.

SCHINUS Familie *Anacardiaceae*

Pfefferbaum

Zwischen Mexiko und dem südlichen Südamerika ist diese Gattung immergrüner Sträucher und Bäume sehr häufig anzutreffen. Mit ihren langen, gefiederten Blättern wirkt sie sehr üppig.

Schinus sind überaus anspruchslose und äußerst trockenheitsresistente Pflanzen. Man kann sie nur im Winter vergießen oder erfrieren lassen, ansonsten sind sie – haben sie das Jugendstadium überwunden – praktisch frei von Schädlingen und Krankheiten. Nur auf Schild- und Wolläuse sollte man achten. Als Hauptnachteil von *Schinus* gilt sein dichtes, oberflächennahes, aggressives Wurzelsystem, mit dem die Pflanze leicht in Drainagen, Sickerschächte oder Mauerrisse eindringen kann.

Die Pfefferbäume lassen sich fast beliebig schneiden, sind aber als freiwachsender Busch oder mit einer schirmförmig gezogenen Krone am schönsten.

Wegen der intensiv pfefferartig riechenden Blätter und der Früchte Pfefferbaum genannt, ist Schinus ein vorzüglicher Baum für höhere Wintergärten. Vorsicht ist aber geboten, die Wurzeln sind aggressiv.

S. molle

Peruanischer Pfefferbaum

Diese weltweit wohl verbreitetste Art kommt natürlich von Mexiko bis Nordargentinien vor. Freiwachsend wird sie bis 12 m hoch und fast ebenso breit. Im Alter ein malerischer, knorriger Baum erinnert er mit seinen graziös herabhängenden Ästen etwas an eine Trauerweide. Bereits im Mittelmeerraum sieht man diese Art häufig in Garten- oder Parkanlagen, sehr oft auch als Alleebaum.

Die Blätter von *S. molle* werden bis etwa 20 cm lang, sind hellgrün und riechen nach Pfeffer. Gelblichweiße Blüten erscheinen in bis zu 15 cm langen Rispen im Sommer, gefolgt von karminrosa Früchten im Herbst und Winter.

Etwas unangenehm ist der in kalten Glasanbauten – ein gerade frostfreier Standort reicht aus – ziemlich starke Laubfall zu Winteranfang. Als Kübelpflanze zum Terrassenschmuck kann man dies insofern ausnutzen, als sich die Pflanze auch fast dunkel, dann aber kühl überwintern läßt, nachdem die ersten Fröste das Laub abgetötet haben.

Am besten gedeiht *S. molle* in wärmeren, ohne Bedenken auch lufttrockenen Glasanbauten. Dort gießt und düngt man kräftig, bis er die gewünschte Größe und Gestalt erreicht hat, dann hält man ihn mit etwas Hunger, Durst und Schnitt in Form.

SOLANDRA Familie *Solanaceae*

Die Gattung *Solandra* umfaßt eine Reihe meist kletternder Sträucher mit lederigen, glänzenden, ungeteilten Blättern. Die sehr großen langröhrigen, trichterförmigen Blüten sitzen einzeln an kurzen Stielen in den Blattachseln. Alle Arten kommen aus dem tropischen und subtropischen Amerika. Bei den verschiedenen Arten herrscht ein erheblicher Namenswirrwarr, da sie sich ziemlich ähnlich sind.

S. maxima
Goldkelchwein

Mexiko ist die Heimat dieser raschwüchsigen, bis über 10 m hoch kletternden immergrünen Art. Sie hat elliptische, bis etwa 15 cm lange Blätter. Ihre Hauptblüte ist gewöhnlich im Spätwinter und Frühjahr, sporadisch blüht sie auch zu anderen Zeiten. Die schalenförmigen, duftenden Blüten sind goldgelb, innen bräunlich-purpurn gestreift und bis 20 cm breit.

Diese Art ist vor allem für sonnige Glashäuser zur Begrünung großer Flächen geeignet. Gelegentlich wird sie auch als Bodendecker verwendet oder an Drähten unter dem Glas gezogen. Ein Rückschnitt ist erst nach der Hauptblüte sinnvoll. Schneidet man sie nämlich, wie die meisten Kübelpflanzen, im Herbst vor dem Einräumen, erlebt man nie einen reichen Blütenflor.

Solandra ist ein interessanter raschwüchsiger Kletterstrauch für wärmere Wintergärten. Leider übt er eine starke Anziehungskraft auf Blattläuse aus.

SOLANUM Familie *Solanaceae*

Vor allem in den Tropen und Subtropen sind die vermutlich über 1700 Arten dieser überaus vielgestaltigen Gattung meist raschwachsender Stauden, Sträucher und kleiner Bäume verbreitet. Auch Lianen zählen dazu. Typisch für die *Solanum*-Arten sind die meist weißen oder blauen Kartoffelblüten und ihre fleischigen Beeren.

Wie alle Solanaceen gedeihen auch *Solanum* besonders an warmen, geschützten, nicht unbedingt vollsonnigen Standorten. Sie brauchen viel Wasser und Nährstoffe und sind nicht zuletzt wegen der häufig auftretenden Schädlinge ziemlich arbeitsintensiv. Auf der anderen Seite gehören einige *Solanum*-Arten zu den schönsten und zuverlässigsten Blütenpflanzen überhaupt. Mit ihrem raschen, üppigen Wachstum schaffen sie überall eine ungemein tropische Atmosphäre, können gleichwohl durch Rückschnitt im Rahmen gehalten werden. Weitere nicht zu unterschätzende Vorteile sind ihr niederer Preis und ihre leichte Überwinterung auch in dunklen Räumen, da sie überwiegend das Laub – zumindest zeitweise – abwerfen.

S. jasminoides

Je nach Überwinterungstemperatur mehr oder weniger immergrün ist diese Art eine der raschwachsendsten Kletterpflanzen überhaupt. Sie verzweigt sich reich und kann bei bester Ernährung bald 10 m erreichen. Trotz ihrer brasilianischen Herkunft ist sie sehr robust und hält ausgepflanzt, unter Verlust ihres Laubs, kurzzeitig Temperaturen bis –10 °C aus,

Es gibt wohl nur wenige Pflanzen, die rascher wachsen als *Solanum jasminoides*. Sie blüht auch im Halbschatten zuverlässig.

Vor wenigen Jahren nur Spezialisten bekannt, ist *Solanum rantonnetii* inzwischen eine Standard-Kübelpflanze. Ungeachtet der Blüten sollte man sie jährlich mehrfach zurückschneiden, sonst wird sie unförmig und braucht ungeheuer viel Platz.

was sie eventuell sogar für ungeheizte Wintergärten interessant machen kann. *S. jasminoides* blüht zuverlässig und sehr reich, sobald die Umgebungsverhältnisse dies wieder zulassen – im kühlen Wintergarten vom Spätwinter bis Winteranfang, mit einem Höhepunkt von Frühjahr bis Herbst. Die Blüten sind je nach Alter und Jahreszeit zart blau bis weiß, etwa 2,5 cm breit und stehen in Büscheln von 8–12 Stück. Die eilanzettlichen Blätter sind nur bis etwa 8 cm lang, also wesentlich kürzer wie die des nahe verwandten, blau bis purpurn blühenden *S. seaforthianum*.

Ob man *S. jasminoides* ausgepflanzt im Wintergarten oder im Kübel zum sommerlichen Terrassenschmuck hält, auf jeden Fall empfiehlt sich ein rigoroser Rückschnitt im Herbst. An einem festinstallierten Spalier im Freien verwendet, wird man ihn nach den ersten Frösten auf einige Leittriebe einkürzen, dann kühl und ohne weiteres dunkel überwintern. Im Frühjahr hell gestellt und etwas angetrieben, erreicht er bald wieder seine alte Größe.

S. rantonnetii

Diese je nach Überwinterungstemperatur mehr oder weniger laubabwerfende Art hat sich wegen ihrer überreichen Dauerblüte und ihrer geringen Empfindlichkeit gegen Virosen und Pilzkrankheiten wie *Phytophthora* in den letzten Jahren an die Spitze der nicht kletternden *Solanum*-Arten gesetzt. Ihr nicht sonderlich umwerfendes Laub – die hellgrünen, ovalen Blätter werden etwa 10 cm lang – gleicht sie durch die gewaltige Fülle ihrer zwischen Spätwinter und Winteranfang erscheinenden Blütenbüschel aus. Die Einzelblüten sind etwa 3 cm breit, violett-blau mit gelber Mitte. Vermutlich handelt es sich bei allen in Kultur befindlichen Pflanzen um die Sorte 'Grandiflorum', am Naturstandort in Paraguay und Argentinien sind die Blüten nur halb so groß.

Freistehend wird *S. rantonnetii* rasch ein etwa 2,5 m hoher und ebenso breiter Strauch, der aber, im Interesse einer verbesserten Verzweigung, in den ersten Jahren auch während der Vegetationsperiode mehrmals kräftig zurückgeschnitten werden sollte. Nur kurze Zeit setzt die Blüte dann aus. Ältere Pflanzen schneidet man gar nicht mehr; ihr vegetatives Wachstum nimmt stark ab, der Blütenreichtum zu.

Man kann *S. rantonnetii* auch am Spalier hochziehen, er entwickelt sich dort zu einer überaus attraktiven, bis 5 m hohen blauen Wand. Auch zu einem Stämmchen läßt er sich aufbauen, muß aber in der Jugendphase häufig zurückgeschnitten werden, da er sonst kopflastig wird.

S. wendlandii
Costa-Rica-Nachtschatten

Aus den Gebirgen Mittelamerikas kommt dieser von den anderen beschriebenen Arten ganz erheblich

Der Costa-Rica-Nachtschatten gilt nicht zu Unrecht als schönste *Solanum*-Art der Gärten. Trocken überwintern, sonst gibt es Stengelgrundfäule!

abweichende Nachtschatten. Er ist ein wenig verzweigter, dicktriebiger Strauch, der mit Hilfe von hakenartigen Stacheln an Ästen und Blättern bis etwa 5 m hoch klettert. Die Blätter sind sehr groß und bis 25 cm lang, ebenso vielgestaltig wie die vieler anderer *Solanum*-Arten; sie wirken äußerst tropisch. Betrachtet man nur die Blüte, nicht aber die Länge der Blütezeit, gilt *S. wendlandii* wohl zu Recht als schönste kletternde *Solanum*-Art. Die bis 6 cm breiten, lilablauen Blüten stehen dicht in oft über 15 cm breiten, immens üppigen Büscheln. Die Blüte hält vom Hochsommer bis zum Frost, in lauwarmen bis warmen Wintergärten oft bis Dezember. *S. wendlandii* wirft das Laub ungeachtet der Überwinterungstemperatur vollständig ab und kann dunkel überwintert werden.

Der Costa-Rica-Nachtschatten wirkt vorzüglich, wenn er – drinnen oder draußen – in einen kräftigen Busch hineinwächst. Um die beim Einräumen abbrechenden Triebe ist es nicht schade. Ein kräftiger Rückschnitt ist sowieso notwendig, um die Zahl der Basistriebe zu erhöhen. Auch als Pyramide gezogen ist er sehr schön, besonders wenn man ihn an einen Pergolapfeiler lehnt oder ihn an Drähten unter dem Glas zieht und die Triebspitzen mit den mächtigen Blütenbüscheln herunterhängen läßt. Wegen des vollständigen Laubabwurfes nimmt er so im Winter den anderen Pflanzen kaum Licht weg. Im Kübel überwinternd, hält man ihn fast trocken, er fault leicht an der Basis ab. Man kann die Pflanze retten, wenn man die gesunden Triebe als Stecklinge verwendet.

SOLLYA Familie *Pittosporaceae*

Diese mit nur zwei Arten in Australien beheimatete Gattung immergrüner Klettersträucher ist bei uns bisher noch weitgehend unbekannt. Wegen ihres zierlichen, schwachen Wuchses und ihrer vielfältigen Verwendungsmöglichkeit als Ampelpflanze oder an Spalieren und Pyramiden erscheint sie als dauerhafte Pflanze vor allem für kleine Wintergärten gut geeignet.

S. heterophylla

Glockenblumenwein

Freiwachsend ein selten über 1 m hoher, locker ausgebreiteter Strauch kann diese Art am Spalier 2,5 m erreichen. Ihre Blätter sind entweder linealisch lanzettlich oder eiförmig, höchstens 5 cm lang und glänzend grün. Die etwa 1 cm langen, himmelblauen Glockenblüten erscheinen in Büscheln im Sommer und Herbst. *S. heterophylla* wächst in der Sonne wie im Halbschatten gut und gedeiht, obwohl ziemlich trockenheitstolerant, mit reichlich Wasser und Dünger besser. Eine gute Drainage ist allerdings wichtig. Am dichtesten wird *Sollya*, wenn man sie in der Jugend häufig entspitzt. Sehr schön sieht sie dort aus, wo ihre Zweige über eine niedere Mauer herunterhängen können, man kann sie auch gut in unten auskahlende Gehölze wachsen lassen, sie schlingt von selbst.

Sollya ist eine reizende Pflanze. Ganzjährig blühend, eignet sie sich als Bodendecker oder Kletterstrauch. Etwas empfindlich gegen Staunässe.

SOPHORA Familie *Leguminosae*

Die Gattung *Sophora* umfaßt eine Reihe immergrüner oder laubabwerfender Sträucher und Bäume Ostasiens, Australiens und Neuseelands. Einige ostasiatische Arten sind auch bei uns winterhart, als Kübelpflanze und besonders für Wintergärten scheinen aber nur zwei neuseeländische Arten von Bedeutung. Neben der im folgenden beschriebenen *S. tetraptera* handelt es sich um die sehr ähnliche, in allen Teilen aber noch feingliedrigere *S. microphylla*, die früher als *S. tetraptera* var. *microphylla* bezeichnet wurde.

S. tetraptera

Gelber Kowhai

Dieser immergrüne, gelegentlich aber auch laubabwerfende Strauch kann sich in seiner Heimat zu einem bis zu 7 m hohen Baum entwickeln. Bei uns im

Wegen der Winterblüte vor allem für Glasanbauten geeignet ist *Sophora tetraptera*. Zierlich wie sie anfangs aussieht, kann sie doch baumartig werden.

Daß die altbekannte Zimmerlinde eine gute Kübelpflanze ist, ist kaum bekannt. Nur braucht sie wind- und hagelgeschützte Plätze.

Kübel oder Wintergarten wächst er ziemlich langsam, ist aber schon als Jungpflanze äußerst attraktiv. Seine leicht hin- und hergebogenen Zweige wirken sehr feingliedrig, was durch die zart gefiederten, bis 15 cm langen Blätter noch unterstrichen wird. Die Blüten fügen sich in dieses Bild ein, sie sind etwa 4–5 cm lang, leuchtend goldgelb und hängen in Büscheln von 4–8 Stück zusammen. Die Hauptblütezeit ist Spätwinter und Frühjahr.

Wenn man berücksichtigt, daß *S. tetraptera* einen gut drainierten Boden braucht und im Winter nicht naß stehen darf, ist sie in der Kultur nicht schwierig. Sie braucht ganzjährig einen hellen Standort. Obwohl man sie sich mit ihrem bonsaiartigen Wuchs gut als Zimmerpflanze vorstellen könnte, ist so ein Standort wegen der niederen Luftfeuchte nicht ratsam. Ausgepflanzt gedeiht *S. tetraptera* auch noch in nicht unbedingt frostfreien Wintergärten, blüht dann aber spät.

SPARMANNIA Familie *Tiliaceae*

Von dieser kleinen Gattung sommer- oder immergrüner Bäume und Sträucher des tropischen und südlichen subtropischen Afrika war eine Art früher als Zimmerpflanze weit verbreitet. Für das inzwischen übliche Wohnraumklima ist sie weniger geeignet, bekommt jetzt aber wegen ihrer großen Temperaturtoleranz wieder als Wintergartenpflanze Bedeutung.

S. africana

Zimmerlinde

Am Heimatstandort bis 6 m hoch, erreicht dieser immergrüne, raschwachsende und weichholzige südafrikanische Strauch im Kübel gerade die halbe Höhe. Schon im Schmuck seiner großen herzeiförmigen, bis 25 cm langen und halb so breiten Blätter wirkt er äußerst dekorativ. Das weiche, hellgrüne Laub ist ebenso wie die jungen Triebe auffallend behaart. Ab Herbst erscheinen an den Triebenden vielblütige Büschel weißer, etwa 4 cm breiter Blüten, die durch die lang herausragenden gelben Staubblätter auffallen. Diese falten sich bei Berührung zusammen.

Sparmannia gedeiht gut in mindestens frostfreien Wintergärten, sie läßt sich durch Schnitt gut in Form halten. Besondere Kulturansprüche hat sie nicht, ist nur empfindlich gegen Weiße Fliege und Spinnmilben. Außerdem sollte man sie nicht in Bereichen mit herabtropfendem Kondenswasser aufstellen. Wenn sie naß werden, sind die dichten Blüten-Knospen-Büschel fäulnisgefährdet. Leider werden *Sparmannia* nicht sonderlich alt, man sollte deshalb rechtzeitig an eine Verjüngung durch Stecklinge denken.

STRELITZIA Familie *Musaceae*

Diese aus Südafrika stammende Pflanzengattung könnte man fast als Mischung aus Bananen und Palmen bezeichnen; von den ersten haben sie die – allerdings lederigen – Blätter, von den zweiten ihren zumindest bei einigen Arten festen Stamm.

Strelitzien haben sehr große, auffällige Blüten. Sie brauchen bis zur Blüte eine ganze Reihe von Jahren, können als blühfähige Pflanze also nicht billig sein. Dafür sind sie ein Schmuckstück jedes Wintergartens und, da sie keinerlei Schmutz machen, besonders auch für Plätze an Swimmingpools gut geeignet. Ihre Kultur ist ziemlich einfach, sie brauchen schwere, aber gut drainierte Erde und im Win-

ter einen zumindest lauwarmen Standort. Auf Schildläuse und Spinnmilben sollte man achten.

S. reginae
Paradiesvogelblume

Diese Strelitzie ist die offizielle Stadtblume von Los Angeles. Die stammlose Art liefert die bekannten Schnittblumen. Sie bildet breite, mehrtriebige, bis 2 m hohe Büsche. Die Hälfte der Höhe entfällt auf die länglich ovalen Blätter, die andere auf den Blattstiel. Die langgestielten, aus der Basis entspringenden Blüten stehen etwa in Höhe der Blattspitzen, manchmal darüber, sie sind orange mit Himmelblau und Weiß. Auch hier liegt die Hauptblütezeit temperaturbedingt oft im Winter und Frühjahr, sie kann sich aber bei kühler Überwinterung bis in den Sommer hinziehen.

Aufgrund ihrer Blütezeit ist die Paradiesvogelblume eigentlich keine Kübelpflanze für den sommerlichen Terrassenschmuck, falls man die Blüte nicht verzögert. Gleichwohl kann man sie im Sommer doch zu ihrem Vorteil draußen aufstellen, vor den ersten Frösten kommt sie dann an einen nicht allzu warmen Platz in die Wohnung. Ungefähr um die Weihnachtszeit erscheinen die Blütenstiele, auf das Öffnen der ersten Blüten muß man dann aber noch etwa 2 Monate warten. Sobald sie Blütenstiele schieben, sollte man Strelitzien keinen großen Veränderungen (Standortwechsel) unterwerfen. Wenn dies nämlich nicht mit dem nötigen Fingerspitzengefühl erfolgt, können die Blüten eintrocknen.

Bei Strelitzien dauert es oft ein Jahrzehnt bis zur ersten Blüte. Man sollte sie abseits von Wegen aufstellen, ihre Blätter reißen leicht ein.

TECOMA Familie *Bignoniaceae*

Nahe mit den kletternden Bignoniaceen verwandt und auch in Ansprüchen und Pflege ziemlich ähnlich sind die Mitglieder der zwischen Mexiko und Argentinien

Einer der schönsten Blütensträucher frostfreier Gebiete ist *Tecoma stans*. In Mitteleuropa ist sie noch wenig erprobt, aber halbjährige Sämlinge können schon blühen.

Ein ganz heißer Tip ist *Tecomaria capensis*; sie blüht (fast) ganzjährig, vor allem aber im Herbst. Als Busch, Stamm oder Spalier zu ziehen, windresistent und leicht zu überwintern.

verbreiteten Gattung *Tecoma*. Ebenso wie diese haben sie gefiederte Blätter und große, röhrig-glockige Blüten in endständigen Trauben oder Rispen.

T. stans
Gelbe Trompetenblume

Zentralamerika ist die Heimat dieses immergrünen, bis 6 m hohen Strauchs oder kleinen Baums. Solange es ihm warm genug ist, blüht er fast dauernd – als Kübelpflanze also vor allem im Sommer, im Wintergarten vom Frühjahr bis zum Herbst. Die hell- bis goldgelben Blüten sind etwa 5 cm breit und erscheinen in größeren Büscheln. *T. stans* hat hohe Ansprüche an Licht, Wasser, Wärme und Nährstoffe, vor allem im Sommer. Frost verträgt sie kaum, schneiden kann man sie beliebig. Daß altes Holz zurücktrocknet, ist kein Anlaß zur Besorgnis, dies ist auch am Heimatstandort häufig. Die reichlich angesetzten Samenkapseln sollte man unbedingt entfernen, sonst läßt die Blüte nach. *Tecoma* wird leicht von Weißer Fliege befallen.

TECOMARIA Familie *Bignoniaceae*

Die Gattung *Tecomaria* umfaßt zwei bis drei Arten mehr oder weniger immergrüner Sträucher, die sich bei Gelegenheit als Spreizklimmer verhalten, freiwachsend jedoch breitlagernde Dickichte bilden. Ihre gefiederten Blätter sind erheblich kleiner als die der anderen kletternden Bignoniaceen. Die Blüten sind gekrümmt trichterförmig, gelb, orange oder rot und stehen in Rispen oder Trauben an den Triebenden.

T. capensis
Kap-Geißblatt

Am Spalier bis zu 8 m, wird diese Art freiwachsend ein kaum über 2 m hoher, aber viel breiterer und dichtbuschiger Strauch. Die tiefgrünen Fiederblätter sind bis 15 cm lang und dabei auch nur bei warmer Überwinterung immergrün, meist überdauern nur die allerjüngsten Blätter an der Triebspitze. Die Pflanze kann also dunkel überwintert werden.

Die Blüten erscheinen ab Hochsommer und halten sich bis nach den ersten Frösten, in Glashäusern bis weit in den Winter. In der Form weichen sie erheblich von denen der anderen Bignoniaceen ab, sie sind eher röhren- bis trichterförmig und geknickt, haben so etwa die Form einer Tabakspfeife. Mit 5 cm Länge sind sie vergleichsweise klein, dafür um so zahlreicher, der Blütenstand ist dicht gedrängt. Die Blütenfarbe ist ein weithin auffallendes brillantes Orangerot. Es gibt auch hellorange und gelbe Typen.

Tecomaria vertragen nur wenig Frost, aber ohne weiteres auch über einen längeren Zeitraum niedrige Temperaturen. Im gerade frostfreien Winterquartier halten sie gut aus, wenn man sie im Winter fast trocken hält. Im Sommer brauchen sie viel Wasser und Dünger, ebenso einen sehr hellen Standort. Auf Blattläuse sollte man sie gelegentlich kontrollieren.

Je nach Verwendung kann *Tecomaria* fast beliebig geschnitten werden. Als freiwachsender Busch am besten fast bodeneben zurückschneiden, besonders wenn man wenig Platz hat. Am Spalier kürzt man die Nebentriebe auf 2–4 Augen ein, sobald das Zweiggerüst steht. *Tecomaria* lassen sich auch leicht als Stämmchen ziehen.

Was bei *Tecomaria* überrascht, ist, daß im Freien stehende Pflanzen (in Kübeln) um über 4 Wochen früher blühen (können) als solche im Gewächshaus – eine Eigenart, die man bei mehreren südafrikanischen Pflanzen kennt. Wahrscheinlich ist dies weitgehend von den niederen Nachttemperaturen bei gleichzeitig maximaler Belichtung abhängig.

TETRASTIGMA Familie *Vitaceae*

Diese Gattung raschwüchsiger, immergrüner Klettersträucher aus Südostasien ist nur für lauwarme bis zimmerwarme Glasanbauten in vorwiegend absonniger bis schattiger Lage geeignet.

T. voinierianum
Kastanienwein

Diese üppige, schattenliebende vietnamesische Liane klettert mit Hilfe von Ranken. Ihre dickfleischigen, behaarten Triebe können bis 20 m erreichen. Aus dem mit silbrigen Härchen bedeckten Neutrieb entwickeln sich bis 30 cm breite, dicke, glänzend dunkelgrüne Blätter, die wiederum in 3-5 Blättchen aufgespalten sind.

Solange es warm genug ist, wächst *T. voinierianum* überaus rasch, wenn sie genug Wasser und Dünger bekommt. Ein Jahreszuwachs von 5 m ist möglich.

Aufgrund ihres hohen Wasserbedarfs und auch ansonsten raschen Stoffumsatzes gehört *Tetrastigma* zu den wenigen Pflanzen, die schon allein das Wohnklima deutlich verändern können.

Als gewaltiger Vorteil muß betont werden, daß sie so gut wie keinen Schmutz macht, kaum Ungeziefer oder Krankheiten bekommt. Hält man sie ganzjährig im Wachsen, sieht sie immer »geschleckt« aus.

Ansonsten sollte man sie nur in einer dschungelartigen Atmosphäre verwenden, beispielsweise mit Bananen oder Bambus. Man sollte sich nicht scheuen, sie bei Bedarf rücksichtslos zu schneiden.

THUNBERGIA
Familie *Acanthaceae*

Aus dem tropischen und südlichen Afrika wie aus den wärmeren Gebiete Asiens stammt diese große Gattung meist immergrüner, mehr oder weniger windender Sträucher.

Ihr am meisten bekannter Vertreter ist die bei uns einjährig gezogene sogenannnte Schwarzäugige Susanne, *Thunbergia alata*.

Die Ansprüche aller *Thunbergia* sind ziemlich gleich, sie lieben das ganze Jahr über hohe Temperaturen und sollten deshalb auch nicht in Glasanbauten verwendet werden, in denen es über längere Zeit kälter als 10 °C ist.

Sie wachsen relativ rasch und brauchen im Frühjahr und Sommer viel Wasser und Dünger. Am reichsten blühen sie in voller Sonne, gedeihen aber auch noch im Halbschatten. Man kann sie beliebig zurückschneiden.

Im Kübel zieht man die kletternden *Thunbergia* als Pyramide oder am Spalier, im Wintergarten auch an Drähten unter dem Glas oder an pergolaartigen Rankgerüsten.

Thunbergia grandiflora ist ein ausgezeichneter Schlinger für warme Glasanbauten. Die Hauptblüte ist im Winter.

T. grandiflora
Himmelsblume

Von den starkwüchsigen, lianenartigen Vertretern ist diese aus Hinterindien stammende Art die häufigste. Sie erreicht, erst einmal eingewurzelt, schnell 6 m. Ihre immergrünen Blätter sind eiförmig bis lanzettlich und werden bis 20 cm lang. Mit oft 7 cm Breite sind ihre flach trichterförmigen, hell- bis dunkelblauen Blüten für eine *Thunbergia* sehr groß. Sie stehen immer zu mehreren in dichten, hängenden Trauben. Die Blütezeit ist unter günstigen Umständen ganzjährig.

T. grandiflora ist eine wunderschöne, aber nicht ganz einfache Kletterpflanze für erfahrene Liebhaber mit einem warmen Wintergarten. Leider wird sie des öfteren von Blattläusen befallen. Was es unbedingt zu vermeiden gilt, ist ein im Winter kalter und nasser Standort.

TIBOUCHINA
Familie *Melastomataceae*

Über die mit etwa 200 Arten im tropischen Amerika weit verbreitete Gattung *Tibouchina* streiten sich auch heute noch die Botaniker erheblich. Selbst bei

Es gibt nur wenige Kübelpflanzen, die technisch so schwierig sind wie *Tibouchina*: Stutzt man sie, kommt sie erst spät zur Blüte, stutzt man sie nicht, wird sie sparrig.

vielen der bekannteren ist man sich nicht einig, ob es sich nun um eigenständige Arten oder nur um spezielle Formen handelt. *Tibouchina* sind meist immergrüne, oft sparrige Sträucher. Ihr Hauptschmuck sind die in der Regel sehr großen, purpurnen, rosaroten oder violetten Blüten, die in gewöhnlich verzweigten Rispen am Ende der Triebe stehen.

Obwohl *Tibouchina* bei durchschnittlicher Bewässerung und Düngung an einem sonnigen Standort gut gedeihen und auch praktisch nie von Schädlingen befallen werden, ist ihre Kultur doch nicht ganz einfach. Frost vertragen *Tibouchina* kaum, aber ohne weiteres niedere Temperaturen auch über einen längeren Zeitraum.

T. urvilleana
Prinzessinnenblume

Bei weitem die häufigste Art ist diese oft noch als *T. semidecandra* gehandelte Pflanze. Ungestutzt wächst sie ziemlich rasch zu einem bis 6 m hohen, wenig verzweigten Strauch heran. Ohne Schnitt kahlt sie bald unten völlig aus. Schon die Blätter dieser Art sind sehr dekorativ – samtig behaart, tiefgrün, länglich oval und bis 15 cm lang. Im Herbst und Winter sind die Blätter bei niederen Temperaturen oft rot gerandet, die ältesten werden, bevor sie abfallen, vollständig rot, orange oder gelb. Die Blüten erscheinen gewöhnlich ab Hochsommer, durch Stutzen läßt sich der Blühbeginn auch weit in den Herbst schieben. Je nach Temperatur kann die Blütezeit bis zu einem halben Jahr andauern. Die Blüten sind bis etwa 7,5 cm breit, meist violett, selten purpurn. Bis zu 13 stehen in einer endständigen Blütenrispe, die Knospen gehen erst nach und nach mit oft erheblichen Abständen auf. Wegen der überaus langen Blütezeit wäre *Tibouchina* eine sehr gute Kübelpflanze, hätten nicht die meisten Liebhaber Probleme mit dem Rückschnitt. Sie lassen die Triebe zu lang werden und schneiden dann zu wenig zurück, worauf die Pflanze unten auskahlt. Oder sie schneiden zuviel zurück, worauf der Neutrieb spärlich ist oder gar ganz ausbleibt. Das richtige Mittelmaß zu finden ist schwierig. Wenn man sie im Wintergarten halten will, sollte man grundsätzlich jeden Trieb, und zwar laufend, bis zum Hochsommer nach einem Blattpaar entspitzen. Die Blüte setzt dann zwar erst spät ein, die Pflanze ist aber optimal dicht. Als Kübelpflanze sollte man sie schneiden, wenn sie noch oder wieder im Wachsen ist, und auch dann nur bis ins dünne, einjährige Holz. Sie ist ein sehr dankbares Objekt für Gärtner, die mit Stauchemitteln arbeiten. *Tibouchina* bevorzugt ein leicht saures Substrat und weiches Gießwasser. Trotz aller Aufmerksamkeit und Pflege wird sie selten alt.

TRACHELOSPERMUM
Familie *Apocynaceae*

Sternjasmin

Beim Anblick dieser ostasiatischen immergrünen Klettersträucher kann man sich nur schwer vorstellen, daß sie mit dem Oleander verwandt sind. Ihre Blätter sind zwar auch lederig, aber viel kleiner und glänzend. Die meist duftenden Blüten sind weiß oder gelblich und stehen in Büscheln in den Blattachseln.

Trachelospermum sind wenig anspruchsvoll und vielseitig verwendbar.

Am Spalier, als Pyramide, als Bodendecker oder zur Verkleidung von Säulen sind sie in Kübeln wie im kalten Wintergarten auch ausgepflanzt zu verwenden, sie gedeihen in voller Sonne wie im Schatten. Krankheiten und Schädlinge sind selten, gelegentlich kommen Schildläuse oder Blattläuse am Neutrieb vor. Wenn es notwendig ist, lassen sich *Trachelospermum* fast beliebig zurückschneiden. Die wichtigsten Arten ertragen erhebliche Fröste und lassen sich selbst in ungeheizten Glasanbauten halten.

TRACHYCARPUS
Familie *Palmae*

Hanfpalme

Mit nur wenigen Arten ist diese Fächerpalmengattung von China bis Japan verbreitet. Typisch für sie ist ihre hohe Frosttoleranz und der von einem dichten Fasernetz überzogene Stamm.

T. fortunei

In der Summe ihrer Eigenschaften ist diese Art die beste Kübelpalme für den Hausgarten. Da sie ausgepflanzt bis –16 °C verträgt, gehört sie zu den wenigen Palmen, die in kleinklimatisch sehr günstigen Lagen und mit gutem Winterschutz auch in Mitteleuropa im Freien aushält.

Mit Ausnahme unserer kalten, schneereichen, feuchten Winter sagt der Hanfpalme das zentraleuropäische Klima sehr gut zu, deshalb blüht und fruchtet sie auch bei uns. Auch wenn es in einigen Büchern heißt, man könne die Blüte der Hanfpalme hier in Mitteleuropa nicht erleben, so entfalten doch alljährlich die *Trachycarpus* unserer Gärtnerei in

Wo eine schwachwachsende Kletterpflanze gefragt ist, muß man sofort an *Trachelospermum* denken. Lange Blütezeit, frost- und schattenverträglich – das ist fast konkurrenzlos.

Unten: Die Hanfpalme (links), *Phormium* (Mitte) und *Cordyline* (rechts) gehören zu den klassischen Kübelpflanzen südlicher Gärten.

T. jasminoides

In südlichen Ländern meist als *Rhync(h)ospermum* bezeichnet, wird diese Art dort vielfach ebenso verwendet wie bei uns Efeu oder die immergrünen kriechenden *Euonymus* – als Bodendecker oder zum Verkleiden von Säulen und Wänden in Schatten und Halbschatten. Sie wächst langsam, kann aber im Alter 6 m erreichen. Ihre etwa 2,5 cm breiten weißen, köstlich duftenden Blüten erscheinen in kalten Wintergärten etwa ab März/April, bei wärmerer Kultur früher. Die Blütezeit hält oft bis in den Herbst an. Sie ist nicht genau anzugeben, da jede Baumschule ihren eigenen Typ vermehrt. Die Selektion erfolgt zum einen nach dem Duft, zum anderen nach der Blütezeit. Leider blühen die extrem stark duftenden *Trachelospermum* am wenigsten lang, die besonders lange blühenden duften recht wenig.

Trachelospermum scheint zur Blüteninduktion schwache Fröste oder niedere Temperaturen zu brauchen, was seine Verwendung in wärmeren Wintergärten einschränkt.

Gerade für kleinere, kühle Wintergärten gehört er zu den besten Pflanzen. Besonders attraktiv wirkt er, wenn seine sich vom dunklen Laub abhebenden Blüten abends angestrahlt werden.

Oberbayern ihre bizarre Blütenpracht (siehe Bild Seite 40). Schon in der Südschweiz und an den oberitalienischen Seen fühlen sie sich zu Hause und verwildern, schöne große Exemplare sind dort überall in den Gärten und an den Strandpromenaden zu finden.

Während die Hanfpalme ausgepflanzt auch bei uns mehrere Meter hoch werden kann, so ist der Stammzuwachs im Kübel doch sehr gering und beträgt selbst bei bester Ernährung nur wenige Zentimeter im Jahr. Man sollte diese Palme deshalb auf gar keinen Fall zu klein kaufen.

Trachycarpus hat den Vorteil, daß man sie für die kältesten Monate, Dezember bis Februar, völlig dunkel überwintern kann, wenn es nur kühl ist. Über eine erhebliche Zeit hält sie sich auch in Wohnräumen. Mit kaum über 2 m Blattschopfdurchmesser findet sie dort oft noch einen Vorzugsplatz. Beim Einräumen schneidet man die ältesten Blätter ab, den Blattschopf kann man etwas zusammenbinden.

Die Pflege der Hanfpalme ist sehr einfach. Sie nimmt es nicht krumm, wenn sie vernachlässigt wird, wächst aber gut ernährt erheblich besser. Außer Spinnmilben und, ganz selten, Schildläusen treten keine Schädlinge auf. An Krankheiten wird ihr nur die Herzfäule gefährlich, diese kann aber nur in schlechtgelüfteten Winterquartieren auftreten, wenn das Herz der Pflanze ständig durch Gießen oder Kondenswasser benetzt wird und nicht abtrocknen kann.

VIBURNUM
Familie *Caprifoliaceae*

Schneeball

Mit zahlreichen laubabwerfenden und wenigen immergrünen Arten ist uns der Schneeball als winterharter Strauch bekannt. Als Kübel- wie als Wintergartenpflanze ist vor allem der Mittelmeerschneeball von Bedeutung.

V. tinus
Mittelmeerschneeball, Laurustinus

Der aus dem Mittelmeergebiet stammende Laurustinus gehört zu den traditionellen Wintergartenpflanzen, er wurde schon vor Jahrhunderten in den Orangerien gepflegt. Bis heute hat er nichts an Wert eingebüßt, zumal es inzwischen zahlreiche Sorten und Selektionen gibt, die wesentlich besser sind als diese Art selbst.

Schon zu Zeiten der Orangerien war der Mittelmeerschneeball wegen seiner Blüte von Spätsommer bis Frühjahr beliebt, »Laurustinus« hieß er damals

Freiwachsend wird der Mittelmeerschneeball ein dichter immergrüner, bis 4 m hoher Strauch. Leicht läßt er sich auch als Stämmchen oder als Stamm ziehen, er wächst aber ziemlich langsam. Seine ovalen, bis 7,5 m langen Blätter sind dunkelgrün und lederig. Je nach Sorte oder Selektion öffnen sich die weißen Blüten aus weißen oder rosa Knospen zwischen Spätsommer und Mitte Frühjahr. Die Blüten stehen in so dichten Büscheln, daß das Laub oft kaum mehr zu sehen ist. Auf die Blüten folgen zahlreiche, sehr lang haftende, metallisch blaue Beeren.

Viburnum tinus ist aber nicht nur ganzjährig ein äußerst dekorativer Strauch, er ist auch sehr einfach zu pflegen. Er wächst in der Sonne oder im Halbschatten, nimmt auch etwas Vernachlässigung beim Gießen und Düngen klaglos hin.

Schädlinge und Krankheiten sind selten. Schneiden läßt er sich beliebig. In Italien verwendet man ihn deshalb oft als formale, geschnittene Blütenhecke in Parkanlagen. Einen überzeugenderen Beweis für seine Robustheit gibt es wohl kaum mehr.

V. tinus ist ziemlich frosthart und kann in geschützten Lagen im Weinbauklima auch in Mitteleuropa übermannshoch werden. Für ungeheizte bis lauwarme Wintergärten ist er optimal. Zu warm sollte man ihn nicht halten, dies verkürzt die Blütezeit. Im Kübel läßt man ihn draußen, bis ernsthafte Fröste drohen, also oft bis Dezember. Dann stellt man ihn an einen möglichst kühlen und hellen, nicht unbedingt frostfreien Platz im Haus. Ein Windfang oder Treppenhaus ist ideal. Je nach Lage und Witterung kann oft schon Anfang März ausgeräumt werden. Zusammen mit *Jasminum mesnyi* ist der Mittelmeerschneeball dann der Star der Frühlingsterrasse.

Washingtonia gehört zu den dankbarsten Kübelpalmen. Ausgepflanzt im Wintergarten kann sie jedoch schnell zu groß werden.

WASHINGTONIA Familie *Palmae*

Priesterpalme

Für südwestliches Nordamerika sind die Washingtonien typisch. Sie sind dort nicht nur beheimatet, sondern auch die zu Zierzwecken meistgepflanzten Palmen. Sie werden ziemlich hoch und wachsen rasch, sollten also nur in sehr hohen Glasanbauten ausgepflanzt werden. Ihren Namen »Petticoat-Palme« erhielten sie wegen der absterbenden und abgestorbenen Fächer, die nicht abfallen, sondern nur abknicken und wie übereinanderliegende Röcke den Stamm einhüllen.

In Kultur schneidet man die alten Blätter meist auf gleichlange Stummel zurück, was gerade bei der *Washingtonia* äußerst dekorativ aussieht. Für Kübel und in Wintergärten haben *Washingtonia* den Vorteil, daß sie kaum zu breit werden. Selten erreicht der Blattschopf über 2,5 m Durchmesser. In der Kultur unterscheiden sich Washingtonien von anderen Palmen kaum, nur brauchen sie etwas mehr Wasser. Die beiden wichtigsten, wenig verschiedenen Arten vertragen kurze Fröste bis –7 °C, aber keinen gefrorenen Boden.

W. filifera

Was wir hier als *Washingtonia* angeboten bekommen, ist meist die aus Kalifornien stammende Art. Sie kann bis 20 m hoch werden. Ihre kreisförmigen Blätter sitzen an relativ kurzen, dicken, hakenartig bedornten Stielen. *W. filifera* heißt sie wegen der zahlreichen langen, sich von den Blattsegmenten ablösenden groben Fasern.

Yucca aloifolia 'Variegata' – das »Spanische Bajonett« in der gelb gerandeten Form. Da es sich immer um viele Bajonette handelt, sollte man ihr nie zu nahe kommen…

YUCCA Familie *Agavaceae*

Palmlilie

Die Gattung *Yucca* umfaßt eine Gruppe von gut 40 Arten robuster, pflegeleichter und äußerst eindrucksvoller Gestalten. Einige kann man im Freien auspflanzen, zum Teil mit Winterschutz, andere eignen sich vorzüglich für Kübel und Wintergärten.

Es gibt nur wenige Pflanzengattungen, die eine ähnliche Temperaturresistenz haben. Einige Arten halten selbst –30 °C aus, desgleichen aber auch Temperaturen bis 60 °C. Damit sind sie selbst im ungelüfteten Wintergarten nicht umzubringen, zumal sie äußerst trockenheitsverträglich sind.

Ihre natürliche Verbreitung umfaßt das ganze südliche Nordamerika von Atlantik bis zum Pazifik. In ihrer Heimat kommen *Yucca* zusammen mit anderen äußerst dekorativen Pflanzen vor, beispielsweise *Idria, Nolina, Dasylirion, Fouquieria*, verschiedenen Kakteen und Agavaceen. Dies gibt schon deutliche Hinweise, mit welchen Pflanzen man *Yucca*-Arten kombinieren kann. Gerade die stammbildenden *Yucca* stilisieren die Landschaft, man verbindet sie mit einer bestimmten Vegetation. Die niedrigen Arten sind in ihrer ornamentalen Wirkung ein ausgezeichneter Agavenersatz.

Y. aloifolia

»Spanisches Bajonett«

Im Alter kann diese typische Art einen bis 6 m hohen, schlanken Baum mit kurzen, dicken Ästen bilden. Manchmal ist sie eher buschartig, da sie gelegentlich Ausläufer treibt.

Die Blattform ist dolchartig lanzettlich, langsam verschmälernd in eine dunkelbraune, lange, sehr scharfe Spitze auslaufend, stechend und äußerst wehrhaft, um nicht zu sagen verletzungsträchtig. Die Blätter sind 30 bis höchstens 55 cm lang und bis zu 4 cm breit.

Der dichte, pyramidale Blütenstand steht nur wenig über dem Laub, ist bis 60 cm hoch und 22 cm breit und erscheint oft schon im Frühsommer. Die Blüten sind cremeweiß, an der Basis oft purpurn oder grün. Diese von Jamaika über die Bermudas und den östlichen Golf von Mexiko verbreitete Art kommt in der Natur oft zusammen mit *Y. gloriosa* und *Y. filamentosa* in Sanddünen vor. Sie verträgt erhebliche Fröste.

Y. filamentosa

Im südostatlantischen Raum, Florida, Georgia, Nord Carolina und Alabama, ist diese stammlose Art beheimatet. Sie ist winterhart. Trotzdem ist sie in Mitteleuropa vergleichsweise selten. Die bei uns als *Y. filamentosa* eingekauften Pflanzen sind zumeist *Y. flaccida* oder Hybriden. Die echte *Y. filamentosa* unterscheidet sich von dieser vor allem darin, daß sie in den meisten Teilen größer ist, die Blätter sind viel steifer. Meist sind sie etwa 0,5 m lang und 2,5 cm breit, an der Basis verengt, grün oder leicht bläulich, am Rand mit ziemlich groben und gedrehten Fäden. Der Blütenstand ist selten unter 1,5 m hoch, kann unter günstigen Umständen bis zu 4 m erreichen. Die bis 7 cm langen Blüten sind weiß, lang gestielt und cremefarben, grün oder selten braun überlaufen.

Y. gloriosa

»Spanischer Dolch«

Diese überraschend frostharte Art ist im Alter reich verzweigt und kann bis 5 m hoch werden. Meist wird sie aber nur 1 m hoch, dafür um so breiter. Ursache ist, daß die Pflanze am Stammgrund leicht zu faulen anfängt, die Statik ist nicht mehr gewährleistet, der Stamm kippt langsam um. Die Pflanze stirbt aber nicht ab, vielmehr drehen sich die Triebspitzen wieder in die Senkrechte und bilden neue Stämme, worauf der Zyklus erneut beginnt. Auf diese Art sind die eigenartigen breitlagernden Büsche mit ihren gebogenen Stämmen entstanden, die wir in vielen südlichen Parks finden. Oft mehrere Meter breit, handelt es sich ursprünglich meist nur um eine Pflanze und zahlreiche, folgende Seitentriebe.

Die Blätter dieser Art sind leicht bläulich, ziemlich dünn, aber steif, durchschnittlich 50 cm lang, 5 cm breit und dornspitzig. Der im Sommer und Herbst erscheinende Blütenstand ist eine schmale Rispe, die gelegentlich fast 2 m lang werden kann. Die cremeweißen Blüten sind oft rot oder violett überhaucht. Diese *Yucca* kommt in den Sanddünen von Südcarolina bis Ostflorida vor und gilt als vierthärteste Art (härter sind *Y. flaccida*, *Y. filamentosa*, *Y. glauca*).

Wenn *Yucca aloifolia* ihren Blütestand zu schieben beginnt, kann man noch beruhigt drei Wochen in den Süden fahren, zur Blüte ist man dann wieder zurück. Und das alles ohne gießende Nachbarn, automatische Bewässerung – nur »bis bald« sagen.

Register

Bildnachweis

Apel: 105, 136, 188
Arndt: 21
ATC: 28
Becherer: 59, 71, 78l, 108o, 120u, 169u
Bittmann: 26
Blumenfeld: 38, 73, 155ur, 161l, 172u, 186, 191ur, 196
Borstell: Vorsatz, 1, 2/3, 4
Burda: 88, 187o
Eisenbeiss: 118, 167o, 177u, 178r
Fugger: 25, 32/33
Liebhardt: 23
Morell: 22, 24, 116o, 161r, 163u, 168, 183, 194o
Nickig: 62, 64
Niehoff: 19, 36u, 66/67, 81, 82u, 146, 160u
Nobel: 40u
Redeleit: 54mr, 68
Reinhard: 12, 13u, 14, 39, 42/43, 106u, 108u, 110u, 115u, 119, 123u, 150o, 151o, 152, 153, 154, 156u, 157o, 158o, 171or, 175o, 175u, 184o, 192o, 193, 194u, 199o
Ruckszio: 27, 29, 34, 54l, 54ml, 54r, 106o, 111u, 116u, 126, 132ul, 158u, 163o, 172ol, 180, 184u
Dr. Schneider: 65
Seidl: 77, 78m, 78r, 107, 109, 111o, 125, 134u, 141, 147u, 171u, 178l, 189o, 190o, 191o, 195o
Stangl: 8/9, 18, 37, 82o
Stein 114o, 139u, 168 (Einklinker)
Strauß: 5, 41, 83, 89u, 102/103, 104, 114u, 117, 120o, 121, 122, 123m, 124, 127, 130, 132o, 132ur, 133, 135, 137, 138, 139o, 140, 143, 144, 145, 148, 150u, 155o, 155u, 156o, 157u, 160o, 162, 167u, 172or, 174u, 181, 182o, 185, 189u, 191ul, 192, 198, 199u, 201, 202

Alle anderen Fotos von den Autoren.

Das Bild auf Vor- und Nachsatz wurde in der Gärtnerei Rhulenhof (Ottersum, Niederlande) aufgenommen.

Grafiken: Barbara von Damnitz, Marlene Gemke (Seite 98/99)

Bibliografische Information
Der Deutschen Bibliothek

Die Deutsche Bibliothek verzeichnet diese Publikation in der Deutschen Nationalbibliografie; detaillierte bibliografische Daten sind im Internet über http://dnb.ddb.de abrufbar.

6., durchgesehene Auflage, Sonderausgabe

BLV Verlagsgesellschaft mbH
München Wien Zürich
80797 München

Einbandgestaltung: Anja Masuch, München
Umschlagfotos: Friedrich Strauß

Layout und DTP: Atelier Langenfass, Aschheim
Lektorat: Dr. Thomas Hagen

Gedruckt auf Primaset 135g/qm chlorfrei gebleicht, made by Stora Enso, geliefert von Papier Union

Printed in Germany · ISBN 3-405-16589-X

Mit Pflanzen Atmosphäre schaffen

Friedrich Strauß / Tanja Ratsch
Terrassen-Träume
Gestalten mit Kübelpflanzen
Schöner Wohnen im Freien: Terrassengestaltungen rund ums Jahr für verschiedene Stile und Themen; die besten Pflanzen für Topf und Kübel im Porträt; Pflanzen, Pflegen, Überwintern, Gefäße und Accessoires.

Garten-Rezepte
Barbara Poschmann
Kübelpflanzen
Terrassen und Sitzplätze mit Kübelpflanzen gestalten – à la Provence oder Toskana, griechisch oder marokkanisch, mit Tropenflair oder japanisch, mit Rosen, mit Naschobst und Kräutern, klassisch-elegant oder pflegeleicht; Praxis: Einkauf, Pflege, Pflanzenschutz, Überwinterung.

Garten-Rezepte
Hans-Peter Haas
Balkonkästen
Balkonträume nachgestalten in verschiedenen Farben, im klassischen oder extravaganten Stil, elegant oder romantisch, für sonnige oder schattige Lagen, mit Duftpflanzen oder als kleinen Naschgarten; Praxis: Einkauf, Gefäße, Düngen, Bewässern, Pflegen.

blv garten plus
Monika Gottschalk
Engelstrompeten
Ein Traum aus Duft und Farbe: die schönsten Engelstrompeten im Porträt, Standort, Gefäße, Substrate, Pflege, Überwintern, Vermehren, Pflanzenschutz.

Christoph Köchel / Lutz Köhler
Wintergarten
Alle Grundlagen zur Wintergartentechnik von der Planung bis zur Bauausführung; Bepflanzungen für verschiedene Temperaturbereiche – jeweils mit Porträts typischer Pflanzen; Beispiele mit Pflanzplänen; Pflanz- und Pflegepraxis.

Friedrich Strauß / Dorothée Waechter
Balkon-Träume
Individuelle Gestaltungen für alle Jahreszeiten und verschiedene Stilrichtungen; Pflanzenporträts nach Blütenfarben; Praxisteil: alles über Pflanzenauswahl, Pflanzgefäße, Pflege usw.

Im BLV Verlag finden Sie Bücher zu den Themen: Garten und Zimmerpflanzen • Natur • Heimtiere • Jagd und Angeln • Pferde und Reiten • Sport und Fitness • Wandern und Alpinismus • Essen und Trinken

blv

Ausführliche Informationen erhalten Sie bei:

BLV Verlagsgesellschaft mbH • Postfach 40 03 20 • 80703 München
Tel. 089/12705-0 • Fax 089/12705-543 • http://www.blv.de